普通高等院校"新工科"创新教育精品课程系列教材
普通高等院校能源与动力类"十四五"规划教材

基础燃烧学

主　编　邹　春
副主编　王兆文　娄　春

华中科技大学出版社
中国·武汉

内 容 简 介

　　本书是根据教育部高等学校能源动力类专业教学指导委员会制订的指导性专业培养计划,以新工科理念为指导思想,遵循专业人才培养的规律编写的。本书阐述了燃烧学所必需的基础知识、基本理论和基本方法。全书共分为9章,主要内容包括燃烧与燃料简介、燃烧热力学、化学反应动力学、着火、层流预混燃烧、层流扩散火焰、液滴蒸发和燃烧、固体燃料的燃烧及燃烧测量。本书内容力求讲解清晰、重点突出,便于自学。

　　本书可作为普通高等学校机械工程类及相关专业本科生的教材或参考书,也可作为制造业工程技术人员的参考书。

图书在版编目(CIP)数据

　　基础燃烧学/邹春主编. —武汉:华中科技大学出版社,2021.1(2024.1重印)
　　ISBN 978-7-5680-6747-8

　　Ⅰ.①基… Ⅱ.①邹… Ⅲ.①燃烧学-高等学校-教材 Ⅳ.①O643.2

　　中国版本图书馆 CIP 数据核字(2020)第 234849 号

基础燃烧学 　　　　　　　　　　　　　　　　　　　　　　　　　　　邹　春　主　编
Jichu Ranshaoxue

策划编辑:余伯仲
责任编辑:李梦阳
封面设计:廖亚萍
责任监印:周治超
出版发行:华中科技大学出版社(中国·武汉)　　　电话:(027)81321913
　　　　　武汉市东湖新技术开发区华工科技园　　　邮编:430223
录　　排:武汉三月禾文化传播有限公司
印　　刷:武汉邮科印务有限公司
开　　本:787mm×1092mm　1/16
印　　张:15.75
字　　数:401千字
版　　次:2024年1月第1版第4次印刷
定　　价:44.80元

前　　言

　　国内外已经出版了很多与燃烧学有关的教材,如 Stephen R. Turns 编写的 *An Intro-duction to Combustion:Concepts and Applications*,Irvin Glassman 等人编写的 *Combustion*,J. Warnatz 等人编写的 *Combustion:Physical and Chemical Fundamentals*,*Modeling and Simulation*,*Experiments*,*Pollutant Formation*,Sara McAllister 等人编写的 *Fundamentals of Combustion Processes*,Chung K. Law 编写的 *Combustion Physics*。有些教材都已经修订了四版或者五版,充分说明了这些教材的权威性和普遍性。但是,这些教材的内容过多,有些理论部分的学术性太强,并不适合作为我国能动专业本科生的燃烧学教材。

　　本书综合了国内外燃烧学教材的优点,针对我国能动专业本科教学的特点,力求清晰地阐述燃烧学的基础知识、基本理论、基本方法。本书结构严谨、叙述简明,体现了专业知识的传统性、基础性、系统性和实用性,注重培养学生燃烧学研究的基本训练,以提高学生运用燃烧学知识来解决工程实际问题的能力。本书采用最新国家标准的计量单位、名词术语、材料牌号等。

　　本书由华中科技大学邹春担任主编,王兆文和娄春担任副主编,邹春负责全书的统稿定稿工作。参与本书编写的人员有:邹春(编写第 1 章、第 2 章、第 3 章和第 5 章)、王兆文(编写第 4 章、第 7 章)、范爱武(编写第 6 章)、吴辉(编写第 8 章)、娄春(编写第 9 章)。

　　在本书的编写过程中,参考了近几年来国内出版的有关教材、专著和手册,在此向有关作者表示衷心感谢。

　　本书得到华中科技大学教材建设项目的资助,在此表示感谢!

　　最后,向参与本书编写、审稿和出版工作,以及在编写过程中给予帮助和支持的各位同仁,致以最诚挚的感谢! 限于编者水平,书中难免存在不足和疏漏之处,恳请读者批评指正。

作　者

2020 年 5 月

目　　录

第1章

燃烧与燃料简介

达尔文在《人类的由来》中写道："火很可能就是人类迄今除了语言外的最大发现"。对火的原始控制构成了由人类发起的第一次重大的生态转变。过了很长时间,又出现了两次规模更大的生态转变,分别是:大约在一万年前兴起的农业畜牧业(农业化);约始于二百五十年前的"工业化"。燃烧在人类三次大规模的生态转变中都起到了不可替代的作用。

然而,直到18世纪初,德国化学家斯塔尔(G. E. Stahl)才提出了"燃素论",这是人类第一次对燃烧现象进行解释,尽管后来"燃素论"被证明是错误的。1777年,法国科学家拉瓦锡发表《燃烧概论》,明确指出燃烧是一种可燃物质与氧气之间的氧化反应过程。20世纪30年代,美国化学家刘易斯(B. Lewis)和苏联化学家谢苗诺夫等人采用化学反应动力学方法研究燃烧,从而奠定了现代燃烧学理论的基础。

如今,从我们日常生活的烹饪、照明、采暖到交通运输,再到航空航天、国防安全等,燃烧的应用几乎覆盖人类活动的全部内容。据 *BP Statistical Review of World Energy June 2018* 和 *Renewable Energy Policy Network for the 21st Century* 报道,2017年在全球电力生产中,化石燃料(煤、天然气和石油)燃烧发电量占比是65%,如图1-1所示。然而,化石燃料燃烧会排放许多有毒物质和污染物,如NO_x、SO_x、可吸入颗粒物等。尤其需要指出的是,化石燃料燃烧生成的CO_2是导致温室效应、全球气候变暖的主要因素。可以说,燃烧学理论正是通过不断发现并解决燃烧应用中的问题得到持续而深入的发展的。

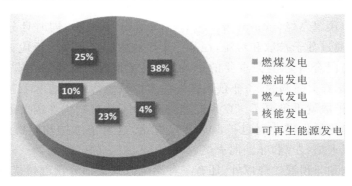

图1-1 2017年全球电力生产结构图

令人感兴趣的是,燃烧还应用于新能源和可再生能源领域。例如,固体氧化物燃料电池(SOFC)如图1-2所示,它是一种效率高、燃料广、高能比、低排放的发电装置,其中维持固体氧化物电堆高温的热量,就是电池尾气的燃烧提供的。以新能源和可再生能源为代表的"能源革命",将给燃烧学理论发展开辟新途径,增添新动力。

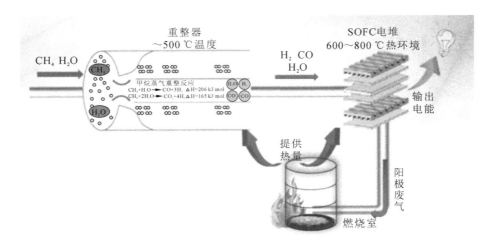

图 1-2　固体氧化物燃料电池(SOFC)

1.1　基本燃烧类型

1.1.1　预混燃烧、非预混燃烧和部分预混燃烧

总的来说,燃烧系统常常由两个反应物——燃料和氧化剂构成。只有当燃料和氧化剂同时供给并且在分子水平上混合时,才可以发生燃烧反应。因此,混合机制是影响燃烧的本质因素。这意味着,两种反应物中至少有一种反应物呈气态或者液态,以便它的分子可以"散布"到另外一种反应物的周围。

由于分子水平上混合的重要性,燃烧系统中的反应物在初始时是否混合,会使燃烧系统呈现不同的燃烧特性。在预混燃烧(premixed combustion)系统中,反应物在反应之前已经预混好了。但在非预混燃烧(non-premixed combustion)系统中,同时且分开进入燃烧系统的燃料和氧化剂,通过分子扩散和对流,在某一个区域中混合并发生反应。由于扩散对反应物在分子水平上的混合有着至关重要的影响,因此非预混燃烧也称为扩散燃烧(diffusion combustion)。需要着重强调的是,非预混燃烧称为扩散燃烧并不意味着预混燃烧系统中就没有扩散了,或者扩散就不重要了。在预混燃烧系统中,反应物仍然需要通过扩散进入反应区且产物和产生的热量也需要通过扩散离开反应区,这对于维持预混燃烧是至关重要的。图 1-3 所示为预混火焰(左)和非预混火焰(右)。

除了预混燃烧和非预混燃烧以外,还有一种燃烧方式是部分预混燃烧,即燃料与一部分氧化剂在反应前已经混匀。典型的部分预混燃烧例子是本生火焰(Bunsen flame),如图 1-4 所示,具有一定压力的燃料从燃料喷嘴高速喷出,形成负压从而卷吸一部分空气(通过空气口),燃料和卷吸进来的空气经过燃烧器的管道混合,最终在燃烧器出口形成一个预混的火焰(外观上,像一个火焰锥)。一般情况下,卷吸来的空气是不足以完全消耗燃料的,换句话说,燃料是富余的(通常称为富燃料)。那么剩余的燃料(或者与燃料相关的中间产物)将穿过火焰,与周围空气中的氧气进行反应,从而形成扩散火焰。剩余的燃料将在扩散火焰中消耗完毕。绝大多数家庭用燃气灶采用的燃烧方式就是部分预混的燃烧方式。图 1-5 所示为燃气灶的火焰。

图 1-3　预混火焰(左)和非预混火焰(右)

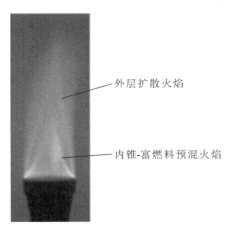

——外层扩散火焰

——内锥-富燃料预混火焰

图 1-4　本生火焰

图 1-5　燃气灶的火焰

1.1.2　层流燃烧与湍流燃烧

　　根据火焰的流动状态,燃烧方式可以分为层流燃烧(laminar combustion)和湍流燃烧(turbulent combustion)。在层流燃烧中,可以非常明晰地观察到流线和对流运动,而在湍流燃烧中,不再可以观察到明晰的流线,在时间和空间上,流动都表现出很大的随机性的脉动。现代湍流理论认为,湍流可以促进宏观混合和微观混合,所谓宏观混合是指从积分尺度到湍流最小尺度上的混合,微观混合则是指从湍流最小尺度到分子尺度上的混合。显然,湍流有助于燃烧。图 1-6 所示为湍流火焰。

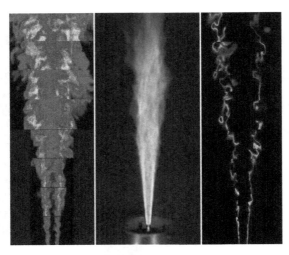

图 1-6 湍流火焰

1.1.3 均相燃烧和非均相燃烧

通常，均相燃烧(homogeneous combustion)的燃料和氧化剂具有相同的形态，即同为气态或者同为液态，如上文提及的本生火焰。需要说明的是，有时候"homogeneous combustion"还指"均质燃烧"，即燃烧的流场内浓度和温度分布非常均匀，没有明显的浓度和温度梯度，如发动机中的均质充量压缩自燃(homogeneous charge compression ignition，HCCI)。

非均相燃烧(heterogeneous combustion)的燃料和氧化剂则具有不同的形态(气-液、气-固、液-固等)，如电站锅炉中的煤粉燃烧。而化学家定义的非均相反应是指在反应发生的位置，反应物实际上处于不同的形态。煤粉的燃烧反应如果发生在空气和煤焦之间，则称为非均相反应，或者表面反应；如果发生在空气与煤的挥发分之间，则称为均相反应，或者气相反应。

1.2 燃料选择的基本考虑

燃料和氧化剂是燃烧反应的两个主要参与者。对于大多数燃烧反应而言，氧化剂是空气，这是因为空气几乎是免费的且可以随处使用。燃料的选择则需要综合考虑燃烧反应的目的，以及安全和排放要求。因此，燃料的选择需要考虑以下几个因素。

(1)能量密度。能量密度是指单位体积或者单位容积的燃料燃烧所释放的能量。图 1-7 所示为燃料的能量密度图。当燃烧空间(或者质量)受限时，燃料的能量密度决定燃料的需要量。一般来说，液体碳氢燃料的能量密度为 33 MJ/L。由于含有氧，醇类燃料如乙醇的能量密度稍低，约为 29 MJ/L。气体燃料因气体分子间距大而具有较低的能量密度。氢气在标准状态下的能量密度只有 12 kJ/L(注意氢气具有较高的质量能量密度)。氢气只有压缩到 2 500 atm(1 atm＝1.013×10⁵ Pa)时才具有跟碳氢燃料相等的体积能量密度。因此氢气必须储存在一个很重的储罐中，而这显然会产生安全问题。针对房间采暖和热水供应的需求，使用低能量密度的燃料是合适的。如果管道输送气体燃料可行的话，能量密度对于燃料选择就不那么重要了。液体燃料因其高能量密度而成为交通运输工具的理想燃料。目前大多数的汽车使用液体燃料。而液氢和纯氧在航天飞机中得到使用。由于氢气沸点非常低（－252.76 ℃），储存在储罐中的液氢可以从周围环境中吸热而气化,因此液氢一般只能在储罐中储存几个小时。液氢气化为气体时,体积会增大 840 倍。其低沸点、低密度会导致泄漏的氢气迅速扩散。若交通工具使用液氢,即便采用当前最好的绝热技术,液氢也会在一两天内开始气化。因此,氢的储存是当前氢能使用中的一个关键难题。氨被认为是非常有前途的氢载体。

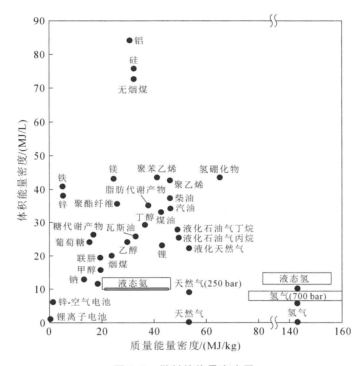

图 1-7　燃料的能量密度图

氨的能量密度为 22.5 MJ/kg,与化石燃料的能量密度（低阶煤约为 20 MJ/kg、天然气约为 55 MJ/kg、液化石油气约为 54 MJ/kg 和氢气为 142 MJ/kg）相当,因而具备成为燃料的属性。更令人感兴趣的是,氨不含碳,属于"无碳"燃料,而且氨的合成完全可以在"无碳"环境下完成,合成所需能源可以来自可再生能源（风能、氢能或者太阳能）,因而是一种完全的"无碳"燃料。相比氢气而言,氨在常温、0.8 MPa 下为液体,非常容易液化,而且现有的氨储存与输运的工业体系已经非常成熟且经济、可靠,这为大规模使用氨燃料提供了很好的工业基础。氨分子中氢的质量比例约为 17.65%,是高含氢物质,可再生能源电解水产生的氢气,可以通过转化为氨而可靠、经济地储运,因而氨是一种很好的氢载体,是绿色"氢能"的重要组成部分。鉴于氨的"无碳""高含氢""可再生"和"经济储运"的属性,2017 年国际能源署（IEA）将氨确定为可再生能源。

（2）安全。安全是燃料选择中需要考虑的一个重要因素。燃料必须在实际运行条件下,能够安全地处置,并容易燃烧。燃料的许多属性,如最小点火能、可燃极限、毒性及热释放速率都以不同的方式影响其安全。尽管具有挥发性的液体燃料,如汽油,在泄漏时因其容易着火而产生安全问题,但是在油箱中的汽油依然是十分安全的。发生火灾时,材料的着火特性和热释放速率是火灾迅速蔓延的重要因素。例如,塑料非常容易着火而且会释放大量的热。

与塑料相比,木材着火和燃烧要困难些,因此从安全的角度看,塑料比木材更危险。同时,塑料燃烧还会释放更多有毒气体。

(3)燃烧和燃料属性。不同的燃烧应用就需要不同的燃烧特性。例如,点燃式(spark ignition)发动机(常常是汽油机)需要燃料达到一定的抗爆(anti-knock)要求。辛烷值(octane number)就是业内广泛使用的衡量燃料抗爆属性的参数。在柴油机中,由于其工作过程不同于汽油机的工作过程,因此对燃料的要求也不同。由于柴油机采用压燃(compression ignition)火点方式,因此燃料的自动着火特性更为重要。该属性用十六烷值(cetane number)来表征。在燃气轮机中,燃料燃烧产生碳烟(soot)的能力是一个重要特征,该属性用烟点(smoke point)来表征。

(4)价格。从经济性角度考虑,人们会首选能够满足燃烧、安全和排放要求并且较为便宜的燃料。因此,燃料的价格和制造方式也决定着燃料的使用范围。例如,因为煤价格低廉且容易开采,所以煤炭工业的发展带动了钢铁行业、铁路运输行业、军事工业等的发展,为"第二次工业革命"奠定了重要基础。当前,在发展中国家,煤依然在其能源结构中占据最主要的地位,例如,2018 年中国的煤炭占比为 58.2%,印度的煤炭占比为 55.9%。

1.3　燃料分子结构与命名

根据 C—C 键的类型,可以对大多数碳氢燃料进行分类。当燃料分子中的 C—C 键都是单键时,这类燃料称为链烷烃,其分子组成是 C_aH_{2a+2}。a 代表烷烃中 C 原子的个数,在英文中这些燃料的命名由表示 C 原子个数的前缀和表示碳原子之间键的类型的后缀组成,例如甲烷的英文名 methane 就是由表示 1 个 C 原子的前缀 meth-和表示 C—C 单键的后缀-ane 组成。燃料的命名见表 1-1。

表 1-1　燃料的命名

碳原子数	前缀	燃料	后缀
1	meth-	烷烃	-ane
2	eth-	烯烃	-ene
3	prop-	炔烃	-yne
4	but-	醛	-aldehyde
5	pent-	醇	-enol
6	hex-		
7	hept-		
8	oct-		
9	non-		
10	dec-		

当 C 原子数≥4 时,烷烃分子就会出现同分异构体,如正丁烷和异丁烷。同分异构体的燃烧特性,尤其是着火特性会有较大差异。例如,正辛烷和异辛烷就是一对同分异构体(见

图 1-8),正辛烷分子是一个长直链,因此在点燃式发动机中很容易发生爆震。异辛烷含有支链结构,因此不容易发生爆震。大分子燃料的命名采用国际纯化学和应用化学联合会(IU-PAC)的命名法,异辛烷按照该命名法被称为 2,2,4-三甲基戊烷。3 个甲基挂在戊烷分子上,导致相对低的爆震趋势。一般而言,直链分子越大越容易断键和燃烧。

图 1-8　直链正辛烷(左)和异辛烷(右)

　　除了饱和烷烃以外,一些非饱和烃,如烯烃、炔、环烃、芳香族,也可以成为燃料或者燃烧中间产物。表 1-2 所示为燃烧中常用碳氢燃料的命名规则。

表 1-2　燃烧中常用碳氢燃料的命名规则

碳氢燃料	分子式	C—C	结构	示例
烷烃 (饱和,链烷烃)	$C_a H_{2a+2}$	单键	直链或有支链	乙烷 $CH_3—CH_3$
烯烃 (链烯烃)	$C_a H_{2a}$	一个双键,剩余 为单键	直链或有支链	乙烯 $CH_2=CH_2$
炔	$C_a H_{2a-2}$	一个三键,剩余 为单键	直链或有支链	乙炔 $CH≡CH$
环烷烃	$C_a H_{2a}$	单键	闭环	环丙烷 $H_2C\begin{array}{c}\\ \end{array}CH_2$ H_2C
芳香族化合物 (苯族)	$C_a H_{2a-6}$	芳香族键	闭环	苯 CH HC　CH HC　CH CH

　　由于汽油和柴油都含有不同的碳氢化合物,因此大多数研究常常用模型燃料(surrogate fuel)来代替汽油或者柴油。通常汽油用异辛烷而柴油用正庚烷。但需要强调的是,用这些模型燃料来代替真实燃料是有限制的。例如,研究汽油的自动着火特性时,不宜用异辛烷来代替,这是因为汽油的辛烷值是 87,而异辛烷的辛烷值是 100。

1.4　与燃烧相关的学科

　　燃烧学是研究快速且大量热释放的化学反应流的学科。本质上燃烧学具有较强的多学科交叉特性,涉及热力学、化学反应动力学、流体力学和传热(传质)学等。

1. 热力学

人们应用燃烧实质上是利用在反应物转化为产物的过程中释放出来的大量的热量。通过热力学,我们可以知道在燃烧过程中有多少化学能转化成了热能,以及达到平衡时,产物的组成和热力学属性。虽然许多反应组分(大分子复杂燃料及其反应中间组分)的热力学属性不能很好地确定,但是热力学的三大定律依然是对燃烧过程进行热力学分析的基础。

2. 化学反应动力学

热力学研究的是反应的初始状态和平衡状态之间的关系,但它并没有告诉我们反应是通过什么路径到达的平衡状态,以及需要多长时间到达平衡状态。例如,如果一个特殊的反应需要一小时才能达到近似平衡,那么当我们在测试汽车发动机的循环性能时,就没有必要考虑这个反应。事实上,基于这样的平衡考虑的结论很可能是错误的。例如,在发动机的 NO_x 排放的计算中,基于有限反应速率计算的 NO_x 排放量远超过基于尾气温度下的热力学平衡计算得到的 NO_x 排放量。在燃烧过程中,不同的现象对应不同的有限特征时间,这就需要利用化学反应动力学来确定在这些有限特征时间内反应发生的路径和速率。

化学反应动力学是一门复杂的学科,尤其是对于燃烧系统而言,因为其中存在着巨量的化学组分,而且彼此之间都具有相互反应的可能。一个现象可以很好地说明这种复杂性,对于甲烷这种含碳量最小的烷烃,至今还没有一个完全科学的氧化机理,尽管 FFCM-1、ARAMCO3.0 和 GRI3.0 等能够给出诸如层流火焰传播速度等总体燃烧特性相当好的计算结果。燃料燃烧的化学反应动力学依然是燃烧学中的重要研究方向。

3. 流体力学

在燃烧应用中,流动可增大燃料与空气的混合程度,因此,要想很好地分析这些流动过程中出现的燃烧现象,必须学习流体力学的知识。燃烧学不仅仅是化学的一个分支,原因在于燃烧常常与流动相结合,而流体力学家如果不考虑化学反应的影响,也无法正确地描述燃烧流场。

这类有燃烧的流动常常称为反应流(reacting flow)。我们知道,燃烧反应的发生是需要条件的,因此燃烧反应往往在局部发生,且伴有大量热释放。这导致局部的温度和密度会剧烈变化,从而影响流动,反之,流动也会导致局部达到反应条件,促进燃烧反应的发生。燃烧学主要研究内容就是流动与化学反应耦合所出现的丰富而复杂的燃烧现象。

4. 传热(传质)学

正如上文分析的那样,在燃烧流场中,化学反应常常发生在局部的反应锋面内,反应锋面的特征是高温、高产物浓度及低反应物浓度。另一方面,在远离反应锋面的其他区域,产物浓度和温度都比较低而反应物浓度比较高。浓度和温度梯度的存在,会导致能量和质量(反应物或者产物)通过分子扩散从高值区域向低值区域传递。对于火焰而言,扩散输运是至关重要的,这是因为只有通过扩散才能够源源不断地提供新的反应物给火焰以维持燃烧。同时,燃烧产生的热量又通过传导加热新的反应物进而使其着火。另一方面,局部较大的热扩散会使反应锋面散失过多的热量,从而大幅度降低锋面温度,最终导致熄火。显然,扩散输运与化学反应的强烈耦合决定着局部的状态,这也是燃烧学中的主要研究内容。

参 考 文 献

[1] 约翰·古德斯布洛姆. 火与文明[M]. 乔修峰, 译. 广州：花城出版社, 2006.

[2] MCALLISTER S, CHEN J Y, FERNANDEZ-PELLO A C. Fundamentals of combustion processes [M]. New York：Springer, 2011.

[3] LAW C K. Combustion physics [M]. New York：Cambridge University Press, 2006.

[4] GLASSMAN I, YETTER R A, GLUMAC N G. Combustion [M]. 5th ed. San Diego：Elsevier, 2015.

[5] WARNATZ J. MAAS U, DIBBLE R W. Combustion：Physical and chemical fundamentals, modeling and simulation, experiments, pollutant formation [M]. 4th ed. Berlin：Springer, 2006.

[6] VALERA-MEDINA A, XIAO H, OWEN-JONES M, et al. Ammonia for power [J]. Progress in Energy and Combustion Science, 2018, 69：63-102.

燃烧热力学

本章将详细考察与燃烧学相关的几个重要的热力学概念。燃烧热力学,又称为燃烧化学热力学或者化学热力学,其侧重点是根据热力学第一定律分析燃烧过程中化学能转变为热能的能量变化规律,并根据热力学第二定律分析化学平衡的条件及平衡时系统的状态。在考察燃烧系统的热力学性质之前,以理想气体为例,务必先回顾一下混合气体的基本参数关系式。也许这些概念在以前热力学的学习中读者已经熟悉,本章将其一一列出来是因为它们是燃烧热力学中的重要内容。

2.1 热力学第一定律

我们先回顾一些与燃烧学相关的热力学参量和定律。

我们使用强度量(intensive property,又译为强度性质、强度性参数或强度参数)和广延量(extensive property,又译为广延性质、广延性参数、广延参数或广度量)来描述系统的热力学状态。强度量是指系统中不随系统大小或系统中物质的量变化而变化的物理量,常常以单位质量(或体积,物质的量)下的物质属性来定量描述,如密度 ρ(kg/m³)、单位质量的内能 u(J/kg)、单位物质的量的内能 $\hat{u}$(J/mol)等。读者需要注意的是,内能 u 也常用英文字母 e 或者希腊字母 ε 来表示,以和速度或 x 方向的速度分量区分。广延量与强度量相对,是指系统中会随系统大小或系统中物质的量成比例变化的物理量,如系统的总内能 U(J)、体积 V(m³)等。

在下面的推导中,会依据特殊情况选择基于单位质量、物质的量或者体积的强度量。

从 1840 年开始,在长达 20 多年的时间里,焦耳做了一系列的实验,得出了热力学第一定律的最初的描述方式。这个定律也是现代燃烧学的基础之一。根据热力学第一定律,热量可以从一个物体传递到另一个物体,也可以与机械能或其他形式的能量互相转换,但在转换过程中,能量的总值保持不变。热力学第一定律的本质是能量守恒。对于一个孤立系统,有

$$dU = \delta Q - \delta W$$

这里,U 表示内能,Q 表示热量,W 表示功,负号表示功是由系统做的。

如果仅考虑系统做的压缩功,则

$$dU = \delta Q - pdV$$

因此,对于定容过程,有 $dU = \delta Q$,这表明,系统吸收的热量等于系统增加的内能。

由于化学反应通常在定压状态下发生,因此燃烧过程常被认为是定压过程。焓是热力

学中表征物质系统能量的一个重要状态参量,在燃烧学中被广泛使用。那么,对于定压过程,对系统的焓($H=U+pV$)求导,可以得到

$$dH = dU + pdV + Vdp$$

根据热力学第一定律,有

$$dH = \delta Q + Vdp$$

因此,对于定压过程,有 $dH=\delta Q$,这表明系统吸收的热量等于系统增加的焓。定义定容比热容 c_V 和定压比热容 c_p,分别为

$$c_V \equiv \left(\frac{\partial u}{\partial T}\right)_V$$

$$c_p \equiv \left(\frac{\partial h}{\partial T}\right)_p$$

通常,在燃烧学研究中假设气态物质都符合理想气体条件。因此,理想气体定容过程的内能通过积分获得

$$u(T) - u_{ref} = \int_{T_{ref}}^{T} c_V dT$$

理想气体定压过程的焓通过积分获得

$$h(T) - h_{ref} = \int_{T_{ref}}^{T} c_p dT$$

式中:下标 ref 表示参考状态。

在燃烧学中,燃烧过程中的高温导致气体密度较低,因此可将混合气体及其各组分视作理想气体。理想气体的状态方程为

$$p = \rho \frac{R}{M} T$$

式中:$R=8.314$ J/(mol·K),为通用气体常数;M 为气体摩尔质量;ρ 为密度,是比容的倒数,$\rho=1/v=m/V$。下面对于气体的讨论,我们都将采用理想气体假设。

为了更精确地描述实际气体行为,范德瓦尔(又译为范德华)于 1873 年提出了对理想气体的修正方程,其表达式为

$$\left(p+\frac{a}{\hat{v}^2}\right)(\hat{v}-b) = RT$$

式中:a 为比例系数;b 为考虑气体分子本身体积对分子运动自由空间的修正,a 和 b 在修正方程中都是常系数;$\hat{v}=V/n$,为气体摩尔体积,是一个强度量,其大小也可以通过密度来计算,即

$$\hat{v} = \frac{V}{n} = \frac{V}{m/M} = \frac{M}{\rho}$$

对于真实气体,Redlich-Kwong 于 1949 年提出的状态方程(RK 方程)是一个较为常用的方程,其表达式为

$$p = \frac{RT}{\hat{v}-b} - \frac{a}{\sqrt{T}\,\hat{v}(\hat{v}+b)}$$

式中:$a=0.42748R^2 T_c^{2.5}/p_c$;$b=0.08664RT_c/p_c$。其中,$T_c$ 和 p_c 分别为临界点的温度和压力。以此方程为依据,学者们提出了其他的修正方程,如 Soave-Redlich-Kwong(SRK)状态方程、Peng-Robinson(PR)状态方程等。

2.2　理想气体混合物的属性

混合对燃烧有着至关重要的作用,燃料与氧化剂必须通过混合才可以燃烧,燃烧的产物也由混合气体组成。因此,我们需要研究气体混合物的属性。

假设混合气体有 N 种组分,组分 k 的质量分数定义为

$$y_k = m_k / m$$

式中:m 为混合气体质量(或单位体积内的质量,即密度);m_k 为组分 k 的质量(或单位体积内组分 k 的质量,即组分 k 的分密度)。

组分 k 的摩尔分数定义为

$$x_k = n_k / n$$

式中:n 为混合气体摩尔数(或单位体积内的摩尔数,即摩尔浓度);n_k 为组分 k 的摩尔数(或单位体积内该组分的摩尔数,即该组分的分摩尔浓度)。

混合气体的摩尔质量的计算公式为

$$\frac{1}{M} = \sum_{k=1}^{N} \frac{y_k}{M_k}$$

式中:M_k 为组分 k 的摩尔质量。除了质量分数以外,摩尔分数(x_k)和摩尔浓度($[X_k]$)也是常用的用于描述混合气体混合性质的参数,它们之间的关系可以参考表 2-1。有必要指出的是,摩尔浓度在化学反应速率的计算中是一个至关重要的强度量。

表 2-1　质量分数、摩尔分数、摩尔浓度的定义及换算关系

名称	定义	换算关系
质量分数 y_k	组分 k 的质量/总质量	$x_k = \dfrac{M}{M_k} y_k$
摩尔分数 x_k	组分 k 的物质的量/总的物质的量	$x_k = \dfrac{M}{M_k} y_k$
摩尔浓度 $[X_k]$	组分 k 的物质的量/总体积	$[X_k] = \rho \dfrac{y_k}{M_k} = \rho \dfrac{x_k}{M}$
摩尔质量 M	$\dfrac{1}{M} = \sum\limits_{k=1}^{N} \dfrac{y_k}{M_k}$ 和 $M = \sum\limits_{k=1}^{N} x_k M_k$	

所有组分质量分数之和为 1,摩尔分数之和也为 1。在求解燃烧系统时,这是一个常用的约束条件。某组分的质量分数或摩尔分数不通过化学反应或者组分输运方程来计算,而通过这个关系来确定,即 1 减去其他组分的分数之和。

根据道尔顿(Dalton)定律(在任何容器内的气体混合物中,如果各组分之间不发生化学反应,则各组分都均匀地分布在整个容器内,每种组分所产生的压强和其单独占有整个容器时所产生的压强相同)和阿马加(Amagat)定律(在相同温度和总压条件下,理想气体混合物的总体积等于各组分体积的总和),某组分的分压和分体积可以由该组分的摩尔分数来确定

$$\frac{p_i}{p} = x_i \quad (\text{道尔顿定律})$$

$$\frac{V_i}{V} = x_i \quad (\text{阿马加定律})$$

此外,混合气体的单位质量的内能和焓可以通过质量分数来计算

$$u = \frac{U}{m} = \frac{\sum_i m_i u_i}{m} = \sum_i y_i u_i$$

$$h = \sum_i y_i h_i$$

相似地,混合气体的单位物质的量的内能和焓可以通过摩尔分数来计算

$$\hat{u} = \sum_i x_i \hat{u}_i$$

$$\hat{h} = \sum_i x_i \hat{h}_i$$

如上文提到的,对于理想气体来说,各组分的内能和焓都只是温度的函数,因此,理想气体混合物的内能和焓也只是温度的函数。

例 2-1　MILD(moderate & intense low oxygen dilution)燃烧具有高效和低排放的特点。相比常规燃烧,其氮氧化物的排放可以减少 70% 以上。如图 2-1 所示,Jet-in-Hot-Coflow (JHC)是研究 MILD 燃烧的实验台架。在 HM1、HM2、HM3 三个燃烧工况中,热伴流混合物各组分的质量分数详见表 2-2。求 HM1、HM2、HM3 三个燃烧工况中热伴流混合物各组分的摩尔分数。

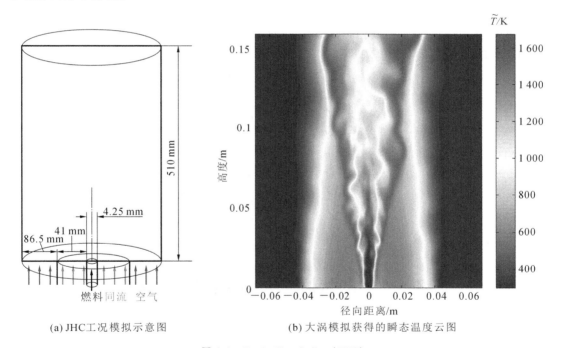

(a)JHC工况模拟示意图　　　　　　　　(b)大涡模拟获得的瞬态温度云图

图 2-1　Jet-in-Hot-Coflow(JHC)

表 2-2　热伴流混合物各组分的质量分数

	O_2	CO_2	H_2O	N_2
HM1	3%	5.5%	6.5%	85%
HM2	6%	5.5%	6.5%	82%
HM3	9%	5.5%	6.5%	79%

解　首先查表获得各组分的摩尔质量。

$$M_{O_2} = 32.00 \times 10^{-3} \text{ kg/mol}$$

$$M_{CO_2} = 44.01 \times 10^{-3} \text{ kg/mol}$$

$$M_{H_2O} = 18.02 \times 10^{-3} \text{ kg/mol}$$

$$M_{N_2} = 28.01 \times 10^{-3} \text{ kg/mol}$$

然后计算混合气体的摩尔质量。

HM1 工况：

$$M = 1/(y_{O_2}/M_{O_2} + y_{CO_2}/M_{CO_2} + y_{H_2O}/M_{H_2O} + y_{N_2}/M_{N_2}) = 27.67 \times 10^{-3} \text{ kg/mol}$$

HM2 工况：

$$M = 1/(y_{O_2}/M_{O_2} + y_{CO_2}/M_{CO_2} + y_{H_2O}/M_{H_2O} + y_{N_2}/M_{N_2}) = 27.77 \times 10^{-3} \text{ kg/mol}$$

HM3 工况：

$$M = 1/(y_{O_2}/M_{O_2} + y_{CO_2}/M_{CO_2} + y_{H_2O}/M_{H_2O} + y_{N_2}/M_{N_2}) = 27.88 \times 10^{-3} \text{ kg/mol}$$

最后计算各组分的摩尔分数。

HM1 工况：

$$x_{O_2} = M \times y_{O_2}/M_{O_2} = 0.02594$$

$$x_{CO_2} = M \times y_{CO_2}/M_{CO_2} = 0.03458$$

$$x_{H_2O} = M \times y_{H_2O}/M_{H_2O} = 0.09981$$

$$x_{N_2} = M \times y_{N_2}/M_{N_2} = 0.83968$$

HM2 工况：

$$x_{O_2} = M \times y_{O_2}/M_{O_2} = 0.05207$$

$$x_{CO_2} = M \times y_{CO_2}/M_{CO_2} = 0.03470$$

$$x_{H_2O} = M \times y_{H_2O}/M_{H_2O} = 0.10017$$

$$x_{N_2} = M \times y_{N_2}/M_{N_2} = 0.81297$$

HM3 工况：

$$x_{O_2} = M \times y_{O_2}/M_{O_2} = 0.07841$$

$$x_{CO_2} = M \times y_{CO_2}/M_{CO_2} = 0.03484$$

$$x_{H_2O} = M \times y_{H_2O}/M_{H_2O} = 0.10057$$

$$x_{N_2} = M \times y_{N_2}/M_{N_2} = 0.78633$$

2.3　当量燃烧、生成焓和反应热

2.3.1　当量燃烧

在燃烧过程中，燃料与氧化剂之间的关系对燃烧性能是非常重要的。化学计量比(stoichiometric ratio)是指当燃料与氧化剂刚好完全燃烧时，燃料与氧化剂之间的摩尔比。

我们这里考虑一个由 C、H、O 元素组成的燃料与空气混合后的当量燃烧工况，其化学反应方程式的一般形式为

$$C_\alpha H_\beta O_\gamma + a(O_2 + 3.76N_2) \longrightarrow \alpha CO_2 + (\beta/2)H_2O + 3.76aN_2$$

这里

$$a = \alpha + \beta/4 - \gamma/2$$

为简单起见，我们假设空气由约 21％（体积比或摩尔比）的氧气和 79％的氮气组成，即 1 mol 的氧气对应约 3.76 mol 的氮气。

此时，化学计量比为

$$(F/A)_{stoic} = \frac{1}{\alpha + \beta/4 - \gamma/2}$$

式中：F 表示燃料；A 表示空气。

当量比（equivalence ratio）是指燃料与氧化剂之间的摩尔比与它们的化学计量比之间的比值

$$\Phi = \frac{(F/A)}{(F/A)_{stoic}}$$

式中：Φ 为当量比。

对于 $\Phi > 1$，反应系统中燃料富余，氧气不足，为富燃料（rich fuel）燃烧；对于 $\Phi < 1$，反应系统中燃料不足，氧气富余，为贫燃料（lean fuel）燃烧；对于 $\Phi = 1$，则该燃烧为当量燃烧。在后面的学习中，我们将看到贫燃料燃烧和富燃料燃烧是有明显不同的。

有时也用空燃比来表示燃烧过程中空气与燃料之间的质量关系

$$A/F = \frac{m_{air}}{m_{fuel}}$$

在应用中，常会用过量空气系数 α 表示燃烧过程中的空气供应量

$$\alpha = \frac{1 - \Phi}{\Phi} \times 100\%$$

例 2-2　考虑一个异辛烷和空气混合后的当量燃烧工况，求：

(1) 燃料的摩尔分数；

(2) 燃烧的燃空比；

(3) 生成物中 H_2O 的摩尔分数。

解　首先写出异辛烷和空气混合当量燃烧的化学方程式

$$C_8H_{18} + \left(8 + \frac{18}{4} - 0\right)(O_2 + 3.76 N_2) \longrightarrow 8 CO_2 + 9 H_2O + 3.76 \times \left(8 + \frac{18}{4}\right) N_2$$

即

$$C_8H_{18} + 12.5(O_2 + 3.76 N_2) \longrightarrow 8 CO_2 + 9 H_2O + 3.76 \times 12.5 N_2$$

因此

(1) $x_{C_8H_{18}} = \dfrac{N_{C_8H_{18}}}{N_{C_8H_{18}} + N_{air}} = \dfrac{1}{1 + 12.5 \times 4.76} = 0.0165$；

(2) $f_s = \dfrac{1 \times M_{fuel}}{\left(\alpha + \frac{\beta}{4} - \frac{\gamma}{2}\right) \times 4.76 \times M_{air}} = \dfrac{114}{12.5 \times 4.76 \times 28.96} = 0.0662$；

(3) $x_{H_2O} = \dfrac{N_{H_2O}}{N_{CO_2} + N_{H_2O} + N_{N_2}} = \dfrac{9}{8 + 9 + 3.76 \times 12.5} = 0.1406$。

2.3.2　生成焓、反应焓和反应热

燃烧现象最明显的一个特征是反应过程伴随着热释放，因此燃烧学研究中的一个重点是关注燃烧过程中能量变化，具体而言就是化学能转换为热能。

先来考察几个与燃烧放热有关的重要的热力学参数。绝对焓的概念在燃烧学中非常重

要,其定义为

$$\overline{h}_i(T) = \overline{h}_{f,i}^0(T_{\text{ref}}) + \Delta\overline{h}_{s,i}$$

其中,$\Delta\overline{h}_{s,i}$ 是指物质从参考温度 T_{ref} 到 T 显焓的变化;而 $\overline{h}_{f,i}^0(T_{\text{ref}})$ 是标准状态下物质的生成焓。标准状态定义为:$T_{\text{ref}}=25\ ^\circ\text{C}(298.15\ \text{K})$,压力 $p_{\text{ref}}=1\ \text{atm}(101.325\ \text{kPa})$。此外规定:在标准状态下,元素在最自然稳定存在状态的生成焓为零。氧元素在标准状态下以双原子分子(即 O_2)形式稳定存在,即

$$(\overline{h}_{f,O_2}^0)_{298.15\ \text{K}} = 0$$

其中,上标 0 代表标准状态。在标准状态下,要生成一个氧原子,就要破坏一个很强的 O—O 化学键。在 298.15 K 下,氧分子中 O—O 键的断裂能为 498.390 kJ/mol。因此,氧原子的生成焓就是断裂一个 O—O 键所需能量的一半,即

$$(\overline{h}_{f,O}^0)_{298.15\ \text{K}} = 249.195\ \text{kJ/mol}$$

因此,化合物的标准生成焓是在标准状态下由稳定状态的单质生成 1 mol 纯化合物时的反应焓变。

通常,由元素直接生成化合物是不太可能的,但是由于焓是状态函数,它可以通过间接方式获得。

赫斯定律(Hess law)也称为反应加成定律,若某一个反应为两个反应的代数和时,其反应热为两个反应热的代数和。也可表达为在条件不变的情况下,化学反应的热效应只与起始和终了状态有关,与变化途径无关。例如乙烯(C_2H_4)生成焓的计算,如图 2-2 所示。

乙烯不容易由 C 和 H 直接生成,但是石墨和氧气的反应、氢气和氧气的反应及 CO_2 和水的反应的反应热是已知的。这三个反应加成以后的反应的反应热为 52.1 kJ/mol,因此,乙烯的标准生成焓为 52.1 kJ/mol。

序号	反应					$\Delta_R\overline{H}_{298}^0$/(kJ/mol)
(1)	2 C(石墨)+ 2 O_2(g)	=	2 CO_2(g)			-787.4
(2)	2 H_2(g)	+ O_2(g)	=	2 H_2O(l)		-571.5
(3)	2 CO_2(g)	+ 2 H_2O(l)	=	C_2H_4(g)	+ 3 O_2(g)	+1411.0
(1)+(2)+(3)	2 C(石墨)+ 2 H_2(g)		=	C_2H_4(g)		+52.1

图 2-2　乙烯生成焓计算示例

在恒压或恒温的条件下,当产物的温度和反应物的温度相同,且反应过程中只做体积功而不做其他功时,化学反应的焓变称为反应焓。反应焓在燃烧学中通常称为燃烧焓。在实际应用中,我们通常在标准状态下计算反应焓。

如图 2-3 所示,假设在标准状态下燃料完全燃烧,为了使得反应后产物回到标准状态,就需要从反应器中取走一定的热量,即

$$q_{cv} = h_0 - h_i = h_{\text{prod}} - h_{\text{reac}}$$

反应焓或燃烧焓(Δh_R)的定义为

$$\Delta h_R \equiv q_{cv} = h_{\text{prod}} - h_{\text{reac}}$$

或以广延量的方式表达为

$$\Delta H_R = H_{\text{prod}} - H_{\text{reac}}$$

例 2-3　计算 $p=101.325\ \text{kPa}$,$T=25\ ^\circ\text{C}$ 状态下 1 mol 一氧化碳与纯氧当量混合后的燃烧焓。

解　一氧化碳与纯氧的当量燃烧化学反应式为

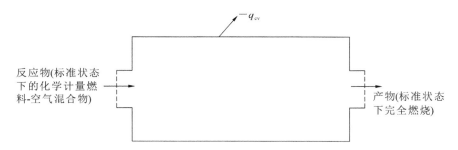

图 2-3　用于确定燃烧焓的稳定流动反应器示意图

$$CO(g) + 0.5O_2(g) \longrightarrow CO_2(g)$$

燃烧焓为

$$\Delta H_R = H_{prod} - H_{reac} = -283 \text{ kJ/mol}$$

反应热称为燃烧热，又称为热值(heat value, HV)。热值在数值上与反应焓相等，但符号相反。高位热值或高热值(higher heat value, HHV)是指产物中的气态水都凝结成液态水时的燃烧热。相应地，低位热值或低热值(lower heat value, LHV)就是指产物中的气态水没有凝结为液态水时的燃烧热。对于 CH_4，其高热值大约比低热值大 11%。在日常使用的燃气热水器中，冷凝式热水器的热效率通常为 103%~105%，这主要是因为热效率的计算使用的是燃气低位热值，而冷凝式热水器利用了水的凝结潜热，因此其热效率高于 100%。

例 2-4　以单位摩尔计，计算气态异辛烷与空气当量混合后的低热值和高热值。

解　1 mol 异辛烷和空气当量燃烧的化学方程式为

$$C_8H_{18} + 12.5(O_2 + 3.76 N_2) \longrightarrow 8 CO_2 + 9 H_2O + 3.76 \times 12.5 N_2$$

低热值和高热值的计算公式都可以写为

$$HV = -\Delta H_R = H_{reac} - H_{prod}$$

而反应前后的总焓分别为

$$H_{reac} = \sum_{i,reac} x_i H_i$$

$$H_{prod} = \sum_{i,prod} x_i H_i$$

在 $T = 298.15$ K 下，$\overline{h}_{f,C_8H_{18}}^0 = -224$ kJ/mol，则反应物的总焓为

$$H_{reac} = 1 \times \overline{h}_{f,C_8H_{18}}^0 + 12.5 \times \overline{h}_{f,O_2}^0 + 12.5 \times 3.76 \times \overline{h}_{f,N_2}^0 = -224 \text{ kJ/mol}$$

对于低热值来说考虑气态水为产物，因此产物的总焓为

$$H_{prod} = 8 \times \overline{h}_{f,CO_2}^0 + 9 \times \overline{h}_{f,H_2O}^0 + 12.5 \times 3.76 \times \overline{h}_{f,N_2}^0 = -5324 \text{ kJ/mol}$$

因此

$$LHV = H_{reac} - H_{prod} = -224 - (-5324) = 5100 \text{ kJ/mol}$$

而考虑水在标准状态下的蒸发焓为 44 010 J/mol，产物的总焓为

$$H_{prod} = 8 \times \overline{h}_{f,CO_2}^0 + 9 \times \overline{h}_{f,H_2O}^0 + 12.5 \times 3.76 \times \overline{h}_{f,N_2}^0 = -5721 \text{ kJ/mol}$$

因此

$$HHV = H_{reac} - H_{prod} = -224 - (-5721) = 5497 \text{ kJ/mol}$$

通过简单计算，可以知道气态异辛烷高热值比低热值高 7.8%。

表 2-3 列出了一些常用燃料在标准状态下的高热值，需要指出的是，数值大小与例题中的略有差异，主要是参考数据来源的不同导致的。

表 2-3　常用燃料的高热值[101.325 kPa、25 ℃,产物为 $H_2O(l)$ 和 CO_2]

名称	分子式	状态	高热值/(J/mol)
碳(石墨)	C	固	392 880
氢气	H_2	气	285 770
一氧化碳	CO	气	282 840
甲烷	CH_4	气	881 990
乙烷	C_2H_6	气	1 541 390
丙烷	C_3H_8	气	2 201 610
丁烷	C_4H_{10}	液	2 870 640
戊烷	C_5H_{12}	液	3 486 950
庚烷	C_7H_{16}	液	4 811 180
异辛烷	C_8H_{18}	液	5 450 500
十二烷	$C_{12}H_{26}$	液	8 132 430
十六烷	$C_{16}H_{34}$	固	1 070 690
乙烯	C_2H_4	气	1 411 260
乙醇	C_2H_5OH	液	1 370 940
甲醇	CH_3OH	液	712 950
苯	C_6H_6	液	3 273 140
环庚烷	C_7H_{14}	液	4 549 260
环戊烷	C_5H_{10}	液	3 278 590
醋酸	$C_2H_4O_2$	液	876 130
苯酸	$C_7H_6O_2$	固	3 226 700
萘	$C_{10}H_8$	固	5 155 940
蔗糖	$C_{12}H_{22}O_{11}$	固	5 646 730
茨酮	$C_{10}H_{16}O$	固	5 903 620
甲苯	C_7H_8	液	3 908 690
氨基甲酸乙酯	$C_3H_7NO_2$	固	1 661 880
苯乙烯	C_8H_8	液	4 381 090

2.3.3　气体热力学数据库

热力学数据库提供物质的热力学属性,其中对燃烧学来说,较为重要的气体热力学数据包括气体的焓、熵、比热容、内能、吉布斯自由能等。这些数据以数据表格的形式呈现,通常表示为温度的函数。不同的数据表格采用不同的标准条件。我们这里介绍在燃烧学中常用的 JANAF 数据表格[源自 Joint Army Navy NASA Air Force(JANNAF) Interagency Propulsion Committee],以及相应的 CHEMKIN 热力学数据库程序,其规定的标准条件与上文规定的一致,即 $T_{ref}=25$ ℃（298.15 K）,$p_{ref}=101.325$ kPa。

CHEMKIN 热力学数据库以 JANAF 表格为基础,数据库拟合了无量纲化的定压比热容、绝对焓和熵,它们的计算公式分别为

$$\frac{c_p}{R}=a_1+a_2T+a_3T^2+a_4T^3+a_5T^4$$

$$\frac{H^0}{RT}=a_1+\frac{a_2}{2}T+\frac{a_3}{3}T^2+\frac{a_4}{4}T^3+\frac{a_5}{5}T^4+\frac{a_6}{T}$$

$$\frac{S^0}{R}=a_1\ln T+a_2T+\frac{a_3}{2}T^2+\frac{a_4}{3}T^3+\frac{a_5}{4}T^4+a_7$$

式中:上标 0 代表以标准温度为参考。热力学数据是两个温度范围的分段函数,每个温度范围的热力学数据由 $a_1\sim a_7$ 这 7 个系数组成的非线性函数拟合而成,因此每种化学组分的完整数据包括 14 个拟合系数。下面是关于 CHEMKIN 热力学数据文件的一个例子。

例 2-5　下面是 GRI3.0 机理提供的 CHEMKIN 热力学数据文件的截取部分。以单位物质的量计,求氢气在温度为 600 K 时绝对焓值,以及定压比热容的大小。

```
THERMO ALL
   300.000   1000.000   5000.000
! GRI-Mech Version 3.0 Thermodynamics released 7/30/99
! NASA Polynomial format for CHEMKIN- II
O2                TPIS89O   2               G    200.000   3500.000   1000.000      1
 3.28253784E+00 1.48308754E-03-7.57966669E-07 2.09470555E-10-2.16717794E-14      2
-1.08845772E+03 5.45323129E+00 3.78245636E+00-2.99673416E-03 9.84730201E-06      3
-9.68129509E-09 3.24372837E-12-1.06394356E+03 3.65767573E+00                     4
H2                TPIS78H   2               G    200.000   3500.000   1000.000      1
 3.33727920E+00-4.94024731E-05 4.99456778E-07-1.79566394E-10 2.00255376E-14      2
-9.50158922E+02-3.20502331E+00 2.34433112E+00 7.98052075E-03-1.94781510E-05      3
 2.01572094E-08-7.36611761E-12-9.17935173E+02 6.83010238E-01                     4
H2O               L 8/89H   2O  1           G    200.000   3500.000   1000.000      1
 3.03399249E+00 2.17691804E-03-1.64072518E-07-9.70419870E-11 1.68200992E-14      2
-3.00042971E+04 4.96677010E+00 4.19864056E+00-2.03643410E-03 6.52040211E-06      3
-5.48797062E-09 1.77197817E-12-3.02937267E+04-8.49032208E-01                     4
N2                121286N   2               G    200.000   5000.000   1000.000      1
 0.02926640E+02 0.14879768E-02-0.05684760E-05 0.10097038E-09-0.06753351E-13      2
-0.09227977E+04 0.05980528E+02 0.03298677E+02 0.14082404E-02-0.03963222E-04      3
 0.05641515E-07-0.02444854E-10-0.10208999E+04 0.03950372E+02                     4
END
```

解　先根据上面的表格,确定拟合系数。

（1）CHEMKIN 中将系数划分为两段:高温段和低温段。对氢气来说,低温段为 200～1 000 K,高温段为 1 000～3 500 K。我们要求解的温度为 600 K,属于低温段。

（2）高温段数据是最开始的 7 个,依次排列;低温段拟合数据是后面的 7 个,也是依次排列的。因此,我们需要的数据是:$a_1=2.34433112E+00$;$a_2=7.98052075E-03$;$a_3=-1.94781510E-05$;$a_4=2.01572094E-08$;$a_5=-7.36611761E-12$;$a_6=-9.17935173E+02$;$a_7=6.83010238E-01$。

（3）由此,将系数代入公式

$$\frac{H^0}{RT} = a_1 + \frac{a_2}{2}T + \frac{a_3}{3}T^2 + \frac{a_4}{4}T^3 + \frac{a_5}{5}T^4 + \frac{a_6}{T}$$

$$\frac{c_p}{R} = a_1 + a_2 T + a_3 T^2 + a_4 T^3 + a_5 T^4$$

就可以计算获得 H^0 和 c_p。

2.4　绝热火焰温度

准确地说,绝热火焰温度包括定压绝热火焰温度和定容绝热火焰温度,通常指的是前者,这是因为我们一般考虑的燃烧过程的压力脉动较小,可以将其视为定压过程。当燃料-氧化剂混合物在定压条件下绝热燃烧时,反应物在初态的绝对焓等于产物在终态的绝对焓,即

$$H_{reac}(T_i, p) = H_{prod}(T_{ad}, p)$$

式中:p 为燃烧时的压力;T_i 为系统初始温度;T_{ad} 为系统燃烧结束时的温度。该公式中产物的终态温度就是所定义的定压绝热火焰温度。

$$H_p(T_p) = \sum_i N_{i,p} \hat{h}_{i,p} = \sum_i N_{i,p} [\Delta \hat{h}_{i,p}^0 + \hat{h}_{si,p}(T_p)]$$

$$H_r(T_r) = \sum_i N_{i,r} \hat{h}_{i,r} = \sum_i N_{i,r} [\Delta \hat{h}_{i,r}^0 + \hat{h}_{si,r}(T_r)]$$

图 2-4 所示为绝热火焰温度图解。燃烧释放的热量用来加热燃烧产物,使之具有跟反应物相同的绝对焓,因此绝热火焰温度计算的关键是计算燃烧产物吸收的热量。

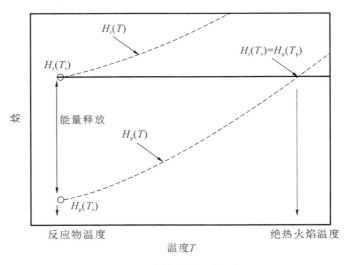

图 2-4　绝热火焰温度图解

1. 方法一

假设:完全燃烧,产物只有水、CO_2（碳氢燃料时）和氮气;产物的定压比热容为常数。

$$\sum_i N_{i,p} [\Delta \hat{h}_{i,p}^0 + \hat{h}_{si,p}(T_p)] = \sum_i N_{i,r} [\Delta \hat{h}_{i,r}^0 + \hat{h}_{si,r}(T_r)]$$

$$\sum_i N_{i,\text{p}}\,\hat{h}_{si,\text{p}}(T_\text{p}) = -\left(\sum_i N_{i,\text{p}}\Delta\hat{h}_{i,\text{p}}^0 - \sum_i N_{i,\text{r}}\,\hat{h}_{i,\text{r}}^0\right) + \sum_i N_{i,\text{r}}\,\hat{h}_{si,\text{r}}(T_\text{r})$$

$$= -Q_{\text{rxn,p}}^0 + \sum_i N_{i,\text{r}}\,\hat{h}_{si,\text{r}}(T_\text{r})$$

式中：$-Q_{\text{rxn,p}}^0 = \sum_i N_{i,\text{r}}\,\hat{h}_{i,\text{r}}^0 - \sum_i N_{i,\text{p}}\Delta\hat{h}_{i,\text{p}}^0$，为燃烧释放的热量。如果燃料完全燃烧，则采用燃料的低位热值（LHV），有

$$-Q_{\text{rxn,p}}^0 = \text{LHV}\cdot N_{\text{fuel}}\cdot M_{\text{fuel}} = \text{LHV}\cdot m_{\text{fuel}}$$

假定定压比热容 c_p 为常数

$$(T_\text{p}-T_0)\sum_i N_{i,\text{p}}\,\hat{c}_{pi} \equiv \hat{c}_p(T_\text{p}-T_0)\sum_i N_{i,\text{p}} = -Q_{\text{rxn,p}}^0 + \sum_i N_{i,\text{r}}\,\hat{h}_{si,\text{r}}(T_\text{r})$$

假定

$$\frac{\sum_i N_{i,\text{r}}\,\hat{h}_{si,\text{r}}(T_\text{r})}{\sum_i N_{i,\text{p}}\,\hat{c}_{pi}} = \frac{\sum_i N_{i,\text{r}}\,\hat{c}_{pi,\text{r}}(T_\text{r}-T_0)}{\sum_i N_{i,\text{p}}\,\hat{c}_{pi}} \approx T_\text{r}-T_0$$

有

$$T_\text{p} = T_0 + \frac{-Q_{\text{rxn,p}}^0 + \sum_i N_{i,\text{r}}\,\hat{h}_{si,\text{r}}(T_\text{r})}{\sum_i N_{i,\text{p}}\,\hat{c}_{pi}} \approx T_\text{r} + \frac{-Q_{\text{rxn,p}}^0}{\sum_i N_{i,\text{p}}\,\hat{c}_{pi}}$$

$$= T_\text{r} + \frac{\text{LHV}\cdot N_{\text{fuel}}\cdot M_{\text{fuel}}}{\sum_i N_{i,\text{p}}\,\hat{c}_{pi}}$$

在标准状态下，当反应物进入燃烧器时，绝热火焰温度可以表示为

$$T_\text{p} = T_0 + \frac{\text{LHV}\cdot N_{\text{fuel}}\cdot M_{\text{fuel}}}{\sum_i N_{i,\text{p}}\,\hat{c}_{pi}}$$

以质量为基础进行分析，则对于贫燃料状态，有

$$T_\text{p} \approx T_0 + \frac{m_{\text{fuel}}\cdot\text{LHV} + (m_a+m_{\text{fuel}})\,\bar{c}_{p,\text{r}}(T_\text{r}-T_0)}{(m_a+m_{\text{fuel}})\,\bar{c}_{p,\text{p}}}$$

$$\approx T_\text{r} + \frac{m_{\text{fuel}}\cdot\text{LHV}}{(m_a+m_{\text{fuel}})\,\bar{c}_{p,\text{p}}} = T_\text{r} + \frac{(m_{\text{fuel}}/m_a)\cdot\text{LHV}}{(1+m_{\text{fuel}}/m_a)\,\bar{c}_{p,\text{p}}}$$

$$= T_\text{r} + \frac{f\cdot\text{LHV}}{(1+f)\,\bar{c}_{p,\text{p}}} = T_\text{r} + \frac{\Phi\cdot f_s\cdot\text{LHV}}{(1+\Phi\cdot f)\,\bar{c}_{p,\text{p}}}$$

对于富燃料状态，有

$$T_\text{p} = T_\text{r} + \frac{f_s\cdot\text{LHV}}{(1+f)\,\bar{c}_{p,\text{p}}} = T_\text{r} + \frac{f_s\cdot\text{LHV}}{(1+\Phi\cdot f_s)\,\bar{c}_{p,\text{p}}}$$

由于碳氢燃料的化学当量比一般都比较小（甲烷是 0.058），因此，在贫燃料状态，绝热火焰温度随当量比增大而呈近似线性升高，并在化学计量比时达到火焰的最高温度。在富燃料状态，绝热火焰温度随当量比增大而下降，如图 2-5 所示。

2. 方法二（迭代法）

迭代法假定燃料和氧化剂发生的是完全反应，即燃料和氧化剂至少有一个被消耗完。在计算中比热容是温度的函数，不再假定定压比热容为常数。首先假定一个绝热温度 T_{p1}，可以得到产物的绝对焓值 $H_\text{p}(T_{\text{p1}})$。如果 $H_\text{p}(T_{\text{p1}})$ 小于反应物的绝对焓值，则修正温度 T_{p1}，直到修正温度 T_{p1} 使得判别式 $|\,H_\text{p}(T_{\text{p1}}) - H_\text{r}(T_\text{r})\,|$ 在允许的收敛范围内，则最终的

修正温度为绝热火焰温度 T_{ad}。

需要指出的是,实际上,燃料和氧化剂是不可能完全反应的。

3. 方法三(平衡状态法)

产物在高温($T>1\ 500\ K$)条件下会发生离解反应,这会吸收一部分燃烧释放的热量。一般来讲,反应物很难完全反应,化学反应会达到一种平衡状态。这样产物中不仅有 H_2O、CO_2(使用碳氢燃料)和 N_2(空气作为氧化剂),还有燃烧的中间产物(若不是当量燃烧,还有燃料和氧气)。

假定一个温度 T_p,可以通过吉布斯自由能最小化获得化学平衡时产物的组成,然后计算产物的焓值 $H_p(T_{p1})$,如果产物的焓值不等于反应物的焓值,则修正温度 T_p,迭代继续计算,最后得到绝热火焰温度。

由于达到平衡状态需要很长时间,因此与实际燃烧情况(燃烧的时间有限,反应速率有限)下的绝热火焰温度相比,假定平衡状态下计算的绝热火焰温度要低。

气体的离解:燃烧产物的组成与温度、压力有关,富氧条件下 C-H-O-N 燃烧系统的主要产物是 CO_2、H_2O、O_2 和 N_2。但随着温度的升高,离解反应开始发生,从而产生了 CO、H_2、OH、H、O、N、NO 等组分。但不同条件下,它们离解的产物是不同的。例如,如果在一个大气压下温度高于 $2\ 200\ K$,将至少有 1% 的 CO_2 和 H_2O 会发生离解反应,即 $CO_2 \rightleftharpoons CO + 0.5O_2$,$H_2O \rightleftharpoons H_2 + 0.5O_2$,$H_2O \rightleftharpoons 0.5H_2 + OH$。此时产物包括 CO、H_2 和 OH。当温度升高至 $2\ 400\ K$ 以上时,O_2 和 H_2 开始离解,即 $O_2 \rightleftharpoons 2O$,$H_2 \rightleftharpoons 2H$。而 O 也可能来自 H_2O 的另外一种离解反应,即 $H_2O \rightleftharpoons H_2 + O$。因此,$H_2O$ 可以在高温条件下离解成为 H_2、O_2、OH、H 和 O。

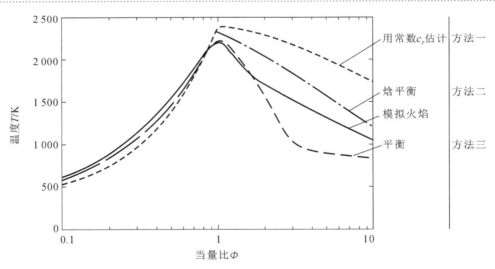

图 2-5　火焰温度与当量比的关系

从图 2-5 中可以看出,三种方法在贫燃料时计算结果相差不大,但在富燃料时计算结果相差明显。方法一与方法二都高估了绝热火焰温度,且方法一的误差大于方法二的误差,而方法三明显低估了绝热火焰温度。很重要的原因是方法一与方法二未考虑 CO_2 的离解(产物中无 CO),此离解反应需要吸热,从而高估了绝热火焰温度。而方法三是平衡状态法,但实际燃烧反应都是在有限时间内完成的,不可能达到平衡,过分考虑了 CO_2 的离解,因此导致计算的绝热火焰温度偏低。真实的燃烧反应都是在有限的时间内以有限的反应速率进行的,因此绝热火焰温度的精确计算需要采用燃料的化学反应动力学机理。

例 2-6　求氢气与空气当量燃烧时的定压绝热火焰温度。压力为 101.325 kPa,初始反应温度为 1 000 K。假设:

(1) 完全燃烧,即没有离解,产物只有水和氮气;

(2) 产物的定压比热容取为常数。

查表数据:

物质	$\hat{h}/(\text{J/kmol})$,在 101.325 kPa,1 000 K 下	$c_p/[\text{J/(kmol·K)}]$(平均)
O_2	2.270×10^7	—
N_2	2.146×10^7	34 815
H_2	2.068×10^7	—
H_2O	-2.158×10^8	49 380

解　该化学反应的方程式为

$$2H_2 + (O_2 + 3.76N_2) \longrightarrow 2H_2O + 3.76N_2$$

假设:

$$n_{H_2} = 2 \text{ kmol}, n_{O_2} = 1 \text{ kmol}, n_{N_2,1} = 3.76 \text{ kmol}, n_{H_2O} = 2 \text{ kmol}, n_{N_2,2} = 3.76 \text{ kmol}$$

定压条件下

$$H_1 = H_2$$

其中

$$H_1 = n_{H_2} \cdot \hat{h}_{H_2,1} + n_{O_2} \cdot \hat{h}_{O_2,1} + n_{N_2} \cdot \hat{h}_{N_2,1}$$

$$H_2 = n_{H_2O} \cdot \hat{h}(H_2O, T = T_2) + n_{N_2} \cdot \hat{h}(N_2, T = T_2)$$

$$= n_{H_2O} \cdot [\hat{h}_{H_2O,1} + c_{pH_2O} \cdot (T_2 - T_1)] + n_{N_2} \cdot [\hat{h}_{N_2,1} + c_{pN_2} \cdot (T_2 - T_1)]$$

解得:$T_2 = 3\ 158$ K。

上面的例题,若采用详细化学反应机理,通过化学平衡来计算,所获得的定压绝热火焰温度为 2 750 K。相比之下,当前的结果高了约 400 K。通常,这里的第一个假设是非常粗糙的。另外,若除去第二个假设,用积分的方式或者迭代的方法来计算相对准确的温度,结果为 3158.47 K,差别几乎可以忽略不计。可以看出,在化学组分发生离解反应的同时,有多种化学组分生成,如 OH、NO 等,会显著地导致绝热火焰温度降低,这是因为更多的能量被束缚在化学键(生成焓)中,使显焓下降。

上文分析的定压系统适用于燃气轮机或锅炉等工况,下面来看看定容绝热火焰温度。这里,根据热力学第一定律,有

$$U_{reac}(T_i, p_i) = U_{prod}(T_{ad}, p_f)$$

式中:U 为混合物的绝对内能;p_i 为系统初始压力;p_f 为系统燃烧结束时的压力;T_i 为系统初始温度;T_{ad} 为系统燃烧结束时的温度。此公式中产物的终态温度就是所定义的定容绝热火焰温度。

例 2-7　求氢气与空气当量燃烧时的定容绝热火焰温度。初始压力为 101.325 kPa,初始反应温度为 1 000 K。假设:

（1）完全燃烧，即没有离解，产物只有水和氮气；

（2）产物的定容比热容取为常数。

查表数据：

物质	$\hat{u}/(\text{J/kmol})$，在 101.325 kPa,1 000 K 下	$c_V/[\text{J/(kmol·K)}]$（平均）
O_2	1.439×10^7	—
N_2	1.315×10^7	26 692
H_2	1.236×10^7	—
H_2O	-2.241×10^8	41 443

解　该化学反应的方程式为

$$2H_2 + (O_2 + 3.76N_2) \longrightarrow 2H_2O + 3.76N_2$$

假设

$$n_{H_2} = 2 \text{ kmol}, n_{O_2} = 1 \text{ kmol}, n_{N_2,1} = 3.76 \text{ kmol}, n_{H_2O} = 2 \text{ kmol}, n_{N_2,2} = 3.76 \text{ kmol}$$

定容条件下

$$U_1 = U_2$$

其中

$$U_1 = n_{H_2} \cdot \hat{u}_{H_2,1} + n_{O_2} \cdot \hat{u}_{O_2,1} + n_{N_2} \cdot \hat{u}_{N_2,1}$$

得

$$U_1 = 8.855 \times 10^7 \text{ J}$$

$$U_2 = n_{H_2O} \cdot [\hat{u}_{H_2O,1} + c_{VH_2O} \cdot (T_2 - T_1)] + n_{N_2} \cdot [\hat{u}_{N_2,1} + c_{VN_2} \cdot (T_2 - T_1)]$$

解得：$T_2 = 3\ 659$ K。

在相同的初始条件下，这个定容绝热火焰温度比上一个例子中的定压绝热火焰温度高了 501 K。这是在容积一定的条件下压力不做功导致的。通常，定容绝热火焰温度会比定压绝热火焰温度高 10%～15%。

2.5　热力学第二定律

许多物理化学过程并不违背热力学第一定律，但是现实中根本不会自然发生。例如，对于两个有温度差的铁球，如果它们之间接触（即存在着热交换），那么两个铁球最终会处于同一个温度。但是这个过程反过来是无法自然发生的，这是因为如果没有外界的干预，永远不会发生一个铁球温度升高而另一个铁球温度降低的事情。因此，从类似这样的观察中得到的热力学第二定律为：热量不可能自发地从低温物体传递给高温物体。

与上述等价的热力学第二定律的另一个表述为：机械能可以完全地转化为热能，但热能不能完全地转化为机械能。因此，热力学第二定律包含热力过程的方向信息，进而给出热机的最终效率的极限值。

如果一个热力过程可以返回到其初始状态而不改变周围的环境，那么这个过程为可逆过程。这个过程的充分必要条件是系统处于局部平衡状态（如蒸发和冷凝）。不可逆过程则是指系统必须改变周围环境才能回到其初始状态的热力过程（如燃烧过程）。

热力学引入熵 S 的概念,其表达式为

$$dS = \frac{\delta Q_{rev}}{T}, dS > \frac{\delta Q_{irrev}}{T}$$

这里,rev 代表可逆,irrev 代表不可逆。这个关系式也是热力学第二定律的另一个表述:对于一个孤立系统($\Delta Q = 0$),熵永不自发减小,熵在可逆过程中不变,在不可逆过程中增大,即

$$(dS)_{rev} = 0, (dS)_{irrev} > 0$$

对于一个封闭热力系统,根据热力学第一定律,可以有

$$\delta Q = dU + p dV$$

于是

$$dU \leqslant T dS - p dV$$

如果热力过程中有化学反应(即系统的物质的量会发生变化),则系统的能量状态函数可以表示为

$$U = U(S, V, N_i)$$

式中:S 代表熵;V 代表体积;N_i 代表组分 i 的物质的量(摩尔数)。对其求导,则有

$$dU = \left(\frac{\partial U}{\partial S}\right)_{V, N_i} dS + \left(\frac{\partial U}{\partial V}\right)_{S, N_i} dV + \sum_i \left(\frac{\partial U}{\partial N_i}\right)_{S, V, N_{j(j \neq i)}} dN_i$$

对比热力学第一定律的式子,有

$$T = \left(\frac{\partial U}{\partial S}\right)_{V, N_i}, p = -\left(\frac{\partial U}{\partial V}\right)_{S, N_i}$$

化学势(chemical potential)表征系统与媒质,或系统相与相之间,或系统组元之间粒子转移的趋势。粒子总是从高化学势向低化学势区域、相或组元转移,直到两者相等才达到化学平衡,即

$$\bar{\mu}_i = \left(\frac{\partial U}{\partial N_i}\right)_{S, V, N_{j(j \neq i)}}$$

于是,有

$$dU = T dS - p dV + \sum_i \bar{\mu}_i dN_i$$

2.6　定容、定压系统的平衡

2.6.1　定容系统的平衡

燃烧过程中包含许多可逆反应,即反应可以朝着正向进行,也可以朝着反向进行。因此,燃烧反应不可能朝着一个方向完全进行下去,而是会达到化学平衡,即正反应和逆反应之间的平衡。燃烧热力学的第二个任务是根据热力学第二定律分析化学平衡的条件及平衡时系统的状态。

我们来考察一个定容绝热的可逆反应

$$CO + \frac{1}{2} O_2 \Longrightarrow CO_2$$

由于反应可逆,因此该反应达到平衡时一氧化碳、二氧化碳和氧气同时存在,可以写为

$$CO + \frac{1}{2}O_2 \rightleftharpoons (1-\alpha)CO_2 + \alpha CO + \frac{\alpha}{2}O_2$$

式中：α 为二氧化碳的离解分数。根据热力学第一定律,我们可以用 α 来计算定容绝热火焰温度。例如,$\alpha=1$,代表没有二氧化碳生成,混合气体的初始条件也不会改变;$\alpha=0$,代表一氧化碳完全燃烧,释放的热量最大。$1-\alpha$ 同温度和熵的关系曲线如图 2-6 所示。

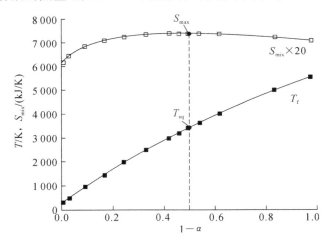

图 2-6 一氧化碳燃烧的化学平衡图

在该反应过程中,热力学第二定律的约束是什么呢? 我们先来计算生成的混合气体的熵,其值为各个组分的熵的和,即

$$S(T_f, p) = \sum_i N_i \overline{S}_i(T_f, p_i) = (1-\alpha)\overline{S}_{CO_2} + \alpha \overline{S}_{CO} + \frac{\alpha}{2}\overline{S}_{O_2}$$

式中：N_i 为组分 i 在混合气体中的物质的量。单个组分的熵可以通过下式计算

$$\overline{S}_i = \overline{S}_i^0(T_{ref}) + \int_{T_{ref}}^{T_f} \overline{c}_{p,i} \frac{dT}{T} - R\ln\frac{p_i}{p^0}$$

通常,也可以通过查询上文提及的 JANAF 表格获得。从图 2-6 中可以发现,熵的最大值出现在 $1-\alpha=0.5$ 附近。根据所选的燃烧条件,即定容绝热,热力学第二定律要求系统的熵变为

$$dS \geqslant 0$$

因此,一旦达到最大熵,反应系统不会进一步变化,即达到了所谓的化学平衡。因此,平衡条件写为

$$(dS)_{U,V,m} = 0$$

概括地说,对于一个定内能、定体积、定质量的孤立系统,结合热力学第一和第二定律,就可以确定其化学平衡时的温度、压力和组成。

由于熵不能被直接测量,对于定容系统,需要引入亥姆霍兹自由能

$$A \equiv U - TS$$

根据热力学第一定律

$$dU = \delta Q - pdV$$

可知,对于一个热力过程,有

$$dU + pdV - TdS \leqslant 0$$

当系统处于平衡状态时

$$dU + pdV - TdS = 0 \quad 或 \quad (dU)_{V,S} = 0$$

代入

$$TdS = d(TS) - SdT$$

则有

$$d(U - TS) + pdV + SdT = 0$$

对于定容系统的平衡状态,有

$$(dA)_{V,T} = 0$$

$$\overline{\mu}_i = \left(\frac{\partial A}{\partial N_i} \right)_{T,V,N_{j(j \neq i)}} = 0$$

在定容系统中,反应总是自发地朝亥姆霍兹自由能减小的方向进行,直至平衡。体系不可能自然发生 $dA > 0$ 的变化。

2.6.2 定压系统的平衡

类似于定容系统,定压系统也有

$$d(U - TS + pV) - Vdp + SdT = 0$$

因此,吉布斯自由能的定义为

$$G \equiv H - TS$$

根据热力学第二定律

$$(dG)_{T,p,m} \leqslant 0$$

这表明对于一个定压热力学过程,系统总是自发地朝吉布斯自由能减小的方向进行。因此,在平衡状态下,系统的吉布斯自由能达到最小值,此时有

$$(dG)_{T,p,m} = 0$$

$$\overline{\mu}_i = \left(\frac{\partial G}{\partial N_i} \right)_{T,p,N_{j(j \neq i)}} = 0$$

对于理想气体,组分 i 的吉布斯自由能可以根据下式来计算

$$\overline{g}_{i,T} = \overline{g}_{i,T}^0 + RT\ln(p_i/p^0)$$

式中:$\overline{g}_{i,T}^0$ 为组分 i 在标准状态下的吉布斯自由能;p_i 为组分 i 的分压。在实际应用中,首先通过查询 JANAF 表格获得组分 i 的焓和熵的大小,然后计算其吉布斯自由能。混合气体的吉布斯自由能可由下式计算

$$G_{mix} = \sum_i N_i \overline{g}_{i,T} = \sum_i N_i [\overline{g}_{i,T}^0 + RT\ln(p_i/p^0)]$$

式中:N_i 为组分 i 的物质的量。

考虑一个一般的化学反应系统

$$aA + bB + \cdots \rightleftharpoons eE + fF + \cdots$$

各组分的物质的量的变化与其相应的化学计量系数成正比,即

$$\left. \begin{array}{l} dN_A = -ka \\ dN_B = -kb \\ \vdots \\ dN_E = +ke \\ dN_F = +kf \\ \vdots \end{array} \right\}$$

因此,略去比例常数 k,得到

$$-a[\overline{g}^0_{A,T} + RT\ln(p_A/p^0)] - b[\overline{g}^0_{B,T} + RT\ln(p_B/p^0)] - \cdots + e[\overline{g}^0_{E,T} + RT\ln(p_E/p^0)] + f[\overline{g}^0_{F,T} + RT\ln(p_F/p^0)] = 0$$

合并并重新排列,可得

$$-(e\overline{g}^0_{E,T} + f\overline{g}^0_{F,T} + \cdots - a\overline{g}^0_{A,T} - b\overline{g}^0_{B,T} - \cdots) = RT\ln\frac{(p_E/p^0)^e (p_F/p^0)^f \cdots}{(p_A/p^0)^a (p_B/p^0)^b \cdots}$$

等式的左边为标准状态吉布斯自由能

$$\Delta G^0_T = (e\overline{g}^0_{E,T} + f\overline{g}^0_{F,T} + \cdots - a\overline{g}^0_{A,T} - b\overline{g}^0_{B,T} - \cdots)_T$$

定义平衡常数 K_p

$$K_p = \frac{(p_E/p^0)^e (p_F/p^0)^f \cdots}{(p_A/p^0)^a (p_B/p^0)^b \cdots}$$

因此,定压定温条件下的化学平衡表达式为

$$\Delta G^0_T = -RT\ln K_p$$

或

$$K_p = \exp(-\Delta G^0_T/RT)$$

如果 ΔG^0_T 是正的,反应是偏向反应物的,K_p 小于 1;如果 ΔG^0_T 是负的,反应是偏向产物的,K_p 大于 1。

以乙烯-氧气燃烧为例,确定该反应在定压条件下达到化学平衡时的产物组成。

(1)化学系统产物组分的选定。

根据组分可能的浓度确定反应系统需要考虑的组分。对于化学当量条件下的 C_2H_4-O_2 体系,需要考虑的相关燃烧气体组分为 CO_2、CO、H_2O、H_2、O_2、O、H 和 OH(物种数 $S=8$),因此,总的反应式为

$$\phi C_2H_4 + 5(O_2 + 3.76N_2) \Longrightarrow N_{CO_2}CO_2 + N_{CO}CO + N_{H_2O}H_2O$$
$$+ N_{H_2}H_2 + N_{O_2}O_2 + N_OO + N_HH + N_{OH}OH$$

热火焰温度 T_b 为 2 973 K。碳氢化合物(即 C_2H_4)非常少量地出现在化学当量条件下的燃烧气体中。在富燃料条件下,只考虑 CH_4 和 C_2H_2。如果氧化剂是空气,则需要考虑 N_2。如果需要,也可以考虑污染物 NO 和 HCN。

这样,我们需要 8 个独立的方程才能求解上述组分的浓度。

(2)系统核心守恒组分的确定。

确定系统中守恒的而且不随化学反应的变化而变化的组分及物种数。一般来讲,系统中的元素是守恒的且不随化学反应的变化而变化。

对于 C_2H_4-O_2 体系和所考虑的组分,最小的组分子集由 C、H 和 O 组成。这里需要说明的是,C 没有出现在反应体系的生成物当中,而主要以 CO 和 CO_2 形式出现,但从数学角度看,有 3 个守恒方程

$$N_C = 2\phi = N_{CO_2} + N_{CO}$$
$$N_H = 4\phi = 2N_{H_2O} + 2N_{H_2} + N_H + N_{OH}$$
$$N_O = 10 = 2N_{CO_2} + N_{CO} + N_{H_2O} + 2N_{O_2} + N_O + N_{OH}$$

(3)独立反应的确定。

对于反应体系的燃烧气体中的 S 个组分,有 $R = S - N$ 个组分会随着反应的变化而变化。因此,在平衡状态下,应该有 R 个线性独立的反应及相应的平衡常数 K。R 个组分的分

压可由下式计算

$$p_j = K_{p,j}^* \cdot \prod_{i=1}^{N} p_i^{\nu_{ij}}, j = N+1, \cdots, S$$

对于上述例子,有

$$CO_2 \xrightleftharpoons{K_{p,1}} CO + 1/2O_2$$

$$H_2 + 1/2O_2 \xrightleftharpoons{K_{p,2}} H_2O$$

$$1/2H_2 + 1/2O_2 \xrightleftharpoons{K_{p,3}} OH$$

$$1/2H_2 \xrightleftharpoons{K_{p,4}} H$$

$$1/2O_2 \xrightleftharpoons{K_{p,5}} O$$

于是

$$p_{CO_2} = K_{p,1}^{-1} \cdot p_{CO}\sqrt{p_{O_2}}, p_{H_2O} = K_{p,2} \cdot p_{H_2}\sqrt{p_{O_2}}, p_{OH} = K_{p,3}\sqrt{p_{O_2} \cdot p_{H_2}},$$

$$p_H = K_{p,4}\sqrt{p_{H_2}}, p_O = K_{p,5}\sqrt{p_{O_2}}$$

(4)系统方程求解。

对于一个给定温度和压力的反应系统,S 个组分的分压可以表示为

$$\sum_{i=1}^{S} p_i = p$$

分压与物质的量的关系有

$$N_i = N_t(p_i/p_t)$$

这是一个非线性方程组,采用牛顿迭代法求解,具体的计算流程为:首先,基于当量比,假定 p_{H_2}、p_{O_2} 和 p_{CO},这样通过 R 个独立反应的方程,可以得到 p_{CO_2}、p_{H_2O}、p_{OH}、p_H 和 p_O。然后再代入 K 元素守恒方程中,可以计算得到新的 p_{H_2}、p_{O_2}、p_{CO}。如果不相等,则修正初始值,进行下一次迭代。

实际上,在编写计算机程序时,要简单得多,直接采用公式 $\sum_{i=1}^{S} p_i = p$ 和 $N_i = N_t(p_i/p_t)$ 为约束条件,求系统的吉布斯自由能 $G = \sum_i \bar{g}_i N_i$ 的最小值,如图 2-7 所示。

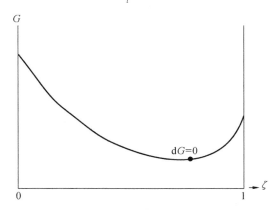

图 2-7　吉布斯自由能求解示意

习　　题

2-1　干空气中氧气的摩尔分数为 20.95%,氮气的摩尔分数为 78.08%,氩气的摩尔分数为 0.93%,二氧化碳的摩尔分数为 0.03%,氦气和其他气体(以氦气代替)的摩尔分数为 0.01%。简化干空气成分,则氧气的摩尔分数为 21%,氮气的摩尔分数为 79%。求干空气及简化成分的干空气的摩尔质量。

2-2　求丙烷(C_3H_8)与空气当量燃烧时的空燃比(质量比)。

2-3　丙烷与空气预混燃烧,空燃比(质量比)为 18:1,求其当量比。

2-4　燃料与空气预混当量比为 0.6 时,求甲烷和丙烷的空燃比(质量比)。

2-5　求甲醇(CH_3OH)与空气当量燃烧时的空燃比(质量比),并同甲烷与空气当量燃烧时的空燃比进行对比。

2-6　经过测量,汽油的成分可假定为 $C_{8.26}H_{15.5}$,在以空燃比(质量比)为 1.2 的条件与空气混合燃烧时,假定完全燃烧,当燃烧产物都为气态时,求尾气中二氧化碳和氧气的摩尔分数。

2-7　异辛烷是汽油的常用表征燃料之一,在以空燃比(质量比)为 1.2 的条件与空气混合燃烧时,假定完全燃烧,当燃烧产物都为气态时,求尾气中二氧化碳和氧气的摩尔分数。

2-8　在一个玻璃熔炉中,燃料为乙烯(C_2H_4),氧化剂为纯氧,当量比为 0.9,乙烯的消耗率为 30 kmol/h,假定完全燃烧。

(1) 按燃料的低热值计算,能量的输入功率是多少(单位为 kW/h)?

(2) 求氧气的消耗率(单位分别为 kmol/h 和 kg/s)。

2-9　以单位物质的量和单位质量计,求甲烷与空气当量燃烧时的高热值和低热值。

2-10　化学当量的丙烷-空气混合物的温度为 298.15 K,假定产物无离解,定压比热容取 298.15 K 下的值,求定压燃烧的绝热火焰温度。

2-11　在 2 000 K 下估计定压比热容,重新计算习题 2-10,比较两题的结果。

2-12　在定容假设下,重新计算习题 2-10 的绝热火焰温度,比较两题的结果。

参 考 文 献

[1] 汪志诚. 热力学·统计物理[M]. 北京:高等教育出版社,1980.

[2] KLEIN S, NELLIS G. Thermodynamics [M]. New York:Cambridge University Press,2012.

[3] LU H,ZOU C,SHAO S J. Large-eddy simulation of MILD combustion using partially stirred reactor approach[J]. Proceedings of the Combustion Institute,2019,37(4):4507-4518.

[4] KEE R J,RUPLEY F M,MILLER J A. The chemkin thermodynamic data base:Sandia report:SAND87-8215B[R]. Albuquerque:Sandia National Laboratories,1990.

[5] TURNS S R. An Introduction to combustion:concepts and applications[M]. 2nd ed. New York:The McGraw-Hill Companies,Inc. ,2000.

［6］ 傅维镳,张永廉,王清安.燃烧学[M].北京:高等教育出版社,1989.

［7］ LAVOIE G A,HEYWOOD J B,KECK J C. Experimental and theoretical study of ni-tric oxide formation in internal conbustion engines[J]. Combustion Science and Tech-nology,1970,1(4):313-326.

［8］ MCALLISTER S,CHEN J Y,FERNANDEZ-PELLO A C. Fundamentals of combus-tion processes[M]. New York:Springer,2011.

［9］ FELLS I. Flame and combustion phenomena: J. N. Bradley. A methuen monograph on a chemical subject:London,1969. 712in. × 5in. xiv ＋ 210 pp. 38s[J]. Combustion and Flame,1969,13(6):658.

［10］ LAW C K. Combustion physics[M]. New York:Cambridge University Press,2006.

［11］ WARNATZ J, MAAS U , DIBBLE R W. Combustion:physical and chemical funda-mentals, modeling and simulation, experiments, pollutant formation[M]. 4th ed. Ber-lin:Springer,2006.

［12］ GLASSMAN I , YETTER R A,GLUMAC N G. Combustion[M]. 5th ed. San Diego:Elsevier,2015.

第 3 章

化学反应动力学

在设计燃烧系统时,为使燃料完全消耗,就需要知道燃料燃烧的速率,从而计算燃料在燃烧室内的停留时间及相应的燃烧室空间尺寸,保证燃料完全燃烧。另一方面,污染物排放也是实际燃烧工程非常关心的问题,这些污染物大多是在燃烧过程中甚至在燃烧后期稳定的低温反应区生成。燃烧污染物的生成路径和速率也是燃烧化学反应动力学研究的主要内容。因此,燃烧化学反应动力学主要讲述的是燃烧过程的路径、反应速率和热释放速率。

实际上,燃烧反应很少会在燃料分子和氧气分子之间直接发生。氢气(H_2)与氧气(O_2)的燃烧系统是一个简单的燃烧系统,我们知道它们的反应式为

$$H_2 + 0.5\,O_2 \longrightarrow H_2O$$

但是,H_2 和 O_2 并不直接反应,这是因为在分子碰撞过程中 H—H 键和 O—O 键反应的可能性非常小。首先 H_2 分子或者 O_2 分子与其他分子碰撞生成不稳定的、高活性的 H 和 O,它们又称为"自由基"。这类可以一步直接转化为产物的反应,称为基元反应。自由基接着同 H_2 和 O_2 反应生成更多的自由基,形成自由基池,这类反应又称为"基团池反应(radical pool reaction)"。最后,这些自由基之间再进行反应生成产物。显然,H_2 和 O_2 的燃烧反应是由一系列的基元反应按照一定的顺序来完成的,这构成了燃烧反应的路径。这些基元反应的集合称为燃烧反应机理或者燃烧机理。

3.1 基元反应类型

我们将以 H_2-O_2 燃烧体系为例介绍基元反应的类型。H_2-O_2 燃烧体系的一个详细反应动力学机理如下。

初始反应是

$$H_2 + M \longrightarrow H + H + M \quad \text{(温度很高时)}$$
$$H_2 + O_2 \longrightarrow HO_2 + H \quad \text{(其他温度)}$$

包含自由基 O、H 和 OH 的链式反应是

$$H + O_2 \longrightarrow O + OH$$
$$O + H_2 \longrightarrow H + OH$$
$$H_2 + OH \longrightarrow H_2O + H$$
$$O + H_2O \longrightarrow OH + OH$$

包含自由基 O、H 和 OH 的链终止反应有

$$H + H + M \longrightarrow H_2 + M$$
$$O + O + M \longrightarrow O_2 + M$$

$$H+O+M \longrightarrow OH+M$$
$$H+OH+M \longrightarrow H_2O+M$$

为完整地表达这一机理,需要包含过氧羟自由基 HO_2 和过氧水 H_2O_2 参与的反应,如果以下反应变得活跃

$$H+O_2+M \longrightarrow HO_2+M$$

则下列反应开始起作用

$$HO_2+H \longrightarrow OH+OH$$
$$HO_2+H \longrightarrow H_2O+O$$
$$HO_2+O \longrightarrow O_2+OH$$
$$HO_2+HO_2 \longrightarrow H_2O_2+O_2$$
$$HO_2+H_2 \longrightarrow H_2O_2+H$$
$$H_2O_2+OH \longrightarrow H_2O+HO_2$$
$$H_2O_2+H \longrightarrow H_2O+OH$$
$$H_2O_2+H \longrightarrow HO_2+H_2$$
$$H_2O_2+M \longrightarrow OH+OH+M$$

3.1.1　链激发反应/初始反应

H_2-O_2 燃烧体系通过以下反应激发

$$H_2+M \longrightarrow H+H+M$$
$$O_2+M \longrightarrow O+O+M$$

其中,M 表示所有与 H_2 或者 O_2 分子碰撞的分子,称为三体分子,它具有足够能量(即能量载体)能使 H—H 键或 O—O 键断裂。这类反应也称为三体反应(three-body reaction)。

链激发反应是指反应物在光、热、电、附加剂作用下生成自由基或原子。

3.1.2　链分支反应

H_2-O_2 燃烧体系中的链分支反应为

$$H+O_2 \longrightarrow OH+O$$
$$O+H_2 \longrightarrow H+OH$$

上述两个反应都是在反应物侧消耗一个自由基,而在生成物侧产生两个自由基,这类反应称为链分支反应。

链分支反应是指由一个自由基生成两个自由基,使自由基呈几何级数增加的反应。如果每次碰撞均生成产物,则自由基数量为 2^{N_C},N_C 是碰撞次数,例如,10 次碰撞会使自由基增加约 1 000 倍。由于标准状态下分子间碰撞频率达到了 109 次/秒,自由基会在短时间内大量增加。这类链分支反应会导致自由基的"爆炸式"增加,因此会导致爆炸。

3.1.3　链终止或再链反应

当有充足的自由基或三体分子存在时,自由基之间会相互反应重组生成稳定的物质,使得自由基减少,这类反应称为链终止反应。H_2-O_2 燃烧体系中的链终止反应为

$$H+O_2+M \longrightarrow HO_2+M$$

$$O + H + M \longrightarrow OH + M$$
$$H + OH + M \longrightarrow H_2O + M$$

3.1.4　链传播反应

链传播反应是指由一个自由基生成另一个自由基的反应。链传播反应使自由基总数保持不变。在 H_2-O_2 燃烧体系中

$$H_2 + OH \longrightarrow H_2O + H$$

消耗 1 mol 的 OH 并生成 1 mol 的 H，自由基的净变化量为 0。在 H_2-O_2 燃烧体系中该反应生成大量 H_2O，因此其非常重要。

3.2　基元反应速率与热释放速率

3.2.1　基元反应速率与温度的关系

基元反应是可以一步直接转化为产物的反应。通常大多数的基元反应中相互作用的分子数是 2 或 3，若超过这个数目，分子通过相互碰撞发生反应的概率会很小。

基元反应的化学表达式可以用下面的一般表达式来描述

$$aA + bB \longrightarrow cC + dD \tag{3-1}$$

式中：a、b、c、d 为各自的化学计量系数，通常为 1 或 2。

反应速率可以表示为反应物浓度减小的速率或产物浓度增大的速率。本书规定：用中括号表示某物质的浓度，如 $[A]$ 表示物质 A 的浓度，单位是 mol/cm^3 或者 kg/cm^3。

基元反应速率遵循质量作用定律，即

$$\dot{q}_{rxn} = k[A]^a[B]^b = -\frac{d[A]}{a dt} = -\frac{d[B]}{b dt} \tag{3-2}$$

式中：k 为阿伦尼乌斯（Arrhenius）速率常数。理论和实验表明，阿伦尼乌斯速率常数 k 仅依赖于温度，与浓度无关，表达式为

$$k = A_0 \exp\left(-\frac{E_a}{\hat{R}_u T}\right) = A_0 \exp\left(-\frac{T_a}{T}\right) \tag{3-3}$$

式中：A_0 为指前因子；E_a 为活化能；$\hat{R}_u$ 为通用气体常数。$E_a/\hat{R}_u$ 的单位是温度单位，$E_a/\hat{R}_u$ 称为活化温度 T_a。A_0 表示反应物分子相互碰撞的频率。E_a 可看作在分子碰撞过程中化学键断裂所需能量。根据阿伦尼乌斯理论，只有能量大于 E_a 的分子碰撞才会发生反应，即，在热条件下，只有获得必要的额外能量的高能量活化分子碰撞，才可能发生反应生成产物。因此，指数项 $\exp(-T_a/T)$ 表示碰撞成功生成产物的概率。

基元反应可以正向进行也可以逆向进行。如果式（3-1）所示反应的能量与反应坐标的关系如图 3-1 所示，那么该反应的正向反应是放热反应，可以释放 ΔH 的热量，并且正向反应的活化能是 E_f；该反应的逆向反应则是吸热反应，并且逆向反应的活化能是 E_b，要比正向反应活化能 E_f 大得多。一般来说，反应放热越多，活化能越小。

A_0 和 E_a 的值是利用激波管或流动反应器通过实验来确定的。通过实验得到的数据样例如图 3-2 所示。通过实验数据可以计算阿伦尼乌斯速率常数 k，再根据式（3-2）进行拟

合——$\log k$ 与 $1/T$ 线性相关,就可以很容易地获得活化能,如图 3-3 所示。

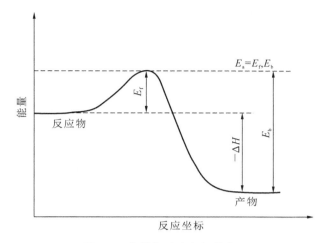

图 3-1　能量与反应坐标的关系

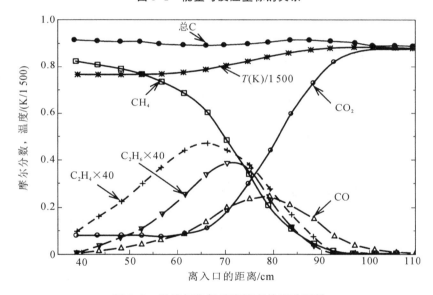

图 3-2　甲烷与空气反应速率的实验测量

　　需要指出的是,在燃烧反应的较大温度范围内,并不是所有反应的速率常数都遵循阿伦尼乌斯定律。再链反应和低活化能自由基反应并不适用于式(3-2)。而且近年来,研究发现,这种"非阿伦尼乌斯"现象对于燃烧反应而言往往是规律而不是例外。因此,在燃烧化学反应动力学中,采用了改进的阿伦尼乌斯方程形式,即

$$k = A T^n \exp\left(-\frac{E}{RT}\right) \tag{3-4}$$

　　例如,反应 $CO + OH \longrightarrow CO_2 + H$ 的正向反应速率常数 $k_f = 1.51 \times 10^7 T^{1.3} \exp(381/T)$,其中温度关系项为 $T^{1.3}$。

　　需要指出的是,许多反应的活化能是 0,因此这些反应对温度并不敏感(事实上,这些反应与温度的关联非常弱)。这类反应主要是一些三体反应,如 $H + H + M \longrightarrow H_2 + M$ 和 $H + OH + M \longrightarrow H_2O + M$。在三体反应中三体分子的作用是将过多热量带走,因为这些反应

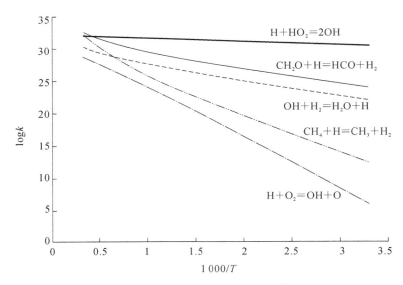

图 3-3　甲烷-空气燃烧的主要反应路径的速率常数

通常会产生大量的热量,是燃烧释放热量的主要来源之一。

自由基是在链激发反应中通过反应物的离解产生的。这些离解反应是强吸热的,因此其反应速率相当小。这些反应的活化能为 $160\sim460$ kJ/mol。链传播反应很重要,因为它们决定了链的传播速度。对于燃烧中大多数重要的链传播反应,其活化能通常为 $0\sim40$ kJ/mol。显然,链分支反应是链传播反应的一种特殊情况,正如上文提到的,这类反应会导致爆炸。由于乘法效应,链分支反应不需要快速发生,因此,它们的活化能可能比与之竞争的线性链传播反应的活化能高。

3.2.2　反应速率与压力的关系

除了具有很强的温度依赖性以外,反应速率也与压力有关。根据理想气体状态方程,反应速率可以表示为

$$\dot{q}_{rxn} = A_0 \exp\left(-\frac{E_a}{\hat{R}_u T}\right)[\text{fuel}]^a [\text{O}_2]^b = A_0 \exp\left(-\frac{E_a}{\hat{R}_u T}\right) x_{\text{fuel}}^a \ x_{\text{O}_2}^b \left(\frac{p}{\hat{R}_u T}\right)^{a+b} \propto p^{a+b}$$

$$(3-5)$$

式中:x_i 为组分 i 的摩尔分数;p 为系统压力。反应速率与压力成指数函数关系,指数为反应物化学计量系数之和。根据表 3-1 中的一步化学反应模型,$a+b$ 的和总是正值,范围为 $1.0\sim1.75$。

表 3-1　碳氢化合物燃料的总包反应速率常数

燃料	A_0[①]	E_a(kcal[②]/mol)	a	b
CH_4[③]	1.3×10^9	48.4	-0.3	1.3
CH_4	8.3×10^5	30	-0.3	1.3
C_2H_6	1.1×10^{12}	30	0.1	1.65
C_3H_8	8.6×10^{11}	30	0.1	1.65
C_4H_{10}	7.4×10^{11}	30	0.15	1.6

续表

燃料	$A_0^{①}$	E_a(kcal^{②}/mol)	a	b
C_5H_{12}	6.4×10^{11}	30	0.25	1.5
C_6H_{14}	5.7×10^{11}	30	0.25	1.5
C_7H_{16}	5.1×10^{11}	30	0.25	1.5
C_8H_{18}	4.6×10^{11}	30	0.25	1.5
C_9H_{20}	4.2×10^{11}	30	0.25	1.5
$C_{10}H_{22}$	3.8×10^{11}	30	0.25	1.5
CH_3OH	3.2×10^{11}	30	0.25	1.5
C_2H_5OH	1.5×10^{12}	30	0.15	1.6
C_6H_6	2.0×10^{11}	30	-0.1	1.85
C_7H_8	1.6×10^{11}	30	-0.1	1.85

注：①A_0的单位为$(mol/cm^3)^{1-(a+b)}\cdot s^{-1}$。

②1 cal=4.186 J。

③对于甲烷，与高活化能相关的常数只适用于激波管和湍流。

　　当燃烧系统的压力增大一倍且 $a+b=1.75$ 时，反应速率可增大约 3 倍。燃料消耗时间可以表示为

$$t_{chem}=\frac{[fuel]}{-d[fuel]/dt}\propto\frac{p}{p^{a+b}}\propto p^{1-(a+b)}\propto p^{-0.75} \tag{3-6}$$

当 $a+b=1.75$ 时，1.013 MPa 下的消耗时间比 101.3 kPa 下的消耗时间减少了五分之三。

　　尤其要提及的是，单分子分解反应和再链反应同压力有非常强的关联，因为这些反应实际上并不是基元反应。根据林德曼模型（Lindemann model），单分子分解反应只有在分子能量足够大导致键断裂时，才可以发生。因此，在分解反应发生之前，必须有其他高能分子 M（分子振动激发）通过碰撞将能量传递给反应分子。受激发的反应分子或者分解为产物，或者通过碰撞失活（deactivate）。

$$A+M\xrightarrow{k_a}A^*+M$$
$$A^*+M\xrightarrow{k_{-a}}A+M$$
$$A^*\xrightarrow{k_u}P$$

这样，反应速率可以记为

$$\frac{d[P]}{dt}=k_u[A^*] \tag{3-7}$$

$$\frac{d[A^*]}{dt}=k_a[A][M]-k_{-a}[A^*][M]-k_u[A^*] \tag{3-8}$$

　　假定中间产物 A^* 处于准稳态，那么

$$\frac{d[A^*]}{dt}\approx0 \tag{3-9}$$

我们可以得到 A^* 的浓度和产物速率分别为

$$[A^*]=\frac{k_a[A][M]}{k_{-a}[M]+k_u} \tag{3-10}$$

$$\frac{d[P]}{dt} = \frac{k_u k_a [A][M]}{k_{-a}[M] + k_u} \tag{3-11}$$

显然，在低压范围内，碰撞分子 M 的浓度很小，$k_{-a}[M] \ll k_u$，因此

$$\frac{d[P]}{dt} = k_a [A][M] = k_0 [A][M] \tag{3-12}$$

在低压范围内，反应速率正比于反应物浓度[A]和三体分子浓度[M]，因此有低压速率常数 k_0，且反应速率小。

在高压范围内，M 的浓度很大，有 $k_{-a}[M] \gg k_u$，因此有高压速率常数 k_∞，则

$$\frac{d[P]}{dt} = \frac{k_u k_a}{k_{-a}}[A] = k_\infty [A] \tag{3-13}$$

反应速率不再与 M 的浓度有关，这是因为高压碰撞频率非常高。A^* 的分解速率是整个反应的控制速率。

单分子反应 $C_2H_6 \longrightarrow CH_3 + CH_3$ 的反应速率衰减曲线见图 3-4。当 $p \to \infty$ 时，反应速率常数趋近于 k_∞，而在低压时，反应速率呈线性衰减，正比于[M]。

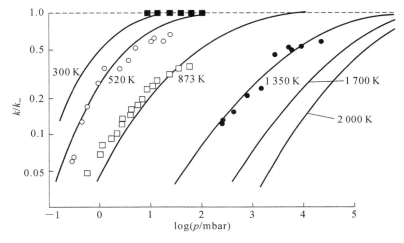

图 3-4 单分子反应中速率常数与压力的关系

通过化学热力学的学习，我们还知道另一个平衡常数 K_p，那么 K 与 K_p 的关系是怎样的呢？

考虑一个一般的化学反应系统

$$aA + bB + \cdots \Longleftrightarrow eE + fF + \cdots \tag{3-14}$$

以压力为基的平衡常数可以表示为

$$K_p = \frac{(p_E / p^0)^e (p_F / p^0)^f \cdots}{(p_A / p^0)^a (p_B / p^0)^b \cdots} \tag{3-15}$$

以摩尔浓度为基的平衡常数可以表示为

$$K = \frac{[E]^e [F]^f \cdots}{[A]^a [B]^b \cdots} \tag{3-16}$$

而组分摩尔浓度和组分分压的关系为

$$[A] = x_A \left(\frac{p}{\hat{R}_u T}\right) = \frac{p_A}{\hat{R}_u T} \tag{3-17}$$

$$p_A = [A]\hat{R}_u T \tag{3-18}$$

因此 K 与 K_p 的关系可以表示为

$$K_p = K \left(\frac{\hat{R}_u T}{p^0} \right)^{e+f+\cdots-a-b-\cdots} \tag{3-19}$$

对于没有体积变化的基元反应，$K=K_p$。

例 3-1　Hanson 和 Salimian 要通过实验测量 N-H-O 系统的速率常数，对于反应 NO+O $\longrightarrow$ N+O$_2$，他们建议用下面的速率常数

$$k_f = 3.80 \times 10^9 T^{1.0} \exp(-20\ 820/T) [=] \mathrm{cm}^3/(\mathrm{mol \cdot s})$$

求逆反应的速率常数 k_b，即 2 300 K 时，N+O$_2$ $\longrightarrow$ NO+O。

解　首先求出 2 300 K 时反应的平衡常数

$$K_p = \exp\left(\frac{-\Delta G_T^0}{R_u T} \right)$$

$$\Delta G_{2\ 300\ K}^0 = \left[\overline{g}_{f,N}^0 + \overline{g}_{f,O_2}^0 - \overline{g}_{f,NO}^0 - \overline{g}_{f,O}^0 \right]_{2\ 300\ K}$$

$$= 326\ 331 + 0 - 61\ 243 - 101\ 627 = 163\ 461\ (\mathrm{kJ/kmol})$$

（附表 A.8，A.9，A.11，A.12）

$$K_p = \exp\left(\frac{-163\ 461}{8.314 \times 2\ 300} \right) = 1.94 \times 10^{-4}$$

然后求出 2 300 K 时逆向反应的速率常数

$$k_f = 3.8 \times 10^9 \times 2\ 300 \exp\left(\frac{-20\ 820}{2\ 300} \right) = 1.024 \times 10^9 [\mathrm{cm}^3/(\mathrm{mol \cdot s})]$$

$$k_b = k_f/K_p = \frac{1.024 \times 10^9}{1.94 \times 10^{-4}} = 5.28 \times 10^{12} [\mathrm{cm}^3/(\mathrm{mol \cdot s})]$$

基元反应的速率常数测量是非常困难的，而且误差也比较大。基于热力学测量和计算的平衡常数在许多情况下是非常准确的，因此常常利用基于热力学计算的平衡常数来解决化学反应动力学中的问题。

3.2.3　热释放速率

燃烧速率确定以后，燃烧系统的热释放速率（heat release rate，HRR）可通过下式计算

$$\mathrm{HRR} = -\frac{\mathrm{d}[\mathrm{fuel}]}{\mathrm{d}t} \cdot M_{\mathrm{fuel}} \cdot Q_c \tag{3-20}$$

式中：Q_c 为第 2 章中介绍的燃烧热（$Q_c = -Q_{\mathrm{rxn,p}}$）；$M_{\mathrm{fuel}}$ 为燃料的摩尔质量。热释放速率为燃烧系统化学能转换为热能的速率，是燃烧系统的一个重要参数。在燃烧发生意外时，需要控制热释放速率来抑制燃烧。

3.2.4　时间尺度

燃烧反应系统是一个复杂系统，存在大量的基元反应。对于反应的分析和简化，需要进行不同反应的尺度对比。化学反应时间尺度为 A 的浓度从初始值下降到初始值的 $1/e$ 所需要的时间。

对于单分子反应 A→P，有

$$\frac{\mathrm{d}[\mathrm{A}]}{\mathrm{d}t} = -k[\mathrm{A}]$$

$$[A]_{(t)} = [A]_0 \exp(-kt)$$

根据化学反应时间尺度的定义,有

$$\frac{[A]_{\tau_{chem}}}{[A]_0} = \frac{1}{e}$$

$$\tau_{chem} = \frac{1}{k} \tag{3-21}$$

对于双分子反应 $A+B \longrightarrow C+D$,有

$$-\frac{d[A]}{dt} = k[A][B]$$

$$\tau_{chem} = \frac{\ln\left[e + (1-e)\left(\dfrac{[A]_0}{[B]_0}\right)\right]}{([B]_0 - [A]_0)k},当[B]_0 \gg [A]_0 时,\tau_{chem} = \frac{1}{[B]_0 k}。$$

对于三分子反应 $A+B+M \longrightarrow C+M$,有

$$-\frac{d[A]}{dt} = k[A][B][M]$$

$$\tau_{chem} = \frac{\ln\left[e + (1-e)\left(\dfrac{[A]_0}{[B]_0}\right)\right]}{([B]_0 - [A]_0)[M]k},当[M]是常数且[B]_0 \gg [A]_0 时,则 \tau_{chem} = \frac{1}{[B]_0 [M]k}。$$

3.3　稳态近似与局部平衡假设

3.3.1　稳态近似

考虑一个简单的由两步基元反应组成的反应链

$$S_1 \xrightarrow{k_{12}} S_2 \xrightarrow{k_{23}} S_3 \tag{3-22}$$

组分 S_1、S_2 和 S_3 的反应速率分别为

$$\frac{d[S_1]}{dt} = -k_{12}[S_1]$$

$$\frac{d[S_2]}{dt} = k_{12}[S_1] - k_{23}[S_2]$$

$$\frac{d[S_3]}{dt} = k_{23}[S_2]$$

假定在 $t=0$ 时刻,只有组分 S_1,即 $[S_1]_{t=0} = [S_1]_0$,$[S_2]_{t=0} = 0$,$[S_3]_{t=0} = 0$;则上述方程组的解为

$$[S_1] = [S_1]_0 \exp(-k_{12}t)$$

$$[S_2] = [S_1]_0 \frac{k_{12}}{k_{12} - k_{23}}[\exp(-k_{23}t) - \exp(-k_{12}t)]$$

$$[S_3] = [S_1]_0 \left[1 - \frac{k_{12}}{k_{12} - k_{23}}\exp(-k_{23}t) + \frac{k_{23}}{k_{12} - k_{23}}\exp(-k_{12}t)\right]$$

假定 S_2 是一个活性非常高的物质,即其存在时间非常短,则有 $k_{23} \gg k_{12}$。于是,我们令 $k_{12}/k_{23} = 0.1$,将上面的解绘制成图,如图 3-5 所示。

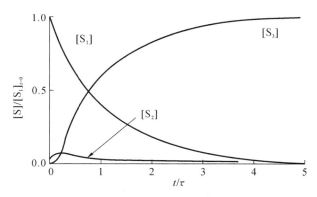

图 3-5　反应过程中各组分随时间的变化规律(解析解)

从图 3-5 中可以看到,由于 S_2 的活性非常高,经过一段时间以后,S_2 的浓度几乎不随时间变化,其生成速率和反应速率几乎相等,我们称之为准稳态近似,即

$$\frac{d[S_2]}{dt} = k_{12}[S_1] - k_{23}[S_2] \approx 0 \tag{3-23}$$

利用准稳态近似,可得

$$[S_1] = [S_1]_0 \exp(-k_{12}t) \tag{3-24}$$

对于组分 S_3,利用准稳态近似,有

$$\frac{d[S_3]}{dt} = k_{12}[S_1]_0 \exp(-k_{12}t)$$

积分后可得

$$[S_3] \approx [S_1]_0 [1 - \exp(-k_{12}t)] \tag{3-25}$$

将上述三个解绘制成图,如图 3-6 所示,从图 3-6 中可以看到:除了在反应开始时,有一些偏差外,准稳态近似的结果与实际结果非常相符。因此,在反应链中,当中间组分具有很强的活性时,准稳态近似对实际过程来说是很好的近似。

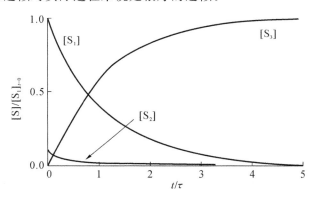

图 3-6　反应过程中各组分随时间的变化规律(稳态近似解)

准稳态近似在直链反应中得到了成功的应用。由于在大多数直链反应中,链传播反应速率远远超过链激发和链终止反应速率,因此近似总是有效的。然而,在链反应的起始或终止阶段使用准稳态近似,由于在此阶段自由基浓度迅速增大或减小,可能会导致很大的误差。

例 3-2　思考下列两个一氧化氮的生成反应(Zeldovich 机理)

$$N_2 + O \longrightarrow NO + N \quad k_1 = 1.8 \times 10^{14} \exp(-38\,370/T)$$

$$N + O_2 \longrightarrow NO + O \quad k_2 = 1.8 \times 10^{10} \exp(-4\,680/T)$$

假设氮原子处于准稳态,通过其他物质推导出[N]的表达式。

解

$$\frac{\mathrm{d}[N]}{\mathrm{d}t} = k_1[N_2][O] - k_2[N][O_2] \approx 0 \rightarrow [N] = \frac{k_1[N_2][O]}{k_2[O_2]}$$

近似地,NO生成速率为

$$\frac{\mathrm{d}[NO]}{\mathrm{d}t} = k_1[N_2][O] + k_2[N][O_2] \approx 2k_1[N_2][O]$$

3.3.2　局部平衡假设

我们知道,一个反应体系是由许多基元反应构成的。在一定的条件下,一组反应将迅速进行并达到准平衡状态。也就是说,反应的正反应速率与逆反应速率近似相等,这样的燃烧反应状态称为局部平衡状态。

对于H_2-O_2反应体系,实验和模拟表明,在高温时($T>1\,800$ K,$p=10^5$ Pa),下面三个反应达到了局部平衡状态

$$H + O_2 \underset{k_2}{\overset{k_1}{\rightleftharpoons}} OH + O$$

$$O + H_2 \underset{k_4}{\overset{k_3}{\rightleftharpoons}} OH + H$$

$$OH + H_2 \underset{k_6}{\overset{k_5}{\rightleftharpoons}} H_2O + H$$

由于每一个反应的正反应速率等于逆反应速率,则有

$$k_1[H][O_2] = k_2[OH][O]$$

$$k_3[O][H_2] = k_4[OH][H]$$

$$k_5[OH][H_2] = k_6[H_2O][H]$$

求解上述方程组,可以获得[O]、[OH]和[H],分别为

$$[H] = \left(\frac{k_1 k_3 k_5^2 [O_2][H_2]^3}{k_2 k_4 k_6^2 [H_2O]^2}\right)^{\frac{1}{2}}$$

$$[O] = \frac{k_1 k_5 [O_2][H_2]}{k_2 k_6 [H_2O]}$$

$$[OH] = \left(\frac{k_1 k_3}{k_2 k_4}[O_2][H_2]\right)^{\frac{1}{2}}$$

图3-7所示为当量预混氢气-空气火焰在$p=10^5$ Pa时用详细反应动力学机理和局部平衡假设计算的H、O和OH的摩尔分数随温度的变化关系。从图3-7中可以看到,在高温时,利用局部平衡假设可以得到较为满意的结果。而在低温时,由于反应时间短于燃烧特征时间(火焰厚度与平均气体速度的比值),反应体系难以达到局部平衡状态。

局部平衡假设非常类似于上文讨论的准稳态近似。不同之处在于,在准稳态近似中,我们考虑的是特定的物质,而在局部平衡假设中,我们考虑的是特定的反应。因此,从本质上说,当正、逆反应速率非常大时,就会出现局部平衡。因此,可以通过局部平衡假设,确定某个慢反应的速率或速率常数,以及该反应含有的难以测量的物质。

一个具体的例子可以说明如何使用局部平衡假设。例如,考虑氧化介质中发生复杂反应的碳氢化合物。通过测量CO和CO_2的浓度,得到反应速率常数的估计值,已知反应

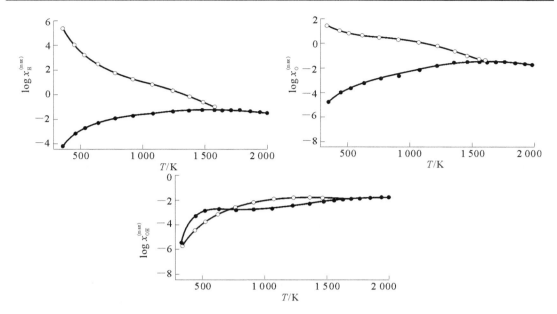

图 3-7　当量预混氢气-空气火焰在 $p = 10^5$ Pa 时用详细反应动力学机理(空心点)
和局部平衡假设(实心点)计算的 H、O 和 OH 的摩尔分数随温度的变化关系

$$CO + OH \longrightarrow CO_2 + H$$

该反应速率表达式为

$$\frac{d[CO_2]}{dt} = -\frac{d[CO]}{dt} = k[CO][OH] \tag{3-26}$$

那么问题是如何在不测量 OH 浓度的情况下估算速率常数 k。如果我们假设 H_2-O_2 反应体系中存在局部平衡,则 OH 的浓度为

$$[OH] = \left(\frac{k_1 k_3}{k_2 k_4}[O_2][H_2]\right)^{\frac{1}{2}}$$

速率表达式变为

$$\frac{d[CO_2]}{dt} = -\frac{d[CO]}{dt} = k\left(\frac{k_1 k_3}{k_2 k_4}\right)^{\frac{1}{2}}[CO][H_2]^{\frac{1}{2}}[O_2]^{\frac{1}{2}} \tag{3-27}$$

因此,我们注意到,速率表达式可以用容易测量的稳定物种来表示。但是,在应用这一假设时必须小心谨慎,烃类燃烧系统中 H_2-O_2 反应体系中的平衡并不总是存在,在烃类燃烧系统 CO 氧化过程中是否存在平衡是一个问题。

例 3-3　氧原子是热 NO 生成过程中的重要物质(Zeldovich 机理 $N_2 + O \longrightarrow NO + N$)。当空气被加热到 2 000 K 时估计氧原子的摩尔分数。

解　在 2 000 K 时,设反应 $O_2 \rightleftharpoons 2O$ 达到平衡,利用平衡关系 $k_f[O_2] = k_b[O]^2$,估计氧原子浓度为

$$[O] = \sqrt{\frac{k_f}{k_b}[O_2]} = \sqrt{K_c[O_2]} = \sqrt{K_p\left(\frac{\hat{R}_u T}{p}\right)^{-1}[O_2]}$$

计算 $K_p(T = 2\,000 \text{ K})$ 的值,为

$$\ln K_p(T = 2\,000 \text{ K}) = \frac{\widehat{g}^0_{O_2}}{\hat{R}_u T} - 2\frac{\widehat{g}^0_O}{\hat{R}_u T} = 0 - \frac{2 \times 121\,709}{8.314 \times 2\,000} = -14.639$$

$$K_p(T = 2\,000 \text{ K}) = \exp(-14.639) = 4.389 \times 10^{-7}$$

空气中氧气的体积分数为 21%,当压力为 101 kPa,温度为 2 000 K 时,其浓度为

$$[O_2] = 0.21 \times 101 \times 10^3 / (8.314 \times 10^3 \times 10^3 \times 2\ 000) = 1.276 \times 10^{-6} (mol/cm^3)$$

利用上述计算值可得

$$[O] = \sqrt{4.389 \times 10^{-7} \times \left(\frac{8.314 \times 10^3 \times 10^3 \times 2\ 000}{101 \times 10^3}\right)^{-1} \times 1.276 \times 10^{-6}}$$
$$= 1.844 \times 10^{-9} (mol/cm^3)$$

总浓度为 6.076×10^{-6} mol/cm³,则 $x_O = 3.035 \times 10^{-4}$。

例 3-4　在燃气轮机燃烧器中,火焰温度估计在 2 200 K,希望能够降低 NO 的产率。由于 NO 生成反应对温度非常敏感,因此减小 NO 排放量的一个方法就是将少量的水注入燃烧器中,以降低火焰温度。NO 的产率可以用下式来计算

$$\frac{d[NO]}{dt} \approx 2k[O][N_2]$$
$$k = 1.8 \times 10^{14} \exp(-38\ 000/T)$$

在燃烧器中,由于注入的水是少量的,因此 O 和 N_2 的摩尔分数在注入水后保持不变。请估计:如果需要把火焰温度为 2 200 K 时 NO 的产率降低 50%,那么需要通过注水把火焰温度降低到多少?

解　由于需要很高的活性温度,NO 的生成反应对温度非常敏感。根据题意,两个温度下的 NO 产率的比值为 0.5,于是有

$$\frac{d[NO]}{dt}\bigg|_{water} \bigg/ \frac{d[NO]}{dt}\bigg|_{dry} \approx \frac{\exp(-38\ 000/T_{water})}{\exp(-38\ 000/T_{dry})} = 0.5$$

可以得到

$$T_{water} = 2\ 115.12\ K$$

当温度降低约 85 K 时,NO 的产率可以降低 50%。根据经验,火焰温度每降低 100 K,NO 的产率会减小百分之五十。联合例 3-3 得到的[O]的局部平衡假设的结果和例 3-2 得到的[N]准稳态近似的结果,热力 NO 的产率可以估计为

$$\frac{d[NO]}{dt} \approx 2k_1[N_2][O] \approx 1.476 \times 10^{15}[N_2][O_2]^{\frac{1}{2}} \exp\left(-\frac{67\ 520}{T}\right)$$

一般这样的表达式称为总包反应速率表达式。这类表达式可以应用于工程实际中。

例 3-5　氢气燃烧时,一个重要的链传播反应是

$$H_2O_2 + M \longrightarrow OH + OH + M$$

如果在发动机的一个冲程后期,氢气在 $T = 1\ 000$ K 并且 $p = 4.052$ MPa 下燃烧,那么 H_2O_2 会出现多久?假定该反应的指前因子是 1.2×10^{17} 并且活化温度为 22 750 K。

解　假定 H_2O_2 的消耗速率为

$$\frac{d[H_2O_2]}{dt} = -k[H_2O_2][M]$$

那么,H_2O_2 的存在时间可以是

$$\tau = \frac{[H_2O_2]}{|d[H_2O_2]/dt|} = \frac{[H_2O_2]}{k[H_2O_2][M]} = \frac{1}{k[M]}$$

已知速率常数为

$$k_f = 1.2 \times 10^{17} \exp(-22\ 750/T)$$

因此,有

$$\tau = 8.3 \times 10^{-18} \exp\left(\frac{22\,750}{T}\right)[M]^{-1}$$

由于 M 是任意可能与 H_2O_2 相撞的分子,因此,根据理想气体方程,M 的摩尔浓度为

$$\frac{n}{V} = \frac{p}{\hat{R}_u T} = \frac{4.052 \times 10^6}{83.14 \times 10^5 \times 1\,000} = 4.87 \times 10^{-1}(\text{mol/cm}^3)$$

于是,时间估计为

$$\tau = 8.3 \times 10^{-18} \exp\left(\frac{22\,750}{1\,000}\right) \times \frac{1}{4.87 \times 10^{-4}} = 1.29 \times 10^{-4}(\text{s})$$

3.4　化学动力学模型详细描述

上文介绍的不同类型的基元反应构成了燃料燃烧的详细化学反应动力学模型,有的书也称为之为反应动力学机理。燃料燃烧化学反应动力学机理一直以来都是燃烧学基础研究的重点内容之一。对燃料的研究范围也从小分子燃料(H_2、CO,以及 CH_4、C_2H_6、C_3H_8、C_4H_{10} 等烷烃)扩大到大分子燃料(5～16 个碳的烷烃、烯烃、酮和醛等)。目前,对于小分子燃料,比较知名的详细化学反应动力学模型有:美国斯坦福大学王海教授提出的 FFCM-1,爱尔兰国立大学 Curran 教授团队提出的 Aramco3.0 反应动力学模型,意大利米兰理工大学 Ranzi 教授团队提出的 CRECK3.0 反应动力学模型,以及由以加州大学伯克利分校为首的团队提出的 GRI3.0 反应动力学模型。

3.4.1　H_2 和 CO 的氧化机理

H_2 和 CO 的氧化机理的重要性在于:H_2 和 CO 是分子结构最简单的燃料;它们的氧化机理是碳氢燃料氧化机理的基础部分。

在表 3-2 中,H_2-O_2 链反应序号为 1～4,H_2-O_2 分解与生成反应序号为 5～8。序号 9～13 是过氧化羟基基团 HO_2 的分解与生成反应,与过氧化氢 H_2O_2 有关的反应的序号为 14～19。

表 3-2　H_2-CO 混合物的氧化机理

序号	反应	$B^{①}$[cm,mol,s]	$\alpha^{②}$	E_a/(kcal/mol)
	H_2-O_2 反应链			
1	$H+O_2 \rightleftharpoons O+OH$	1.9×10^{14}	0	16.44
2	$O+H_2 \rightleftharpoons H+OH$	5.1×10^{04}	2.67	6.29
3	$OH+H_2 \rightleftharpoons H+H_2O$	2.1×10^{08}	1.51	3.43
4	$O+H_2O \rightleftharpoons OH+OH$	3.0×10^{06}	2.02	13.40
	H_2-O_2 分解与生成			
5	$H_2+M \rightleftharpoons H+H+M$	4.6×10^{19}	-1.40	104.38
6	$O+O+M \rightleftharpoons O_2+M$	6.2×10^{15}	-0.50	0
7	$O+H+M \rightleftharpoons OH+M$	4.7×10^{18}	-1.0	0

续表

序号	反应	$B^{①}$ [cm,mol,s]	$\alpha^{②}$	$E_a/(\text{kcal/mol})$
8	$H+OH+M \rightleftharpoons H_2O+M$	2.2×10^{22}	-2.0	0
	HO_2 的分解与生成			
9	$H+O_2+M \rightleftharpoons HO_2+M$	6.2×10^{19}	-1.42	0
10	$HO_2+H \rightleftharpoons H_2+O_2$	6.6×10^{13}	0	2.13
11	$HO_2+H \rightleftharpoons OH+OH$	1.7×10^{14}	0	0.87
12	$HO_2+O \rightleftharpoons OH+O_2$	1.7×10^{13}	0	-0.40
13	$HO_2+OH \rightleftharpoons H_2O+O_2$	1.9×10^{16}	-1.00	0
	H_2O_2 的分解与生成			
14	$HO_2+HO_2 \rightleftharpoons H_2O_2+O_2$	4.2×10^{14}	0	11.98
		1.3×10^{11}	0	-1.629
15	$H_2O_2+M \rightleftharpoons OH+OH+M$	1.2×10^{17}	0	45.50
16	$H_2O_2+H \rightleftharpoons H_2O+OH$	1.0×10^{13}	0	3.59
17	$H_2O_2+H \rightleftharpoons H_2+HO_2$	4.8×10^{13}	0	7.95
18	$H_2O_2+O \rightleftharpoons OH+HO_2$	9.5×10^{06}	2.0	3.97
19	$H_2O_2+OH \rightleftharpoons H_2O+HO_2$	1.0×10^{12}	0	0
		5.8×10^{14}	0	9.56
	CO 的氧化			
1	$CO+O+M \rightleftharpoons CO_2+M$	2.5×10^{13}	0	-4.54
2	$CO+O_2 \rightleftharpoons CO_2+O$	2.5×10^{12}	0	47.69
3	$CO+OH \rightleftharpoons CO_2+H$	1.5×10^{07}	1.3	-0.765
4	$CO+HO_2 \rightleftharpoons CO_2+OH$	6.0×10^{13}	0	22.95

注:① B 为指前因子。
　　② α 为温度指数。

在 H_2 的氧化机理中,反应(H1)~(H3)构成了链载体净产生的反应,这会导致整个反应速率急剧增大,链载体因累积而导致爆炸。

$$H+O_2 \longrightarrow OH+O \tag{H1}$$

$$O+H_2 \longrightarrow OH+H \tag{H2}$$

$$OH+H_2 \longrightarrow H_2O+H \tag{H3}$$

在这个反应过程中,O、H 和 OH 就是链载体。在反应(H1)和反应(H2)中,一个链载体作为反应物可以产生两个链载体。因此,链循环反应(H1)~(H3)的净反应为

$$3H_2+O_2 \longrightarrow 2H_2O+2H$$

这表明每次循环有两个 H 产生。

1. H_2-O_2 混合物的爆炸极限

初始反应只与燃料组分有关,在 H_2-O_2 系统中有 3 个可能的初始反应,分别为 H_2 的分解反应、O_2 的分解反应、H_2 和 O_2 之间的反应,即

$$H_2 + M \longrightarrow H + H + M \tag{H4}$$

$$O_2 + M \longrightarrow O + O + M \tag{H5}$$

$$H_2 + O_2 \longrightarrow HO_2 + H \tag{H6}$$

三个反应的吸热量分别是 104、118 和 55 kcal/mol。由于分解反应的活化能粗略等于其吸热量,因此反应(H6)在所有条件下几乎都是最重要的初始反应。反应(H4)只是在高温时可能对初始阶段有贡献。反应(H5)要弱于反应(H4)和反应(H6),因为 O_2 的分解能比 H_2 的分解能高。

在反应(H4)和反应(H6)生成 H 后,反应(H1)~(H3)会接着发生。反应(H1)和反应(H2)的逆反应在这个阶段并不是很重要,因为这个阶段的两个低浓度基团组分之间的膨胀频率非常低。反应(H3)的逆反应也不重要,因为产物 H_2O 在爆炸初期的浓度也很低。

对于足够低的温度和压力,即使添加一定浓度的 H 或者 OH,爆炸也不可能发生。这主要是因为关键的链分支反应(H1)是一个吸热反应(吸热量为 17 kcal/mol),因此低温并不利于其反应。另外,在低压时,这些活化组分可能快速地扩散到燃烧室壁面,并在壁面上湮灭;或者在有限的停留时间内,其反应太过缓慢,因此无法发生爆炸。

随着压力增大,膨胀频率升高,反应被促进。当跨过第一爆炸极限后,链分支反应的反应速率压倒性地大于活化组分在壁面上的湮灭速度,同时,在有限的停留时间内,活化组分急剧增加,于是发生爆炸。

随着压力进一步增大,三体反应

$$H + O_2 + M \longrightarrow HO_2 + M \tag{H7}$$

开始变得频繁并最终替代反应(H1),在 H 和 O_2 的反应中占主导地位。由于 HO_2 活性相对不高,因此它可以在许多碰撞中得以幸存,最终扩散到壁面并在壁面上湮灭,或者在有限的停留时间中流动被带出系统。因此,反应(H7)是链反应体系中的一个有效终止步骤,导致链载体净产生循环反应(H1)~(H3)被打断。

因此,第二爆炸极限是由反应(H1)~(H3)的 H 增长和反应(H7)的 H 消耗之间的竞争决定的。为了确定第二爆炸极限的 p-T 关系,我们写出 H、O 和 OH 的速率方程,分别为

$$\frac{d[H]}{dt} = -k_1[H][O_2] + k_2[O][H_2] + k_3[OH][H_2] - k_7[H][O_2][M]$$

$$\frac{d[O]}{dt} = k_1[H][O_2] - k_2[O][H_2]$$

$$\frac{d[OH]}{dt} = k_1[H][O_2] + k_2[O][H_2] - k_3[OH][H_2]$$

假定 O 和 OH 处于准稳态,即 $d[O]/dt = 0$ 和 $d[OH]/dt = 0$,于是

$$k_2[O][H_2] = k_1[H][O_2]$$

$$k_3[OH][H_2] = k_1[H][O_2] + k_2[O][H_2] = 2k_1[H][O_2]$$

将它们带入 H 的速率方程,有

$$\frac{d[H]}{dt} = 2k_1[H][O_2] - k_7[H][O_2][M]$$

$$= (2k_1 - k_7[\text{M}])[\text{H}][\text{O}_2]$$

这个式子表明[H]随时间呈指数变化：当$(2k_1 - k_7[\text{M}]) > 0$时，呈指数增大，反之，呈指数衰减。于是，第二爆炸极限为

$$2k_1 = k_7[\text{M}] \tag{3-28}$$

如果反应(H7)中的三体组分的衰减系数(fall-off parameter)相同，又有$p = [\text{M}]RT$，那么第二爆炸极限的p-T关系可以表示为

$$p = \frac{2k_1}{k_7}RT \tag{3-29}$$

基于速率常数表达式，我们可以从图3-8中看到，式(3-29)很好地描述了第二爆炸极限，这个关系也称为跨界温度。虽然上式意味着$\mathrm{d}[\text{H}]/\mathrm{d}t = 0$，但是这并不是[H]准稳态近似的结果。事实上，[O]和[H]的准稳态条件在很宽的范围内是成立的，而$\mathrm{d}[\text{H}]/\mathrm{d}t = 0$只是在跨界温度线上才成立。

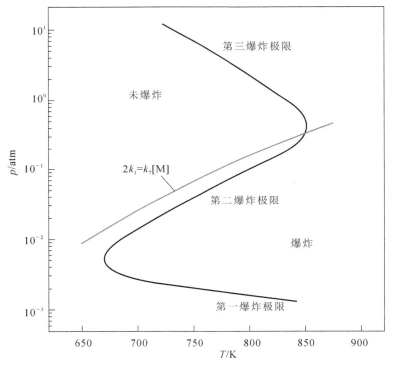

图3-8　化学计量的H_2-O_2混合物的爆炸极限

当压力进一步增大，跨过了第三爆炸极限，HO_2的浓度则会变得更高。反应

$$\text{HO}_2 + \text{H}_2 \longrightarrow \text{H}_2\text{O}_2 + \text{H} \tag{H8}$$

$$\text{H}_2\text{O}_2 + \text{M} \longrightarrow \text{OH} + \text{OH} + \text{M} \tag{H9}$$

将会发生得更加频繁，并超过HO_2的稳定性。因此，HO_2不会在壁面上湮灭或被流动带离，而是会跟H_2反应生成活性组分H、O和OH，进而再次诱发爆炸。

在高温时，即约900 K时，更多的活性组分会产生，而且它们之间的反应会更重要。HO_2也可能跟自己反应，即

$$\text{HO}_2 + \text{HO}_2 \longrightarrow \text{H}_2\text{O}_2 + \text{O}_2$$

继而发生反应(H9)，或者同H和O反应

$$HO_2 + H \longrightarrow OH + OH \qquad (H10)$$
$$HO_2 + O \longrightarrow OH + O_2 \qquad (H11)$$

在这样的情况下,反应(H7)只是链传播过程的一个部分,因此爆炸总是发生。

由表 3-2 可知,一些反应有负的活化能。这些反应没有固有能垒,通常是两个基团之间的反应。这意味着两个冷的基团之间结合与两个热的基团之间结合相比更容易,因为两个热的基团动能太大,碰撞时可能飞走而不生成化学键。

如果接触的初始点不同,反应发生的路径也不同。在低温条件下,一个反应占主导地位,而在高温条件下,另一个反应占主导地位。因此,总的反应速率是两者之和。

2. CO 的氧化

点燃干燥的 CO 和 O_2 混合气体,并维持其燃烧是非常困难的。由于 CO 和 O_2 的反应

$$CO + O_2 \longrightarrow CO_2 + O$$

具有很高的活化能(48 kcal/mol),因此即使在高温下反应速率也很小。而且,生成的 O 也不会导致快速的链分支反应。但是,当 H 出现时,即使很小的量,OH 可以通过反应(H1)和反应(H2)生成,然后 CO_2 可以通过下面的反应生成

$$CO + OH \longrightarrow CO_2 + H \qquad (CO1)$$

该反应是 CO 氧化最主要的反应。该反应生成的 H 又供给反应(H1),从而增大 CO 氧化速率。

在潮湿空气中,水也可以催化 CO 氧化反应,其过程为

$$O_2 + M \longrightarrow O + O + M$$

随后

$$O + H_2O \longrightarrow OH + OH$$

该反应提供了反应(CO1)所需的 OH。

在高压条件下,反应

$$CO + HO_2 \longrightarrow CO_2 + OH \qquad (CO2)$$

提供了另外一个 CO 转化为 CO_2 的路径。因此,反应(CO1)和反应(CO2)也添加在 H_2-O_2 机理中。

实际上,空气总是有一定的水分,因此 CO 能够较快地氧化为 CO_2。

3. 火焰中的初始反应

火焰中的燃料氧化机理,包括 H_2 和 CO,是非常不同于均匀反应混合物的着火机理的,因为火焰中基团池(由 O、H 和 OH 组成)的浓度常常要比均匀着火诱导期中基团池浓度大很多。另外,均质着火中的初始反应在火焰中并没有那么重要,这是因为大量的基团可以从高温火焰区域反向扩散到温度较低、未燃的燃料和氧化剂区域,导致不同的初始反应发生。在 H_2 燃烧火焰中,占主导地位的初始反应是 H 与 O_2 的链分支反应,因为大量高活性 H 会从高温区反向扩散到冷的、未燃的燃料和氧化剂区域。

3.4.2　甲烷-空气燃烧机理

1. 碳氢燃料氧化的一般特点

近十几年来,碳氢燃料的详细反应动力学机理的研究得到了很大的发展。一般认为在碳氢燃料的燃烧过程中最重要的两个反应是

$$H + O_2 \longrightarrow OH + O \qquad\qquad (H1)$$

$$CO + OH \longrightarrow CO_2 + H \qquad\qquad (CO1)$$

反应(CO1)几乎是 CO 转换为 CO_2 的唯一反应,并产生一些反应(H1)需要的 H。

此外,尽管初始的碳氢燃料断键反应有着各自的特点,但是,一般来说,这些断键反应因速率太快而不是燃烧反应的控制步骤。另外,初始的碳氢燃料断键反应会产生 C_1、C_2 和 C_3 的碎片。因此,碳氢燃料氧化机理具有显著的分层特性,即复杂碳氢燃料的氧化机理含有简单燃料的氧化机理。碳氢燃料氧化机理的讲解必须从最简单的碳氢燃料的氧化机理开始。甲烷是最轻的碳氢燃料,因此我们首先讲解甲烷的氧化机理。

在讲解之前,需要强调的是,通常燃烧发生的条件是非常宽泛的,因此在不同热力学状态下,燃烧过程中起主导作用的氧化机制是不一样的。反应(H1)是有非常大的活化能,而反应(H7)的活化能为 0。因此,链分支反应(H1)在高温火焰中占主导地位,而在中温到低温范围内,生成 HO_2 的反应(H7)和氢气氧化初始反应(H6)占主导地位。因此,燃料的高温(常压、1 100 K 以上)氧化机理与中低温氧化机理是有明显的差异的。

这节我们将讲解甲烷着火和甲烷火焰的化学反应动力学机理,还会对甲烷燃烧过程中的主要成分甲醛(CH_2O)的氧化机理进行详细讲解。

2. 甲烷自动着火

甲烷着火延迟时间(ignition delay time),也称为诱导时间(induction time),可以采用经验公式计算

$$\tau = 2.5 \times 10^{15} \exp(26\ 700/T)[CH_4]^{0.32}[O_2]^{-1.02} \qquad (3\text{-}30)$$

式中:τ 为着火延迟时间,s;$[CH_4]$ 和 $[O_2]$ 分别为 CH_4 和 O_2 的摩尔浓度,mol/cm^3。该经验公式表明,在着火过程中,CH_4 和 O_2 反应的总阶数是负值,总体上甲烷是具有阻滞作用的。这个是尤其需要注意的。

点火前甲烷的化学反应动力学是由基团累积速率决定的,初始反应主要是

$$CH_4 + M \Longleftrightarrow CH_3 + H + M \qquad\qquad (M1)$$

$$CH_4 + O_2 \Longleftrightarrow CH_3 + HO_2 \qquad\qquad (M2)$$

由于反应(M1)是一个活化能很高的单分子反应,在高温条件下其反应速率大于反应(M2)的反应速率。因此,如果反应(M1)在初始阶段占主导地位,接着的反应是

$$H + O_2 \Longleftrightarrow OH + O \qquad\qquad (H1)$$

$$CH_4 + (H, O, OH) \Longleftrightarrow CH_3 + (H_2, OH, H_2O) \qquad (M3, M4, M5)$$

反应(M3)在着火过程中起阻滞作用,因为它与链分支反应(H1)竞争 H,并且将高活性的 H 转化为活性次一级的 CH_3。这就是前面提及 CH_4 的抑制着火特性的主要原因。初始反应(M1)也可以对着火起阻滞作用,因为当基团池开始建立时,它们的逆反应变得快速增加,导致增加的基团池浓度下降。

当反应(M2)占主导地位时,下面的反应产生将进一步促进基团池增长

$$CH_4 + HO_2 \Longleftrightarrow CH_3 + H_2O_2 \qquad\qquad (M6)$$

$$H_2O_2 + M \Longleftrightarrow OH + OH + M \qquad\qquad (H9)$$

反应(M6)和反应(H8)的相似性需要注意。

接近着火时,反应

$$CH_3 + HO_2 \Longleftrightarrow CH_3O + OH \qquad\qquad (M7)$$

成为 CH_3 氧化的主导反应。生成的 CH_3O 具有高活性,因此它非常快地转化为 CH_2O

$$CH_3O + M \Longleftrightarrow CH_2O + H + M \tag{M8}$$

$$CH_3O + O_2 \Longleftrightarrow CH_2O + HO_2 \tag{M9}$$

这两个反应生成的 CH_2O 随后同 OH 和 O_2 反应

$$CH_2O + OH \Longleftrightarrow HCO + H_2O \tag{M10}$$

$$CH_2O + O_2 \Longleftrightarrow HCO + HO_2 \tag{M11}$$

生成高活性 HCO,类似甲氧基团,HCO 通过下面的反应快速生成 CO

$$HCO + M \Longleftrightarrow H + CO + M \tag{M12}$$

$$HCO + O_2 \Longleftrightarrow CO + HO_2 \tag{M13}$$

着火之后,CO 进一步通过反应(CO1)生成 CO_2。尽管燃烧混合物的最终温度与 CO 转化为 CO_2 有关,但诱导时间对反应(CO1)并不敏感。

我们可以非常清晰地看到,CH_4 的氧化过程是一个不断减小其氢含量的过程,即 CH_4—CH_3O—CH_2O—HCO,最后生成 CO。不同的脱氢阶段产生的 H 最后氧化为 H_2O。

对于甲烷的氧化路径,除了不断脱氢的路径以外,还有另外一个燃料分子增大的路径。具体而言,就是两个 CH_3 的再链反应

$$CH_3 + CH_3 + M \Longleftrightarrow C_2H_6 + M \tag{M14}$$

$$CH_3 + CH_3 \Longleftrightarrow C_2H_5 + H \tag{M15}$$

反应(M14)是基团终止反应,它阻止着火,而反应(M15)是链载反应,生成 C_2H_5 和高活性的 H。反应(M14)是 3 阶基团与基团的再链反应,使得反应(M14)在高压下更为重要,但它在常压下对着火也有强烈的敏感性。生成的 C_2 组分也将经历各自的氧化过程。

因此甲烷的氧化机理不仅包含较小组分(CH_2O 和 CO)的氧化机理,还包含较大的 C_2 组分的氧化机理,而且 C_2 组分的化学动力学在富燃料条件下尤其重要,因为此时有大量的 CH_3 存在。

理论上,系统中 C_2H_5 自身的再链反应也可以生成 C_4H_{10},以及类似的再链反应可以生成更大的含碳组分,因此 CH_4 的氧化机理(任何碳氢燃料)必须包括几乎所有的碳氢大分子。实际上,这些大分子的浓度非常小(除了第一级再链反应的生成物)以至于它们对整个反应的影响是可以忽略的。

3. 甲烷火焰

与 H_2-O_2 系统相似,甲烷火焰与其自动着火在化学动力学方面的主要差异在于火焰中产生的大量 O、H 和 OH 扩散到火焰上游,导致甲烷分子主要与 H、O 和 OH 发生脱氢反应,生成 CH_3。CH_3 随后主要被 O 和 HO_2 消耗。

$$CH_3 + O \Longleftrightarrow CH_2O + H \tag{M16}$$

$$CH_3 + HO_2 \Longleftrightarrow CH_3O + OH$$

CH_2O 同 H 和 OH 发生脱氢反应生成 HCO。HCO 快速分解生成 CO 和 H,或者同 H 和 O_2 发生脱氢反应。

$$CH_2O + H \longrightarrow HCO + H_2 \tag{M17}$$

$$CH_2O + OH \Longleftrightarrow HCO + H_2O \tag{M10}$$

一些 CH_3 也会与 OH 反应生成高活化的 CH_2^*

$$CH_3 + OH \Longleftrightarrow CH_2^* + H_2O \tag{M18}$$

CH_2^* 没有未配对电子,但有空轨道,这使得它成为一个高能和高活化组分。大多数 CH_2^* 通过与其他分子碰撞失去能量成为更稳定的、有两个未配对电子的 CH_2

$$CH_2^* + M \longrightarrow CH_2 + M \tag{M19}$$

CH_2^* 也会跟 O_2 反应提供第二个链分支反应,生成高活化的 H 和 OH,从而提高总氧化速率

$$CH_2^* + O_2 \longrightarrow CO + H + OH \tag{M20}$$

即使反应(M19)在 CH_2^* 的消耗反应中占主导地位,其生成的 CH_2 依然具有很高的活性。它与 O_2 反应也可以提供第二个链分支反应

$$CH_2 + O_2 \longrightarrow HCO + OH \tag{M21}$$

一些 CH_2 也将通过脱氢反应生成 CH

$$CH_2 + H \Longleftrightarrow CH + H_2 \tag{M22}$$

CH 被 H_2O 和 O_2 快速消耗

$$CH + H_2O \longrightarrow CH_2O + H \tag{M23}$$

$$CH + O_2 \longrightarrow HCO + O \tag{M24}$$

在富燃料条件下,相对多的 CH_3 会增强再链反应(M14)和反应(M15)生成 C_2 组分,或者与 CH_2 反应生成乙炔

$$CH_3 + CH_2 \Longleftrightarrow C_2H_4 + H \tag{M25}$$

这些 C_2 组分或者经历进一步的氧化过程,或者在与含氧组分碰撞中幸存下来,最终生成乙炔。乙炔对于碳烟(soot)的形成是至关重要的。

3.4.3　C_2 烃类的氧化

这节我们将讲述 C_2 烃类,即乙烷(C_2H_6)、乙烯(C_2H_4)和乙炔(C_2H_2)的氧化机理。乙烷不仅是甲烷火焰中的主要中间产物,而且是天然气中含量第二的组分。乙烯和乙炔也是燃料,而且它们也是乙烷和高分子量碳氢燃料氧化过程中的主要中间产物。我们主要讨论这三种 C_2 烃类在高温火焰中的氧化机理。

乙烷的氧化过程开始于 C_2H_6 同 H、O 和 OH 的脱氢反应

$$C_2H_6 + (H,O,OH) \Longleftrightarrow C_2H_5 + (H_2,OH,H_2O) \tag{$C_2$1}$$

C_2H_5 非常不稳定,很快地同 H、O_2 反应,或者分解为 C_2H_4 和 H

$$C_2H_5 + (H,O_2) \Longleftrightarrow C_2H_4 + (H_2,HO_2) \tag{$C_2$2}$$

$$C_2H_5 + M \Longleftrightarrow C_2H_4 + H + M \tag{$C_2$3}$$

C_2H_5 也会与 O_2 反应生成 CH_3CHO

$$C_2H_5 + O_2 \longrightarrow CH_3CHO + OH \tag{$C_2$4}$$

CH_3CHO 随后同 H、O 和 OH 反应,生成 CH_3CO。接着,CH_3CO 分解为 CH_3 和 CO

$$CH_3CHO + (H,O,OH) \Longleftrightarrow CH_3CO + (H_2,OH,H_2O) \tag{$C_2$5}$$

$$CH_3CO + M \Longleftrightarrow CH_3 + CO + M \tag{$C_2$6}$$

在贫燃料条件下,C_2H_5 也会与 O 反应生成 CH_3 和 CH_2O

$$C_2H_5 + O \longrightarrow CH_3 + CH_2O \tag{$C_2$7}$$

乙烯氧化与烷烃氧化的区别在于:在氧化前乙烯不发生脱氢反应。具体而言,当乙烯与 O 反应时,它的双键很容易断裂,生成 CH_3 和 HCO

$$C_2H_4 + O \longrightarrow CH_3 + HCO \tag{$C_2$8}$$

上述反应的产物是两个自由基,因此反应($C_2$8)提供了第二个链分支反应,这显著地加快了氧化进程。

在富燃料条件下,乙烯是可以在 O 的撞击下幸存的,即可以不发生反应。这时,C_2H_4 同 H、OH 的脱氢反应是消耗乙烯的主要反应,生成 C_2H_3

$$C_2H_4 + (H, OH) \rightleftharpoons C_2H_3 + (H_2, H_2O) \tag{$C_2$9}$$

与 C_2H_5 类似,C_2H_3 也是非常活跃的,它主要与 O_2 反应生成 CH_2O 和 HCO,或者 CH_2CHO 和 O

$$C_2H_3 + O_2 \longrightarrow CH_2O + HCO \tag{$C_2$10a}$$

$$C_2H_3 + O_2 \longrightarrow CH_2CHO + O \tag{$C_2$10b}$$

随后 CH_2CHO 通过反应会生成 C_1 组分。C_2H_3 也可以经历下面的反应生成乙炔

$$C_2H_3 + (H, O_2) \longrightarrow C_2H_2 + (H_2, HO_2) \tag{$C_2$11}$$

$$C_2H_3 + M \rightleftharpoons C_2H_2 + H + M \tag{$C_2$12}$$

图 3-9 显示乙炔是甲烷在富燃料条件下燃烧的主要中间产物。考虑一个典型的在饱和烷烃分子中的官能团—CH_2—,其通过下面的反应转化为乙炔

$$-CH_2- \rightleftharpoons \frac{1}{2}C_2H_2 + \frac{1}{2}H_2$$

该反应是典型的吸热反应,在 1 600 K 时,吸热量为 32 kcal/mol。为什么乙炔更容易生成呢？答案在于过程的熵变。氢气在 1 600 K 下的熵为 30.8 cal/(mol·K),这就导致系统的吉布斯自由能为负值,$\Delta G = 32 - 30.8 \times 10^{-3} \times 1\,600 \approx -17$ (kcal/mol)。因此,平衡趋于产物方向,生成 C_2H_2。乙炔是公共燃料中能量密度最大,其绝热火焰温度远高于其他燃料的绝热火焰温度。即使在没有氧气的环境中,它依然可以自发聚合,是一种高能的危险燃料。

与乙烯类似,乙炔的氧化过程也不是从脱氢反应开始。部分原因是乙炔中的 C—H 键的键能为 131 kcal/mol,比烷烃中的 C—H 键的键能(乙烷中的为 101 kcal/mol)高。此外,C_2H_2 与 O 的反应速率很大

$$C_2H_2 + O \longrightarrow CH_2 + CO \tag{$C_2$13a}$$

$$C_2H_2 + O \longrightarrow HCCO + H \tag{$C_2$13b}$$

HCCO 活性极高,因此非常快地与 H 反应生成 CH_2^*

$$HCCO + H \longrightarrow CH_2^* + CO \tag{$C_2$14}$$

在富燃料条件下,C_2H_2 也可以与 H 结合生成 C_2H_3。在有氧条件下,C_2H_3 被快速氧化

$$C_2H_3 + O_2 \longrightarrow CH_2O + HCO \tag{$C_2$10a}$$

$$C_2H_3 + O_2 \longrightarrow CH_2CHO + O \tag{$C_2$10b}$$

乙烷、乙烯和乙炔的燃烧反应至此进入 C_1 阶段,即 CH_3、CH_2、CH_2O、CHO 和 CO 等组分都包含在甲烷的氧化机理中,因此,随后可以采用 CH_4-O_2 反应机理来描述了。

图 3-9 所示为甲烷燃烧的路径图解,用以说明燃烧化学的复杂性。图中反应路径不包括 C_2 组分(具有两个碳原子的物质,如 C_2H_6、C_2H_4、C_2H_2)的化学反应路径,其在高压或富燃料条件下较为重要。涉及 C_2 组分的化学反应通过重组反应 $CH_3 + CH_3 + M \longrightarrow C_2H_6 + M$ 被激发,因此高压条件很重要。

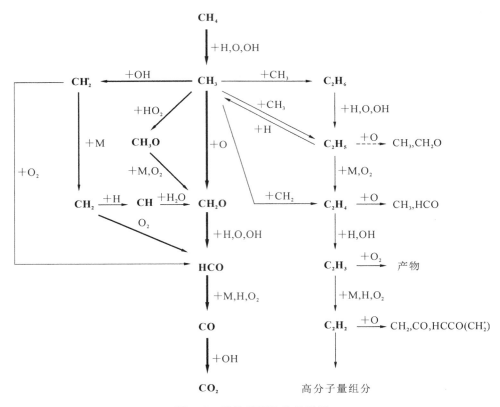

图 3-9　甲烷燃烧的路径图解

3.4.4　大饱和烷烃燃料的高温氧化机理

这节我们将对大饱和烷烃燃料的高温氧化机理的主要特点进行介绍。

在介绍大饱和烷烃燃料的高温氧化机理前,首先需要介绍一下 β-断裂(β-scission)法则。

在结构化学中,键离解能(bond dissociation energy,BDE)是指化学键断裂时需要的能量,因此,分子中的化学键的键离解能越小,通常化学键更容易断裂。

物理上,自由基活性位点上的未配对电子会强化相邻的化学键,从而导致隔位相邻的化学键最容易断裂。以丙基为例,其化学键键能如图 3-10 所示。显然,β-C—C 键有最低的键离解能,为 24 kcal/mol,因此它最容易断裂,生成 C_2H_4 和 CH_3。按键离解能从低到高的顺序,排在第二的化学键是 β-C—H 键(34 kcal/mol),其断裂会生成 C_2H_6 和 H。

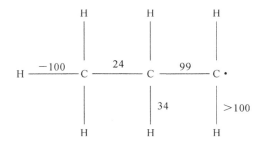

图 3-10　丙基自由基的化学键键能

因此 β-断裂法则是指对于一个自由基,与自由基活性位点相隔的化学键往往最容易断裂。

与甲烷和乙烷相似,均质大饱和烷烃燃料与氧化剂混合物的高温氧化的初始反应也是断键反应。对于直链饱和烷烃燃料,初始的断键反应发生在最可能断裂的 C—C 键上。

在火焰中,初始反应则是脱氢反应

$$RH + (H, O, OH) \longrightarrow R + (H_2, OH, H_2O)$$

这里,R 是饱和烷烃脱氢后的自由基(如 C_3H_7)。脱氢反应的反应速率一定程度上与烷烃分子中的 C—H 键的类型有关。图 3-11 所示为正丁烷的 C—H 键类型。

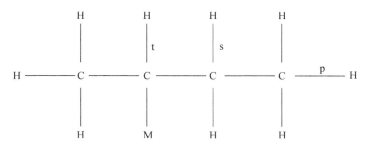

图 3-11　正丁烷的 C—H 键类型

依据 C 原子的相邻情况,C—H 键可以分为三种类型,分别用 p(primary)、s(secondary)和 t(tertiary)表示。第一类 C—H 键是指 C 原子分别与 1 个 C 原子和 3 个 H 原子成键;第二类 C—H 键是指 C 原子分别与 2 个 C 原子和 2 个 H 原子成键;第三类 C—H 键是指 C 原子分别与 3 个 C 原子和 1 个 H 原子成键。因此 C_2H_6 只有第一类 C—H 键,丙烷有 6 个第一类 C—H 键和 2 个第二类 C—H 键。

第二、三类 C—H 键通常比第一类 C—H 键弱(见表 3-3)。因此,发生在第一类 C—H 键上的脱氢反应的活化能大于第二、三类的。另一方面,与第二、三类 C—H 键相比,发生在第一类 C—H 键上的脱氢反应常常有较大的指前因子 A。因此,在这三类 C—H 键上发生的脱氢反应的反应速率是相近的。

表 3-3　p、s、t 三种 C—H 键键离解能对比

C—H 键的类型	化合物	BDE/(kcal/mol)
p	C_2H_6	101.1 ± 0.4
s	C_3H_8	98.6 ± 0.4
	$n\text{-}C_4H_8$	98.3 ± 0.5
t	$i\text{-}C_4H_{10}$	96.4 ± 0.4

显然,在 p、s 和 t 三种 C—H 键上发生脱氢反应,会生成不同的产物。例如,丙烷在第一类 C—H 键上脱氢会生成 $n\text{-}C_3H_7$

$$C_3H_8 + (H, O, OH) \longrightarrow n\text{-}C_3H_7 + (H_2, OH, H_2O)$$

在第二类 C—H 键上脱氢则生成 $i\text{-}C_3H_7$

$$C_3H_8 + (H, O, OH) \longrightarrow i\text{-}C_3H_7 + (H_2, OH, H_2O)$$

$n\text{-}C_3H_7$ 发生 β-断裂生成 C_2H_4 和 CH_3

$$n\text{-}C_3H_7 \longrightarrow C_2H_4 + CH_3$$

$i\text{-}C_3H_7$ 则断键生成 C_3H_6 和 H。

理论上丙烯的氧化与乙烯的氧化类似。即,丙烯的 C=C 双键被 O 撞击断裂

$$C_3H_6 + O \longrightarrow C_2H_5 + HCO$$

$$C_3H_6 + O \longrightarrow CH_2CO + CH_3 + H$$

或者丙烯发生脱氢反应,生成 C_3H_5。C_3H_5 再进一步被 O、OH、O_2 和 HO_2 氧化,生成含氧和不含氧的 C_1 和 C_2 组分。

至此,反应就进入了 H_2-CO-O_2、CH_2-O_2 和 C_2H_x-O_2 反应体系了。

图 3-12 所示为利用 FFCM-1 计算的甲烷-空气当量燃烧过程中主要物质的摩尔分数随时间的变化关系,温度 T 为 1 600 K,压力 p 分别为 101.3 kPa 和 1.013 MPa。在 101.3 kPa 下,主要反应物 CH_4 和 O_2 在约 0.000 8 s 内消耗绝大部分。水的生成与主要物质的消耗密切相关。随着甲烷的消耗,中间产物 CO 生成,CO 的摩尔分数在约 0.000 83 s 处达到峰值。接着 CO 在约 0.000 5 s 处氧化生成 CO_2。显然,CO 氧化为 CO_2 的反应相比其他反应是比较缓慢的。1.013 MPa 下的氧化过程与 101.3 kPa 下的类似,只是反应速率增大了 4 倍左右。

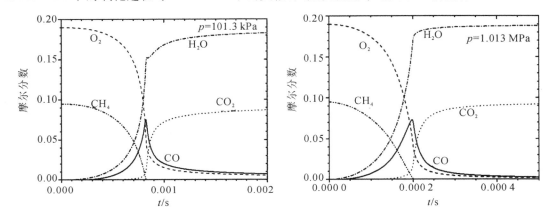

图 3-12　甲烷-空气当量燃烧过程中主要物质的摩尔分数随时间的变化关系

甲烷燃烧过程中中间组分及自由基的摩尔分数随时间的变化关系如图 3-13 所示。在 101.3 kPa 下,CH_4 立即分解为 CH_3,CH_3 在 0.000 8 s 内消耗完毕。其他中间组分 CH_2O 和 CHO 也随之生成。当所有的燃料都消耗完毕时,O、H、OH 等自由基就会大量生成。当压力升至 1.013 MPa 时,中间组分和自由基的含量降低到 1/4 左右。在燃烧学研究中,通常把 H、OH 和 O 统称为基团池(radical pool),从图 3-13 中可以看到,基团池的结构发生了很大的变化,这表明自由基的相对重要性发生了变化。

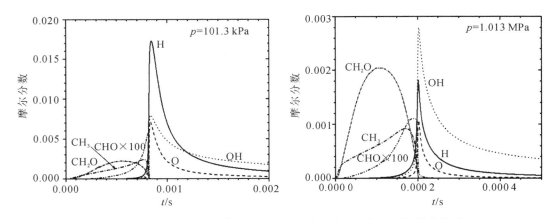

图 3-13　甲烷燃烧过程中中间组分及自由基的摩尔分数随时间的变化关系

图 3-12 和图 3-13 也可以用来说明化学反应动力学对污染物形成的重要性。在诸如汽

车发动机等实际应用中,通常只有有限的时间以供化学反应发生。这个时间通常称为停留时间,它是发动机转速(revolutions per minute,RPM)的函数——RPM 值越大,可供燃料和空气完全燃烧的时间越短。假设发动机在停留时间为 0.000 12 s 的 RPM 下运行,燃烧过程中的压力为 1.013 MPa,图 3-12(右)和图 3-13(右)表明燃料完全燃烧大约需要 0.000 2 s,此时停留时间小于"化学"时间,发动机排出气体中含有 CO 和未燃烧的碳氢化合物。然而,如果发动机在停留时间为 0.000 25 s 的 RPM 下运行,那么"化学"时间将小于停留时间,从而实现更充分的燃烧且几乎不排放 CO 和未燃烧的碳氢化合物。

3.4.5　碳氢燃料的低温氧化机理

本节我们讲述碳氢燃料的低温(<1 000 K)氧化机理,它主要与着火有关,如发动机爆震。

碳氢燃料也存在爆炸极限。但是,碳氢燃料的爆炸极限 p-T 曲线与 H_2 的明显不一样。图 3-14 所示为甲烷、乙烷和丙烷的爆炸极限。

一般来说,均质着火温度会随着饱和碳氢化合物分子量的增大而升高,这意味着大分子碳氢燃料更容易发生爆炸。通过分析不同饱和烷烃分子中的 C—H 键的键离解能来解释这个现象。甲烷中的 C—H 键的键离解能比乙烷中的 C—H 键的键离解能大 4 kcal/mol,而乙烷中的 C—H 键的键离解能又比丙烷和其他大分子碳氢燃料的第二类 C—H 键的键离解能大 2~3 kcal/mol。由于爆炸过程与燃料分子的初始撞击(被 O_2 或者其他活性基团)有密切关系,键离解能的差异导致了这些反应的活化能的差异。甲烷的脱氢反应比乙烷的困难,乙烷的脱氢反应比大分子碳氢燃料的困难,因此甲烷-氧气混合物的爆炸需要更高的温度。

如图 3-14 所示,甲烷的 p-T 关系曲线很简单,较大分子碳氢燃料的则要复杂得多。甲烷的爆炸温度随着压力的升高而平滑单调地下降。而乙烷的爆炸温度开始时随着压力的升高而缓慢下降,之后又随着压力进一步升高而急剧下降。

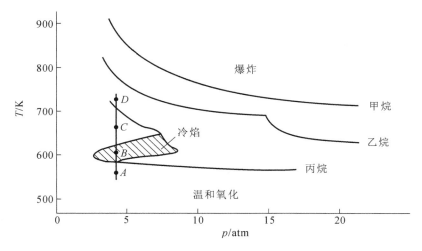

图 3-14　甲烷、乙烷和丙烷的爆炸极限

丙烷的爆炸极限 p-T 关系曲线就更复杂了。在一定压力范围内,随着温度的升高,出现 A、B、C、D 四个状态,如图 3-14 所示。混合状态 A 在温度为 530 K 时,几乎没有什么变化。这个温度机制属于一种化学合成,可以产生一些含氧有机分子。这个机制下氧化反应只有通过催化剂或者其他的促进剂才可以发生,没有它们,均质氧化速率很小,甚至可以忽略。

因此,从燃烧的观点来看,这个机制不重要。

随着温度升高,到达位于一个 $570 \sim 670$ K 温度范围半岛内的 B 状态,在这个低温半岛机制内,可以观察到过氧化物和甲醛发出的泛白的蓝色光,在高温机制中 C_2 组分会发出绿色光、CH 会发出紫罗兰色光。这些化学发光现象并不需要温度和/或压力的急剧升高。这个现象称为"冷焰"(cool flame)。冷焰或者出现在预混火焰的上游,或者以均质混合物爆炸发生的前驱物的形式出现,其反应速率通常比高温氧化的速率低很多,只会消耗 $5\% \sim 10\%$ 的碳氢燃料。冷焰常常是以周期性的方式发生。冷焰期间,温度可以升高 $100 \sim 200$ K。随着温度进一步升高,反应速率却快速减小。从容器的壁面发生的瞬时热损失会导致混合物冷却。温度下降后,反应速率增大,当温度达到某个值时,反应放热又使得混合物温度升高。如此往复,循环发生。

随着温度的升高,B 状态变为 C 状态,与冷焰一样,反应速率减小直到反应完全停止。这种反应速率与温度的关系称为负温度系数(negative temperature coefficient,NTC)。进一步升高温度,C 状态变为 D 状态,爆炸将会在一个狭窄机制下发生,并伴随明亮蓝色火焰。

图 3-15 所示为正庚烷-氧气-氮气混合物在激波管中的着火延迟时间与温度的关系。该图显示了 NTC 机制的存在和影响。

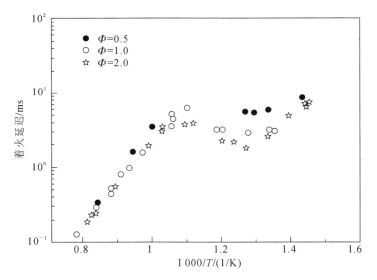

图 3-15 正庚烷的着火延迟时间与温度的关系

冷焰的行为和与之关联的反应速率的 NTC 机制如下。燃料与氧气燃烧的初始反应为

$$RH + O_2 \longrightarrow R + HO_2 \tag{R1}$$

生成的 R 进一步与氧气反应

$$R + O_2 + M \Longrightarrow RO_2 + M \tag{R2}$$

$$R + O_2 \longrightarrow 烯烃 + HO_2 \tag{R3}$$

$$RO_2 + RH \longrightarrow RO_2H + R \tag{R4}$$

$$RO_2H + M \longrightarrow RO + OH + M \tag{R5}$$

$$RH + (OH, HO_2, RO) \longrightarrow R + (H_2O, H_2O_2, ROH) \tag{R6}$$

R 与 O_2 的反应路径有两条。第一条路径是链传播路径,即放热反应(R2),有 39 kcal/mol 的放热量。接着通过反应(R4),将生成的基团 R 可以提供给反应(R2)。RO_2H 很容易分解为

RO 和 OH,因此导致链分支反应减弱。该路径对应冷焰的氧化过程。第二条路径是反应
(R3),生成烯烃并有 9 kcal/mol 的放热量。HO_2 与 RH 反应生成 H_2O_2,H_2O_2 在温度低于
750 K 时处于亚稳定状态,因此不能继续发生链分支反应。

当温度超过 600 K 时,反应(R3)的速率快速增大,而反应(R2)的速率会减小,这是因为
k_{R2} 会随着温度升高而减小,且其逆反应会变得逐渐重要。因此,反应(R4)的反应物 RO_2 的
量会快速下降,从而导致 RO_2H 的产率下降,以及后续链分支反应(R5)的速率减小直到反
应停止。最终,整个反应系统停止反应。这就解释了反应速率的负温度系数现象。

如果混合物被加热到 700 K,链分支反应(H9)变得很重要,它产生大量的 OH 加强中温
机理中的基元反应。

3.5　敏感性分析与产率分析

3.5.1　敏感性分析

对于复杂的燃烧化学反应体系,敏感性分析(sensitivity analysis)是一个非常重要且经
常使用的分析手段。敏感性分析可以获得控制反应体系的速率或者控制反应进程的关键基
元反应。

假设某一个反应体系有 R 个基元反应和 S 个组分,那么组分 i 的反应速率(即单位时间
的浓度变化)可以表示为

$$\frac{\mathrm{d}c_i}{\mathrm{d}t} = F_i(c_1,\cdots,c_S;k_1,\cdots,k_R) \qquad (i=1,2,\cdots,S)$$
$$c_i(t=t_0) = c_i^0$$

式中:c_i 为组分 i 的浓度,上标 0 代表 t_0 时刻的初始状态;F 表示函数关系。

这里只有化学反应速率常数可以作为系统参数。如果需要,初始浓度、压力等也可以作
为系统参数。上述微分方程的解同初始条件和系统参数有关。

我们想知道,哪些反应是组分 i 生成(或者消耗)的关键反应,换句话说,哪些反应对组
分 i 的浓度会产生关键性的影响,这就需要采用敏感性分析方法来鉴别。组分 i 对于反应 r
的敏感性定义为组分 i 浓度对于反应 r 的变化率

$$E_{i,r} = \frac{\partial c_i}{\partial k_r} \qquad (3\text{-}31)$$

为了使变化率能够比较,需要对它进行归一化。相对敏感性的表达式为

$$E_{i,r}^{\mathrm{ref}} = \frac{k_r}{c_i}\frac{\partial c_i}{\partial k_r} = \frac{\partial \ln c_i}{\partial \ln k_r} \qquad (3\text{-}32)$$

式(3-32)表示在给定的时间 t,反应 r 的百分比变化导致物质浓度的百分比变化。

我们以 3.3.1 节中介绍的反应链 $S_1 \xrightarrow{k_{12}} S_2 \xrightarrow{k_{23}} S_3$ 为例来讲解敏感性分析。

利用准稳态近似,S_3 的浓度可表示为

$$[S_3] = [S_1]_0\left[1 - \frac{k_{12}}{k_{12}-k_{23}}\exp(-k_{23}t) + \frac{k_{23}}{k_{12}-k_{23}}\exp(-k_{12}t)\right]$$

根据定义,$[S_3]$ 对 k_{12} 和 k_{23} 的导数分别是其对两个反应的敏感性系数,有

$$E_{S_3,k_{12}}(t) = \frac{\partial [S_3]}{\partial k_{12}} = [S_1]_0 \frac{k_{23}}{(k_{12}-k_{23})^2}[(k_{23}t-k_{12}t-1)\exp(-k_{12}t)+\exp(-k_{23}t)]$$

$$E_{S_3,k_{23}}(t) = \frac{\partial [S_3]}{\partial k_{23}} = [S_1]_0 \frac{k_{12}}{(k_{12}-k_{23})^2}[\exp(-k_{12}t)+(k_{12}t-k_{23}t-1)\exp(-k_{23}t)]$$

则相对敏感性为

$$E_{S_3,k_{12}}^{rel}(t) = \frac{k_{12}}{[S_3]}E_{S_3,k_{12}}(t)$$

$$E_{S_3,k_{23}}^{rel}(t) = \frac{k_{23}}{[S_3]}E_{S_3,k_{23}}(t)$$

假设 $k_{12}=\tau^{-1}$、$k_{23}=100\tau^{-1}$ 和 $[S_1]_0=1$，将相对敏感性系数与 $[S_3]/[S_1]_0$ 同时间的关系绘制成图，如图 3-16 所示，可以看到，速率较大的反应的敏感性系数在很短的时间内就衰减为 0，而速率较小的反应的敏感性系数在整个反应过程中都有较大的数值。因此，敏感性系数清楚地显示了产物 S_3 的浓度对慢反应有高敏感性，而对快反应有低敏感性。

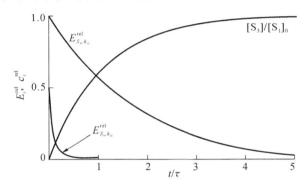

图 3-16　反应链 $S_1 \rightarrow S_2 \rightarrow S_3$ 的敏感性系数随时间的变化关系

敏感性分析由于可以鉴别出速率控制反应，因此是一个很有价值的工具，可用于深入理解复杂反应机理。需要说明的是，上述例子采用的是局部敏感性分析，反映的是在系统参数上的细小变化对组分浓度的影响。与之对应的是全局敏感性，其反映的是整个可能范围内的系统参数变化对组分浓度的影响。常常采用"暴力"、FAST 和蒙特卡罗等方法来求解。

用得比较多的是局部敏感性系数，根据其定义，有

$$\frac{\partial}{\partial k_r}\left(\frac{\partial c_i}{\partial t}\right) = \left(\frac{\partial}{\partial k_r}\right)F_i(c_1,\cdots,c_S;k_1,\cdots,k_R)$$

$$\frac{\partial}{\partial t}\left(\frac{\partial c_i}{\partial k_r}\right) = \left(\frac{\partial F_i}{\partial k_r}\right)_{c_l,k_{l\neq r}} + \sum_{n=1}^{S}\left[\left(\frac{\partial F_i}{\partial c_n}\right)_{c_{l\neq n},k_l}\left(\frac{\partial c_n}{\partial k_r}\right)_{k_{l\neq j}}\right]$$

$$\frac{\partial}{\partial t}E_{i,r} = \left(\frac{\partial F_i}{\partial k_r}\right)_{c_l,k_{l\neq r}} + \sum_{n=1}^{S}\left[\left(\frac{\partial F_i}{\partial c_n}\right)_{c_{l\neq n},k_l}E_{n,r}\right]$$

对一个复杂的反应体系，得到上述微分方程的解析解几乎是不可能的。但是，采用计算机可以得到上述微分方程的数值解。

燃烧过程中基元反应之间速率的差异很大。敏感性分析表明，只有一部分反应属于速率控制反应，这部分反应的速率常数需要通过试验或者量子化学计算等方法来精确地确定。

图 3-17 所示为预混当量条件下的 CH_4 和 C_2H_6 在空气气氛中的基元反应对火焰传播速度的敏感性图。没有在图中出现的基元反应，实际上对火焰传播速度的影响是非常微弱的。而在图中出现的基元反应中，可以看到，对于不同的燃料（CH_4 和 C_2H_6），$H+O_2 \longrightarrow$

OH+O 和 CO+OH ⟶CO₂+H 两个反应都具有较大的敏感性系数。上文关于这两个反应在碳氢燃料高温氧化中的作用就是通过这样的分析得到的。

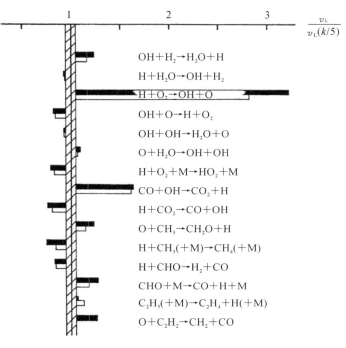

图 3-17　预混当量条件下的 CH_4 和 C_2H_6 在空气气氛中的基元反应对火焰传播速度的敏感性图

3.5.2　产率分析

产率分析(rate-of-production analysis)是指计算不同反应对特定化学物质的生成或消耗所起的作用的百分比。

反应 i 对物质 j 的生成的贡献可以用下式表示

$$C_{ji}^p = \frac{\max (v_{ji}, 0) q_i}{\sum_{i=1}^m \max (v_{ji}, 0) q_i} \tag{3-33}$$

而对物质 j 的消耗的贡献可以用下式表示

$$C_{ji}^p = \frac{\min(v_{ji}, 0) q_i}{\sum_{i=1}^m \min(v_{ji}, 0) q_i} \tag{3-34}$$

函数 $\max (x, y)$ 表示在计算中使用两个参数 x 和 y 之间的最大值,函数 $\min(x, y)$ 则表示在计算中使用两个参数 x 和 y 之间的最小值。局部反应流分析关注的是物质在局部的生成和消耗,所谓局部指的是,在与时间相关的问题(如均质自动着火)中,取特定的时间节点;而在与空间相关的稳定问题中(如预混火焰),取特定的位置。

除了局部反应流分析以外,还有整体反应流分析。整体反应流分析关注的是燃烧过程中的整体生成或消耗,其目的是构建该燃烧过程的整体反应流图。例如,图 3-18 所示为预混合化学当量甲烷-空气火焰的整体反应流图,而图 3-19 所示为预混合富甲烷-空气火焰的整体反应流图。图中箭头旁边的组分表示此路径上的主要反应,粗细反映该反应速率的大小。对比两个不同当量比下的整体反应流可以看到,尽管整体的反应路径几乎一样,但由于当量比的不同,整体反应流有着明显的差异。在当量火焰中,大多数甲烷直接被氧化,而在富燃料火焰中,CH_3发生再链反应生成C_2H_6,再进行氧化。

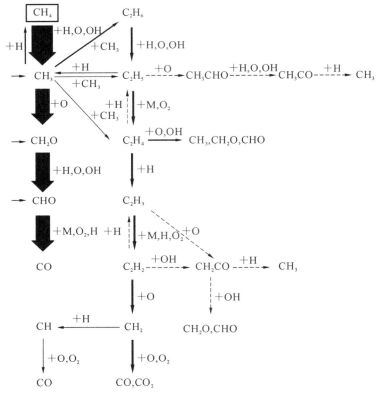

图 3-18　预混合化学当量甲烷-空气火焰的整体反应流图

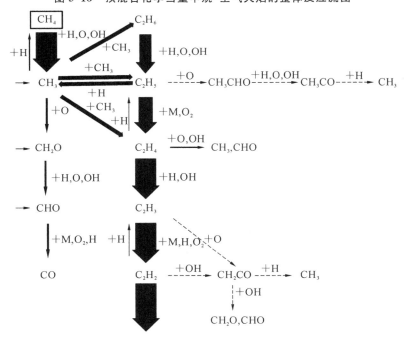

图 3-19　预混合富甲烷-空气火焰的整体反应流图

3.6　污染物生成机理

据估计,约 90% 的空气污染物来自化石燃料燃烧。理解污染物生成机理是研发减小污染物排放量合理策略的第一步。

化石燃料燃烧主要产生三种污染物:氮氧化物(NO 和 NO_2)、硫氧化物(SO_x)和碳烟。现在由于全球气候变暖日益严重,CO_2 也被认为是化石燃料燃烧产生的主要污染物。NO_x 直接导致光化学烟雾;SO_x 导致酸雨;而碳烟是城市里面小颗粒大气气溶胶的主要来源。由于 SO_x 中的 S 主要来自化石燃料,而且 SO_x 的减少主要是在燃后处理烟气中实现的,因此,本节只讲解氮氧化物和碳烟的生成与控制机理。

3.6.1　氮氧化物的生成

1. NO 的生成机理

大气中的 N_2 生成氮氧化物的机理有三个:热力 NO(thermal NO)机理、快速 NO (prompt NO)机理和 N_2O 机理。热力 NO 机理由下面三个反应组成

$$N_2 + O \longrightarrow NO + N \tag{N1}$$
$$O_2 + N \longrightarrow NO + O \tag{N2}$$
$$N + OH \longrightarrow NO + H \tag{N3}$$

热力 NO 机理称为泽尔多维奇(Zeldovich)机理。该机理的速率控制反应是反应(N1),因为该反应需要打断非常紧密的 $N \equiv N$,所以该反应需要在高温下进行。该反应对于 O_2 浓度是弱关联。发动机中 NO 排放量的峰值稍微偏向贫燃料侧。粗略地讲,热力 NO 生成在温度低于 1 800 K 时就不那么重要了。

人们在预混碳氢火焰的上游、较冷的区域发现了一定量的 NO,这部分区域的 O 浓度相对较小,泽尔多维奇机理难以解释这个现象。而且人们还观察到,火焰锋面中 NO 在富燃料区生成更多。Fenimore 提出的由 N_2 和碳氢组分之间的反应构成的快速 NO 机理很好地解释了这个现象。现在,快速 NO 机理已经被扩展并包含了大量的反应。初始反应是 N_2 分别和 CH、CH_2 的反应,生成了 NCN、HCN、H 及 NH

$$N_2 + CH \longrightarrow NCN + H \tag{N4}$$
$$N_2 + CH_2 \longrightarrow HCN + NH \tag{N5}$$

生成的 HCN 和 NH 将进一步反应,最终生成 N,并通过反应(N2)和反应(N3)生成 NO

$$HCN + O \longrightarrow NCO + H \tag{N6}$$
$$HCN + (H, OH) \longrightarrow CN + (H_2, H_2O) \tag{N7}$$
$$NCO + H \longrightarrow NH + CO \tag{N8}$$
$$NH + (H, OH) \longrightarrow N + (H_2, H_2O) \tag{N9}$$
$$CN + O \longrightarrow N + CO \tag{N10}$$

而反应(N4)生成的 NCN 可以被 O、OH 和 O_2 氧化为 NO。由于 O、CH 和 CH_2 的浓度随着温度升高而增大,因此快速 NO 依然会随着火焰温度升高而增加。

通过 N_2O 路径生成 NO 的机理为

$$N_2 + O + M \longrightarrow N_2O + M \qquad\qquad (N11)$$

$$N_2O + O \longrightarrow NO + NO \qquad\qquad (N12)$$

该机理需要 O 和三体再链反应(N11),因此 N_2O 路径更倾向于压力和过剩空气系数高的工况。

在含氮燃料中,含氮组分常常是带有一个或者多个氮原子的芳香族和多环化合物。通过热解,大多数含氮组分生成 HCN 和少量 NH_3。因此,NO 生成机理包含 HCN 和 NH_3 的氧化机理。

2. NO 的控制

由于 NO 的生成常常需要高温,因此抑制 NO 生成的常用策略就是降低燃烧温度。可以通过增大燃烧混合物中的惰性气体含量,如烟气再循环(exhaust gas recirculation,EGR)降低燃烧温度。注水被认为是一个有效的方法,因为水不仅可以降低燃烧温度,还可以通过下面的反应消耗 O,从而减小泽尔多维奇机理中的速率控制反应(N1)的反应速率。

$$O + H_2O \longrightarrow OH + OH$$

分级燃烧也是抑制 NO 生成的一个有效策略。燃烧首先发生在富燃料区($\Phi \approx 1.4$),使得生成的 NO 被还原。在第二段中,加入空气以消耗燃料。虽然引入空气会使得氧气浓度增大、燃烧温度升高,有利于 NO 的生成,但是由于停留时间短,整体 NO 的生成速率会减小。

还有一个技术是脱除在燃烧过程中生成的 NO。首先是将燃料添加到燃烧产物中,形成富燃料条件,从而通过下面的一系列反应还原 NO

$$CH + NO \longrightarrow HCN + O \qquad\qquad (N13)$$

$$CH + NO \longrightarrow HCO + N \qquad\qquad (N14)$$

$$CH_3 + NO \longrightarrow HCN + H_2O \qquad\qquad (N15)$$

$$CH_3 + NO \longrightarrow H_2CN + OH \qquad\qquad (N16)$$

$$HCCO + NO \longrightarrow HCN + CO_2 \qquad\qquad (N17)$$

$$HCCO + NO \longrightarrow HCNO + CO \qquad\qquad (N18)$$

$$N + NO \longrightarrow N_2 + O \qquad\qquad (-N1)$$

生成的 HCN 进而与 O 反应,接着进行反应(N7)~(N10)。

燃烧化学反应通常需要高活化温度,因此反应速率对温度非常敏感。反应(N9)和反应(N10)生成的 N 供给反应(-N1)完成 NO 的还原,然后添加空气将燃料消耗完。

选择非催化还原(selective non-catalytic reduction,SNCR)技术也是常用的减小 NO 排放量的技术。在燃烧产物中喷入含氮添加剂,从而引发一系列的 NO 还原反应以减小 NO 排放量。例如,在温度窗口 1 100~1 400 K 范围内,添加 NH_2,经过如下还原反应

$$NH_2 + NO \longrightarrow NNH + OH \qquad\qquad (N19)$$

$$NH_2 + NO \longrightarrow N_2 + H_2O \qquad\qquad (N20)$$

生成的 NNH 发生分解反应

$$NNH \longrightarrow N_2 + H \qquad\qquad (N21)$$

或者与 O_2 反应

$$NNH + O_2 \longrightarrow N_2 + HO_2 \qquad\qquad (N22)$$

3. NO_2 和 N_2O 的生成与脱除

NO_2 最主要的生成反应是

$$NO + RO_2 \longrightarrow NO_2 + RO \tag{N23}$$

RO_2 是过氧化基团。但是,尤其是在高温并有充足的 H 和 O 的情况下,生成的 NO_2 会很快地转化为 NO

$$NO_2 + H \longrightarrow NO + OH \tag{N24}$$

$$NO_2 + O \longrightarrow NO + O_2 \tag{N25}$$

反应(N11)生成的 N_2O 可以通过反应(N12)和下面的反应脱除

$$N_2O + H \longrightarrow N_2 + OH \tag{N26}$$

$$N_2O + O \longrightarrow N_2 + O_2 \tag{N27}$$

3.6.2　碳烟的生成

碳氢燃料燃烧时经常会有碳颗粒或者碳烟生成。煤或者木头燃烧时,我们会观察到淡黄色的火焰,这就是火焰中的碳烟通过热辐射发出的光。从汽车尾气中或者从烟囱中冒出的黑烟就是燃烧气体中碳烟颗粒弥散导致的。锅炉火焰中的碳烟可以增强锅炉的辐射换热,而在空气中燃烧的碳烟会形成气溶胶。

碳烟并不是一种特殊定义的化学物质,主要成分是碳,还包括超过 10%(摩尔比)的氢。C/H 原子比约为 8/1。碳烟的密度约为 2 g/cm^3。当用有机溶剂萃取碳烟时,可以观察到溶剂中高浓度的多环芳烃。

通过电子显微镜观察发现,碳烟颗粒通常由近似球形的颗粒以类似链状集聚而成。这些近似球形颗粒也称为初次颗粒(primary particle),有 $10^5 \sim 10^6$ 个碳原子,通常直径为 $20 \sim 50$ nm。X 光衍射测量表明初次颗粒是由大量的随机组织的小粒子组成的。每个小粒子又由 $5 \sim 10$ 层近似平行结构组成,每层间隔约 $1 \sim 2$ nm,并含有 50 个左右的碳原子。内层间隔约为 0.35 nm,与石墨有相同的量级。

广泛认可的观点是,早期的碳烟源于多环芳烃(PAHs)的物理化学凝聚。碳烟颗粒成长到在燃烧烟气中可以观测到的碳烟颗粒则源于较小的早期碳烟颗粒的凝聚、PAHs 表面冷凝及碳烟与气相组分(如乙炔)的表面反应。火焰形成的碳烟可以被 OH、O 和 O_2 氧化。火焰中水蒸气和二氧化碳可以强化碳烟的氧化,这是因为水蒸气可以增大 OH 的浓度,CO_2 可以跟 C 直接反应生成 CO。

由于 PAHs 是碳烟的前驱物,对碳烟生成机理的基本理解始于 PAHs 的生成。我们知道在富燃料条件下,大量乙炔生成,它通过聚合生成 PHAs。具体而言,由非芳香组分生成第一个芳香环的过程如图 3-20 所示。从图 3-20 中可以看到,在第一个芳香环(苯和苯基)的生成过程中,H 也是至关重要的。

当长链饱和碳氢燃料燃烧时,CH_2 可以通过 C_2H_2 和 O 反应生成,因此它的出现与乙炔直接相关。只有在富燃料甲烷或者天然气火焰中,CH_2 可以直接来自 CH_3 和 OH 的反应(M18),这能强化丙炔基 C_3H_3 再链生成苯。

芳香烃通过氢脱除乙炔添加(H-abstraction-C_2H_2-addition,HACA)机制进一步成长。如图 3-21 所示,将乙炔添加到芳香基团(如苯基)上,即 —C≡C—H 官能团链接到芳香环上。与邻环的结构有关,形成的新环或者是一个基团,与乙炔反应很容易继续成长;或者是一个

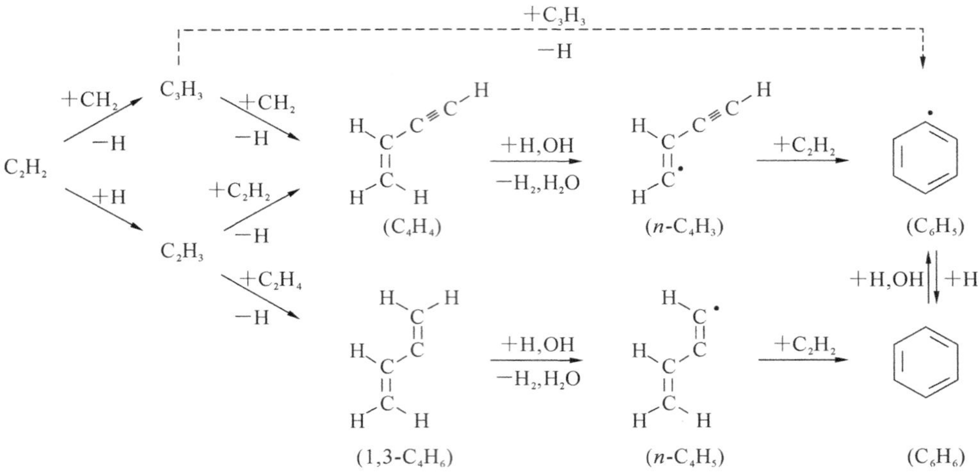

图 3-20　碳氢燃料燃烧中苯的生成机理

分子组分,分子组分在经历与乙炔反应进一步成长之前,必须通过脱氢反应产生一个 PAHs 基团,从而具有活性。

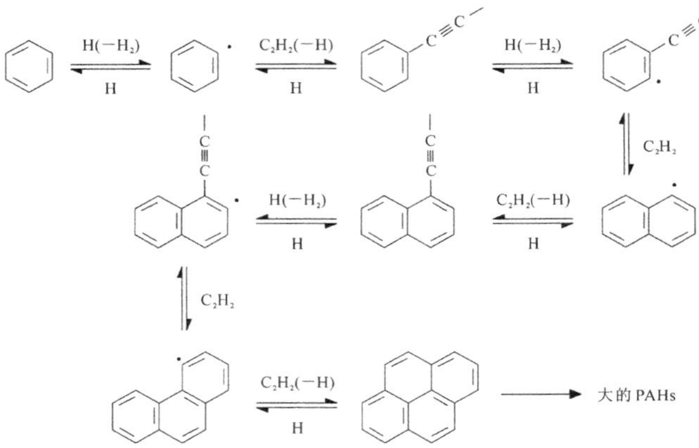

图 3-21　多环芳烃形成的 HACA 机制

　　如果芳香组分的浓度非常大,则 PHAs 通过环环凝聚实现成长是可能的。例如,苯和苯基可以生成联二苯。联二苯通过脱氢反应生成联苯基,联苯基与乙炔反应生成三环芳烃,或者与苯反应生成四环芳烃,如图 3-22 所示。

　　HACA 机理与芳香凝聚机理之间的竞争取决于乙炔与苯的浓度的比值。如果乙炔的浓度明显大于苯的浓度,则 HACA 机理占主导地位。但是,如果乙炔的浓度与苯的浓度相当,如预混苯火焰,则芳香凝聚机理占主导地位。

　　上文讨论的 PAHs 生成和成长的三种机理是可逆性很强的。当温度超过约 1 800 K 时,一些反应可能朝着生成物的反向发生。因此,导致 PAHs 生成和成长的反应也会导致 PAHs 发生高温裂解反应,事实上,这也是在预混火焰的燃后区域 PAHs 浓度减小的原因。

　　当 PAHs 成长为芘(四环芳烃)或者更大分子时,它们能够通过碰撞而彼此凝聚并形成小簇。这些簇按照 PAHs 成长机理可以与乙炔反应,或者凝聚生成更大的簇。这些物理化学过程的最终结果是形成碳烟颗粒。当 PAHs 浓度非常大时,表面凝聚可能是碳烟质量增大的主要方式。

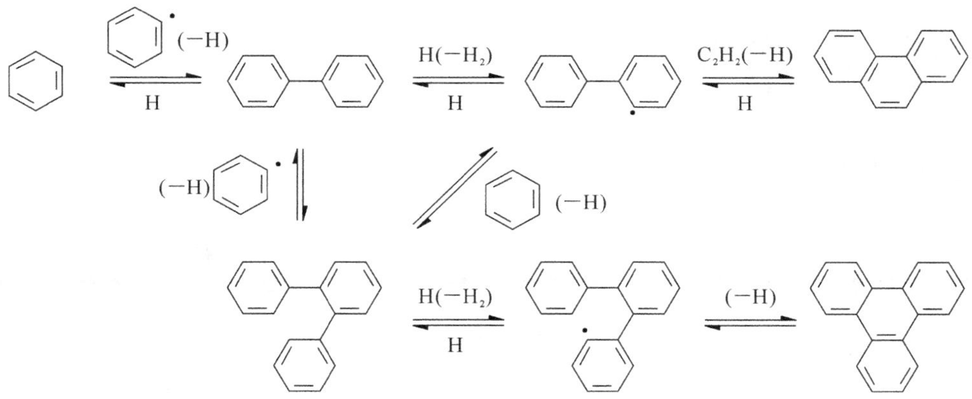

图 3-22　一种可替代的多环芳烃生成机理

参 考 文 献

［1］GLASSMAN I，YETTER R A，GLUMAC N G. Combustion［M］. 5th ed. San Diego：Elsevier，2015.

［2］DRYER F L，GLASSMAN I. High-temperature oxidation of CO and CH_4［J］. Symposium（International）on Combustion，1973，14（1）：987-1003.

［3］WESTBROOK C K，DRYER F L. Chemical kinetic modeling of hydrocarbon combustion［J］. Progress in Energy and Combustion Science，1984，10（1）：1-57.

［4］KIM T J，YETTER R A，DRYER F L. New results on moist CO oxidation：high pressure，high temperature experiments and comprehensive kinetic modeling［J］. Symposium（International）on Combustion，1994，25（1）：759-766.

［5］LEWIS B，ELBE G V. Combustion，flames and explosions of gases［M］. 2nd ed. New York：Academic Press，1961.

［6］LAW C K. Combustion physics［M］. New York：Cambridge University Press，2006.

［7］TURNS S R. An Introduction to combustion：concepts and applications［M］. 2nd ed. New York：The McGraw-Hill Companies，Inc. ，2000.

［8］WARNATZ J，MAAS U，DIBBLE R W. Combustion：physical and chemical fundamentals，modeling and simulation，experiments，pollutant formation［M］. 4th ed. Berlin：Springer，2006.

［9］MCALLISTER S，CHEN J Y，FERNANDEZ-PELLO A C. Fundamentals of combustion processes［M］. New York：Springer，2011.

第4章

着　火

着火过程是化学反应速率出现跃变的临界过程。燃料和氧化剂在混合后由无化学反应、缓慢化学反应向稳定的强烈放热状态过渡,最终在某个瞬间,空间中某个部分出现火焰,这个过程即为着火过程。

着火是导致剧烈燃烧反应开始的一种机制,其特征表现为物质温度的急剧上升。无论是实际燃烧器的设计,还是火灾的预防,对于着火机制的理解都是非常重要的。

影响着火的因素较多,如环境温度、环境压力、环境冷却条件、燃料属性等。但这些因素从微观机理上只分为两类:传热学因素和化学动力学因素。因此,着火可以分为两类:热着火和链式着火。基于基础知识的教学,本书只阐述热着火理论。

热着火通常又分为两类:一类是自发着火,即通常所说的自燃,自燃通过反应物自身的热堆积发生;另一类是强迫点燃,又称为引燃,强迫点燃则需要依靠外部热源才能发生。

根据反应动力学内容,我们知道,化学反应速率与反应物温度强相关。在非常低的环境温度下,与燃烧相关的化学反应也会发生,尽管反应速率非常小。如果这种缓慢进行的化学反应所产生的热量能及时散去,那么反应物就不会着火。如果化学反应所产生的热量比损失的热量大,那么,反应系统的自加热过程就会发生,导致反应系统的内在温度会自发地不断升高,直到反应物自燃。

在强迫点燃中,燃烧是被外部热源引发的,在外部热源的作用下,反应系统的局部温度逐渐升高直至达到着火温度。强迫点燃可以通过多种方式引发,如火花塞、引燃火焰、摩擦起火、电阻加热(电热塞)、激光束等。

4.1　自　　燃

可燃物的自燃同内燃机燃烧和火灾安全等方面息息相关。在柴油发动机中,柴油被喷射到高温空气中,整个缸内的燃烧过程就是通过柴油的自燃来引发的。尤其是在均质充量压燃式(homogeneous charge compression ignition,HCCI)发动机中,当其内的气缸压力和温度达到特定值时,混合好的油气混合物就会自燃,从而引发发动机的缸内燃烧并对外做功。在汽油发动机中,汽油点燃着火,在正常的燃烧中不应包含燃油的自燃,末端混合气自燃引起的发动机爆震会产生强烈震荡冲击,这种现象对发动机具有较强的破坏作用,在汽油机设计中应重点避免。对于火灾防范,可燃物的存储需要考虑燃料自燃的可能性。例如,干草堆的大小是有限制的,干草堆越大,其内部与外界的隔热性越好。当干草堆内部产生的热量比损失的热量大时,干草堆内部就开始形成热积累,当热积累到一定量时,干草堆就可能自燃。油布的存放是一个需要注意的问题,油布的绝热性很好,导致其内部反应产生的热量很难传导出去,除非将油布放置在良好的通风环境中,或者密封在缺氧环境中,否则油布很容易自燃。

我们用以下例子来阐述热自燃的基本机制。在一个装满了可燃混合物的容器中,其内部温度为 T,该容器与温度为 T_∞ 的外界环境直接接触。根据能量守恒方程,我们可以用以下公式表达可燃混合物的温度变化

$$\rho c_p \frac{\partial T}{\partial t} = \underbrace{\left(-\rho c_p u \frac{\partial T}{\partial x} + k \frac{\partial^2 T}{\partial x^2}\right)}_{\text{热损失}} + \underbrace{\hat{r}_{\text{fuel}}\hat{Q}_c}_{\text{热生成}} \tag{4-1}$$

使用集总参数法,上述公式可以简化为

$$\rho c_p \frac{\partial T}{\partial t} = -\dot{q}_L''' + \dot{q}_R''' \tag{4-2}$$

式中:$\dot{q}_L'''$ 为从容器表面损失的热量;$\dot{q}_R'''$ 为容器内化学反应在单位体积和单位时间内产生的热量。后续,我们将上述可燃混合物系统称为一个反应系统。

接下来,我们可以根据各种实际情况,求取式(4-2)中的各项。在没有辐射散热情况下,$\dot{q}_L'''$ 可由单位体积内的整体对流换热来确定,表达式为

$$\dot{q}_L''' = \frac{\tilde{h}A}{V}(T - T_\infty) \tag{4-3}$$

式中:$\tilde{h}$ 为换热系数;A 为容器与外界环境的接触表面积;V 为容器的体积。

$\dot{q}_R'''$ 可用全局阿伦尼乌斯公式来表示

$$\dot{q}_R''' = A_0[\text{F}]^a[\text{O}]^b \exp\left(-\frac{E_a}{\hat{R}_u T_c}\right)\hat{Q}_c \tag{4-4}$$

式中:A_0 为指前因子;E_a 为活化能;$\hat{R}_u$ 为通用气体常数,大小为 1.987 cal/(mol·K)。

可燃混合物系统的内部温度将主要由 $\dot{q}_L'''$ 和 $\dot{q}_R'''$ 的平衡关系来决定。如果系统内化学反应产生的热量小于系统损失的热量,则系统的内部温度将逐渐降低。如果系统内化学反应产生的热量大于系统损失的热量,则系统的内部温度将逐渐升高。着火的极(差)限状态也要求系统内化学反应产生的热量和系统损失的热量相等,即 $\dot{q}_L''' = \dot{q}_R'''$。

当可燃系统的 $\tilde{h}$、A 和 V 保持不变,仅 T_∞ 变化时,由式(4-3)可知,系统损失的热量与环境温度成线性关系。由阿伦尼乌斯公式可知,系统中可燃混合物的消耗率随温度变化以指数形式增大,即系统内化学反应产生的热量与环境温度成指数关系。图 4-1 给出了系统中 $\dot{q}_L'''$ 和 $\dot{q}_R'''$ 随环境温度的变化关系,我们可以根据图 4-1 中 $\dot{q}_L'''$ 和 $\dot{q}_R'''$ 的变化趋势来形象地分析自燃的可能性。

从图 4-1 中的最高环境温度 $T_{\infty,3}$ 开始分析,此时,无论系统的内部温度是多少,系统内化学反应产生的热量一直大于该系统损失的热量,系统会经历自加热过程,系统的内部温度会逐渐升高,自燃总会发生。当环境温度逐渐降低,直至环境温度 $T_{\infty,2}$ 时,系统存在一个内部温度 T_c,在该温度下,系统能同时满足 $\dot{q}_L''' = \dot{q}_R'''$ 和 $\frac{d\dot{q}_L'''}{dT} = \frac{d\dot{q}_R'''}{dT}$ 的条件,T_c 又称为临界自燃温度。临界自燃温度是可燃混合物在没有引燃火焰或其他点火方式协助的情况下,能自行着火的最低温度。在临界自燃温度下,系统内化学反应产生的热量与系统损失的热量刚好相等,任何微小的温度升高都将使系统经历自加热过程,从而引发自燃。但当系统的内部温度低于 T_c 时,即使系统内化学反应产生的热量比系统损失的热量大,自燃也不会发生。

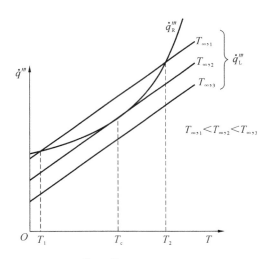

图 4-1　$\dot{q}_L'''$ 和 $\dot{q}_R'''$ 随环境温度的变化关系

　　当环境温度进一步降低直到 $T_{\infty,1}$ 时,由图 4-1 可知,可燃混合物系统存在两个不同的温度 T_1 和 T_2,在这两个温度下,系统内化学反应产生的热量和系统损失的热量相等。温度为 T_1 时,系统是稳定的,自燃不会发生。系统的内部温度稍有升高,就会导致 $\dot{q}_L'''$ 大于 $\dot{q}_R'''$,从而使系统的内部温度降低至 T_1。类似地,当系统的内部温度稍有降低,就会导致 $\dot{q}_L'''$ 小于 $\dot{q}_R'''$,从而使系统的内部温度升高至 T_1。相反地,温度为 T_2 时,系统是不稳定的,系统温度的轻微变化都会驱使系统内部温度远离 T_2。在 T_2 附近,任何微小的系统温度升高,就会导致 $\dot{q}_L'''$ 小于 $\dot{q}_R'''$,系统将经历自加热过程,从而使系统的内部温度越来越高;类似地,任何微小的系统温度降低,就会导致 $\dot{q}_L'''$ 大于 $\dot{q}_R'''$,从而使系统的内部温度越来越低。由此可知,只有当系统的内部温度大于自加热开始温度(T_2)时,自燃才会发生。

　　由图 4-1 可知,当系统的内部温度超过某一确定值时,$\dot{q}_R'''$ 将一直大于 $\dot{q}_L'''$,这种状态一旦出现,系统就会经历自加热过程,其内部温度将会迅速上升,如果此时系统中没有额外的热量损失,自燃将会发生,这一过程又称为热失控现象。

　　下面,我们分析其他影响因素对着火的影响。保持环境温度 T_∞ 不变而改变传热过程中的 $\tilde{h}$ 或 A/V(面容比),也可以得到一个与图 4-1 类似的着火趋势分析图。图 4-2 则给出了系统中 $\dot{q}_L'''$ 和 $\dot{q}_R'''$ 随换热系数的变化关系。由图 4-2 可知,换热系数的不同会使系统散热量趋势线的斜率发生变化,从而导致系统发生自燃的趋势不同。

　　综上可知,系统中的 $\dot{q}_L'''$ 和 $\dot{q}_R'''$ 与系统所处的状态有关(如燃料属性、环境温度、对流换热系数、面容比等),因此,系统的自燃温度也取决于系统当时所处的状态。除了关注环境温度和换热系数对自燃的影响以外,我们还需要关注 A/V 对自燃的影响,随着 A/V 的减小,系统损失的热量也会减小,从而导致自燃温度 T_2 降低,这就体现了限制干草堆或破布堆的尺寸对于火灾防范的重要性了。

　　从上文对自燃趋势的分析中可以看出,临界自燃温度可以通过临界状态条件 $\dot{q}_L''' = \dot{q}_R'''$ 和 $\dfrac{\mathrm{d}\dot{q}_L'''}{\mathrm{d}T} = \dfrac{\mathrm{d}\dot{q}_R'''}{\mathrm{d}T}$ 来获得

$$\dot{q}_L''' = \dot{q}_R''' \rightarrow$$

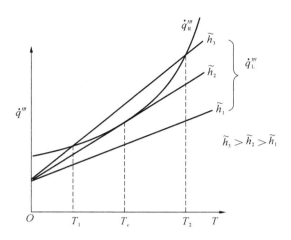

图 4-2 $\dot{q}_R'''$ 和 $\dot{q}_L'''$ 随换热系数的变化关系

$$\frac{\tilde{h}A_s}{V}(T_c - T_\infty) = \hat{\dot{r}}_{\text{fuel}}\,\hat{Q}_c = A_0\,[\text{F}]^a\,[\text{O}]^b\exp\left(-\frac{E_a}{\hat{R}_u T_c}\right)\hat{Q}_c \tag{4-5}$$

$$\frac{\mathrm{d}\dot{q}_L'''}{\mathrm{d}T} = \frac{\mathrm{d}\dot{q}_R'''}{\mathrm{d}T} \rightarrow$$

$$\frac{\tilde{h}A_s}{V} \approx A_0\,[\text{F}]^a\,[\text{O}]^b\exp\left(-\frac{E_a}{\hat{R}_u T_c}\right)\frac{E_a}{\hat{R}_u T_c^2}\,\hat{Q}_c \tag{4-6}$$

在式(4-5)中,由于自燃前的反应速率较小,可以假设系统的活化能较大,此时,与温度对指数项 $\exp\left(-\dfrac{E_a}{\hat{R}_u T_c}\right)$ 的影响相比,温度对浓度项[F]和[O]的影响可以忽略不计。将式(4-6)代入式(4-5)中,可以得到以下公式,从而可以求得临界自燃温度 T_c:

$$(T_c - T_\infty)\frac{E_a}{\hat{R}_u T_c^2} = 1$$

$$T_c = T_\infty + \frac{\hat{R}_u T_c^2}{E_a} = T_\infty + \frac{T_c^2}{E_a/\hat{R}_u} = T_\infty + \frac{T_c^2}{T_a}$$

最终可得

$$T_c = \frac{T_a - \sqrt{T_a^2 - 4T_\infty T_a}}{2} \tag{4-7}$$

式中: T_a 为活化温度, $T_a = E_a/\hat{R}_u$。

由上文可知,当系统的 $\dot{q}_L'''$ 和 $\dot{q}_R'''$ 相同且斜率也相同时,即当两个条件 $\dot{q}_L''' = \dot{q}_R'''$ 和 $\dfrac{\mathrm{d}\dot{q}_L'''}{\mathrm{d}T} = \dfrac{\mathrm{d}\dot{q}_R'''}{\mathrm{d}T}$ 同时得到满足时,求得的温度必然为临界自燃温度 T_c,系统内任何微小的温度升高都可能引发自燃。

对于许多活化能较大的燃烧过程, $T_a \gg T_c$,因此,通过式(4-7)获得的临界自燃温度 T_c 非常接近 T_∞。例如,当 $T_a = 10\,000$ K, $T_\infty = 500$ K 时,通过式(4-7)获得的 T_c 为 527.9 K。因此,在工程中,可以将临界自燃温度粗略地估算为环境温度,即 $T_c \approx T_\infty$。需要注意的是,在上述公式推导过程中,这种低的临界自燃温度需要一些特定的热生成条件和热损失条件。但在实际生活中,系统内部温度和热损失的自然变化情况往往不满足上述特定条件,如散热量非线性变换,从而导致实际的临界自燃温度与通过上述方法求取的临界自燃温度存在差异。因此,式(4-7)仅用于理解自燃的一般趋势。表 4-1 给出了不同燃料的实际临界自燃温度。

表 4-1　不同燃料的实际临界自燃温度

燃料	临界自燃温度/℃
甲烷	537
乙烷	472
丙烷	470
正丁烷	365
正辛烷	206
异辛烷	418
甲醇	464
乙醇	423
乙炔	305
一氧化碳	609
氢气	400
汽油	370
柴油♯2	254
纸	232

本节主要基于着火由系统热能控制这一基本假设,定性分析了着火临界条件。由反应动力学可知,燃烧也可以由几乎不释放热量的支链反应引起。对于正庚烷之类的大型直链分子,自燃过程中的燃烧化学反应动力学往往表现出同环境温度和压力复杂相关的两级着火特性。

4.2　压力对自燃温度的影响

4.1 节主要从系统热损失端来分析自燃温度的影响因素,本节将从系统热生成端来分析自燃温度的影响因素。

由于反应速率和系统内化学反应产生的热量随着系统压力的变化而变化,因此自燃温度是系统压力的函数。随着系统压力的增大,反应速率将增大,打破了系统中原有的热生成项和热损失项的平衡。如果系统正处于某一临界自燃温度状态,此时增大系统压力,将会增大系统的热生成量,系统将经历自加热过程,导致系统热失控和着火。换句话说,着火不仅有一个临界自燃温度,还有一个临界自燃压力。为了确定临界自燃温度和临界自燃压力这两个量的关联性,本节通过式(4-6)中的临界自燃温度项来求解临界自燃压力,即

$$\frac{\tilde{h}A_s}{V}\frac{\hat{R}_u T_c^2}{E_a} = \hat{Q}_c A_0 [F]^a [O]^b \exp\left(-\frac{E_a}{\hat{R}_u T_c}\right) = \hat{Q}_c A_0 x_f^a x_{O_2}^b \left(\frac{P_c}{\hat{R}_u T_c}\right)^{a+b} \exp\left(-\frac{E_a}{\hat{R}_u T_c}\right)$$

然后,推导临界自燃压力与临界自燃温度的关系,具体函数为

$$P_c = \hat{R}_u T_c \left[\frac{\dfrac{\tilde{h}A_s}{V}\dfrac{\hat{R}_u T_c^2}{E_a}}{\hat{Q}_c A_0 x_f^a x_{O_2}^b \exp\left(-\dfrac{E_a}{\hat{R}_u T_c}\right)}\right]^{\frac{1}{a+b}}$$

$$P_c = \hat{R}_u T_c \exp\left[\frac{E_a}{(a+b)\hat{R}_u T_c}\right] \left[\frac{\dfrac{\tilde{h}A_s}{V}\dfrac{\hat{R}_u T_c^2}{E_a}}{\hat{Q}_c A_0 x_f^a x_{O_2}^b}\right]^{\frac{1}{a+b}} \tag{4-8}$$

式(4-8)是由谢苗诺夫提出的,通常称为谢苗诺夫公式。对于大多数活化能较大的燃烧反应而言,公式中 $\exp\left[\dfrac{E_a}{(a+b)\hat{R}_u T_c}\right]$ 项占有支配地位,因此,随着临界自燃温度的升高,临界自燃压力逐渐减小,具体趋势如图 4-3 所示。

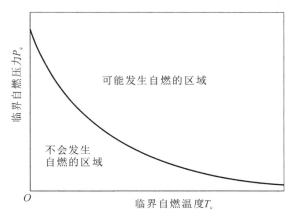

图 4-3　临界自燃压力和临界自燃温度的关系

图 4-3 中实线上方区域为可能发生自燃的区域,下方区域为不会发生自燃的区域。当 $a+b>0$ 时,随着系统压力的增大,反应速率逐渐增大,这表明高压条件下燃烧反应进行得更快,因此,随着系统压力的增大,临界自燃温度相应降低。系统压力增大可导致燃油自燃甚至爆震,这一结论,对内燃机和其他设备的燃烧设计具有重要的意义。在柴油机中,可以通过增大气缸内的压缩压力,来促进柴油自燃;在汽油机中,可以通过适当减小气缸内的压缩压力,来防止汽油自燃导致的汽油机爆震。

4.3　强 迫 点 燃

强迫点燃,是通过外部热源将局部区域内的可燃混合物加热至高温,从而引发燃烧的过程。强迫点燃和自燃在本质上没有什么差别,但在着火方式上却存在较大的差别。自燃时,可燃混合物的整体温度较高,热反应和着火在整个空间内进行;而强迫点燃时,可燃混合物的整体温度较低,只有局部区域内的可燃混合物受到外部热源的加热,导致局部温度升高,反应较快,但在其他区域内,可燃混合物温度仍然较低,反应较慢。强迫点燃成功的标准是:

在强迫点燃着火后,将点火源移除,燃烧反应仍能继续进行。这就要求在其他区域内,能形成稳定的火焰传播条件,因此,强迫点燃比自燃更复杂。

强迫点燃可以通过电火花、火焰、电热塞或者其他有效热源来实现。下面我们以汽油机的火花塞点火为例,阐述强迫点燃的过程和机理。火花塞结构如图 4-4 所示,火花塞由间距为 d 的两个电极组成,通过在这两个电极之间施加高电压来产生电火花。

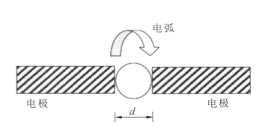

图 4-4　火花塞结构

施加在两个电极之间的高电压,会击穿电极,在电极之间形成电弧,并加热电极之间的可燃混合物。此时,点燃可燃混合物所需的点火能量是比较重要的参数,其对汽油机工程、爆炸、火灾安全等领域都很重要。因此,本文将重点通过理论分析,来估算点燃可燃混合物所需的点火能量。分析中,假定火花塞点火能量能够将电极间气体加热到绝热火焰温度。以下公式利用能量守恒方程的集总形式来描述强迫点燃过程

$$\rho c_p V \frac{\partial T}{\partial t} = -\dot{Q}_{loss} + \hat{\dot{r}}_{fuel} \hat{Q}_c V + \dot{Q}_{pilot} \tag{4-9}$$

式中 $\dot{Q}_{pilot}$ 为火花塞的能量生成速率;$\hat{\dot{r}}_{fuel} \hat{Q}_c V$ 为燃料反应的能量生成速率;$\dot{Q}_{loss}$ 为热流损失速率,该项包括热传导至电极的热流损失速率和对流至周围环境的热流损失速率。在本节分析中,由于着火过程很快,着火过程中燃烧反应产生的热量可以忽略不计,即 $\hat{\dot{r}}_{fuel} \hat{Q}_c V = 0$。对式(4-9)进行积分,并假定着火后电极间气体温度能达到绝热火焰温度,可以得到

$$E_{ignition} = \rho c_p V (T_f - T_r) + Q_{loss} \tag{4-10}$$

式中:$E_{ignition} = \int \dot{Q}_{pilot} dt$;$T_f$ 为火焰温度;T_r 为系统初始温度。由上述公式可知,所需的点火能量随着可燃混合物体积和对周围环境的热损失的增大而增大。增大电极间距会增大受热可燃混合物体积,从而增大了 $E_{ignition}$ 的需求。另外,火花塞点火的热损失主要是通过热传导传给电极的,因此,减小电极间距,会增大热传导的面容比,从而增大热损失。按照该思路,式(4-10)可以改写为电极间距的函数,具体为

$$E_{ignition} \propto V + Q_{loss} \propto (c_1 d^3 + c_2/d) \tag{4-11}$$

最佳的电极间距对应最小点火能量(minimum ignition energy, MIE),所需的点火能量和电极间距的关系如图 4-5 所示。实际上,最佳电极间距 d_{opt} 还与整个反应区的厚度有关,因为初始反应区对电极表面的散热也会对其产生影响。

假设点火区域为直径为 d 的球体,电极间距也为 d,那么可燃混合物的最小点火能量(MIE)可以估算为

$$MIE = \rho c_p \frac{\pi d_{opt}^3}{6} (T_f - T_r) + Q_{loss}$$

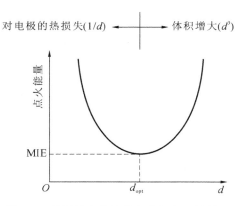

图 4-5 所需的点火能量与电极间距的关系

为了便于分析,假定可燃混合物系统没有热量损失,那么最小点火能量的计算公式就转化为

$$\mathrm{MIE} \approx \rho c_p \frac{\pi d_{\mathrm{opt}}^3}{6}(T_\mathrm{f} - T_\mathrm{r}) \qquad (4\text{-}12)$$

式中:d_{opt} 为最佳电极间距;T_f 为火焰温度;T_r 为反应物初始温度。

式(4-12)只考虑了可燃混合物所需的最小点火能量,但不能保证着火后可燃混合物燃烧火焰能继续传播。燃烧火焰传播所需的能量通常比简单着火所需的能量要大。

表 4-2 列出了几种典型燃料的最小点火能量。由表 4-2 可知,氢气的最小点火能量明显小于其他燃料的,这也是氢气被当作危险燃料的原因之一。另外,还需注意的是,与相应燃烧过程释放的热能相比,点火能量非常小。

表 4-2　与空气燃烧时,几种典型燃料的最小点火能量($p=1\ \mathrm{atm}, T=293.15\ \mathrm{K}$)

燃料	MIE/mJ
甲烷	0.30
乙烷	0.42
丙烷	0.40
正己烷	0.29
异辛烷	0.95
乙炔	0.03
氢气	0.02
甲醇	0.21

例 4-1　一个火花塞的电极间距是 0.1 cm。系统条件为 $T=300\ \mathrm{K}$、$p=101.3\ \mathrm{kPa}$,估算,当 0.33 mJ 能量加入火花塞之间的空气时,系统温度升高多少?

解　火花塞中气体所占据的体积是

$$V = \frac{\pi d^3}{6} = \frac{\pi \times 0.1^3}{6} = 5.24 \times 10^{-4}\,(\mathrm{cm}^3)$$

系统温升为

$$\Delta T \approx \frac{E_{\mathrm{deposited}}}{\rho c_p V} = \frac{0.33 \times 10^{-3}}{1.2 \times 10^{-3} \times 1.00 \times 5.24 \times 10^{-4}} = 525\,(\mathrm{K})$$

注意,如果加入 10 倍的能量(即 3.3 mJ),系统温度将会超过 5 000 K!

4.4　浓缩燃料的强迫点燃

在原理上,液体燃料和固体燃料的强迫点燃具有共通属性。本节将液体燃料和固体燃料合称为浓缩燃料,重点研究液体燃料和固体燃料的着火特性。

液体燃料和固体燃料的一个重要属性是它们的易燃性。无论是燃料的利用,还是火灾安全,易燃性都是一个非常重要的燃烧参数。除了一些多孔材料可以在固体表面燃烧以外,浓缩燃料的燃烧主要是通过气相燃烧完成的。如果浓缩燃料通过气相燃烧来完成,就需要有充足的气化的燃料,并且气化的燃料与空气混合,形成当量比处于可燃极限之内的可燃混合物。这样,浓缩燃料的着火,就可转化为上述几节中讨论的气相可燃混合物的着火。一旦在浓缩燃料上方的气相可燃混合物被点燃,浓缩燃料上方就形成了一个可持续燃烧的非预混火焰。浓缩燃料的燃烧过程示意图如图 4-6 所示。在该过程中,液体燃料的气化主要通过蒸发来实现,固体燃料的气化主要通过高温热解来实现,这两种气化过程是不同的,因此,需分别阐述固体燃料的燃烧和液体燃料的燃烧。

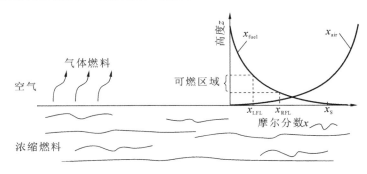

图 4-6　浓缩燃料的燃烧过程示意图

4.4.1　燃料气化

对于液体燃料,液体表面的燃料蒸气分压与液体表面压力大致相同。通过液体的饱和蒸气压 p_{sat} 就可以计算出液体表面的气体燃料的摩尔分数

$$x_s = p_{sat} T_{sat} / P$$

式中:P 为气体燃料的总压。大多数燃料都有饱和蒸气压随温度变化的查询表。如果没有相应的饱和蒸气压-温度表,则可以使用 Clausius-Claperon 方程或者 Antoine 方程。

对于固体燃料,其表面上方气体燃料的摩尔分数的估算过程就要复杂得多,固体燃料的气化过程不是简单的物理相变过程,而是高温热解过程。单位体积固体燃料的热解率可以用下式估算

$$\dot{m}'''_F = A_0 \exp\left(-\frac{E_a}{RT}\right) \tag{4-13}$$

式中:A_0 为指前因子;E_a 是热解的活化能。这两者都是燃料的内在属性。需要注意的是,该公式与阿伦尼乌斯反应速率公式相似,这是因为热解反应具有阿伦尼乌斯特性和典型的高活化能特性。热解速率对温度十分敏感,在低温下热解速率非常小,只有在足够高的温度下,热解速率才会显著增大,对应的高温又称为热解温度。如果固体燃料内的温度分布已

知,则可以通过下式来计算离开固体燃料表面的气体燃料的质量流量

$$\dot{m}_f''' = \int_0^{\delta_{py}} A_0 \exp\left(-\frac{E_a}{RT}\right) \mathrm{d}x \qquad (4\text{-}14)$$

式中:δ_{py}是固体燃料的加热层深度。

随着气化或热解过程的进行,气体燃料和空气在浓缩燃料表面上方就产生了图 4-6 所示的浓度梯度。气体燃料主要以扩散和浮力对流的方式融入周围空气中,因此,随着高度的增大,气体燃料的摩尔分数逐渐减小。相反地,空气逐渐向浓缩燃料表面扩散,从而使浓缩燃料表面的空气摩尔分数随着高度的减小而逐步减小。从逻辑上说,浓缩燃料表面上方必然存在一个区域,在该区域中,气体燃料和空气的比例正好处于可燃极限之内。在这个区域下方,气体燃料浓度太大,无法点燃;而在这个区域上方,气体燃料浓度太小,也无法点燃。只有在浓缩燃料表面上方的可燃区域中放置火花塞或引燃火焰,才可以使该浓缩燃料着火。

4.4.2　重要的理化性质

液体燃料的蒸发温度越低,就越容易点燃。描述液体燃料着火特性的两个常用术语分别为闪点(flash point)和着火点(fire point)。闪点定义为在火花塞或引燃火焰的帮助下,液体燃料可以着火的最低温度。闪点为能在液体燃料上方刚好形成最稀可燃混合气的最低温度。由于可燃混合气太稀,火焰燃烧产生的热量不足以抵消向周围环境散失的热量,导致可燃混合气仅能出现"闪光"而不能持续燃烧。着火点则是指使液体燃料持续燃烧的最低温度。在着火点下,液体燃料上方气体燃料燃烧释放热量的速率与向周围环境的散热的速率相平衡。需要注意的是,这两个概念的区别,类似于 4.1 节中所提到的气体燃料自燃和自燃导致的火焰传播这两个概念的区别,都将着火机理和着火后形成传播火焰的机理区分开来。

由化学反应动力学可知,燃烧反应释放热量的速率随着当量比的增大而增大。与闪点相比,着火点能使液体燃料持续燃烧,表明此时液体燃料上方的气体燃料更多,当量比更大,这也表明了着火点比闪点更高。图 4-7 显示了闪点和着火点同各种蒸气压下的温度和燃料浓度的关系。由图 4-7 可知,如果液体燃料的温度足够高,则可能发生自燃。固体燃料的挥发性通常比液体燃料的差,所以固体燃料通常比液体燃料更难点燃。与液体燃料类似,闪点和着火点也可用来描述固体燃料的着火特性。对于固体燃料来说,着火点通常就是着火温度。

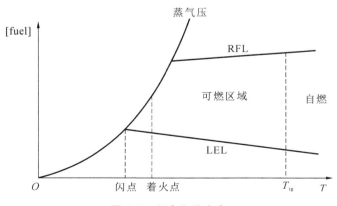

图 4-7　闪点和着火点

4.4.3　着火的特征时间

在浓缩燃料着火之前,浓缩燃料要先经历部分燃料的气化、气体燃料和氧化剂的混合、可燃混合气的点燃等过程。这些过程都需要一定的时长,时长的总和,就决定了这种浓缩燃料的着火时长。着火时长通常又称为着火延迟时间(ignition delay time)。着火延迟时间,在许多方面,特别是在火灾安全方面,都是很重要的燃烧参数。

如果浓缩燃料的气化温度高于环境温度,浓缩燃料着火之前,必须先被加热直至其温度达到气化温度。浓缩燃料温度加热到气化温度的时间 t_g 可以通过能量平衡公式来确定。

在瞬态导热分析中,浓缩燃料内部的温度梯度分布一般有两种简化假设:一种是浓缩燃料的内部温度是均匀的,对应集总参数模型;另一种是浓缩燃料的远端温度保持为初始温度,对应半无限模型。由于浓缩燃料的导热性能较差,因此本节主要采用半无限模型,并且假定浓缩燃料的物性和表面热流保持恒定。图 4-8 所示为半无限模型的能量平衡。

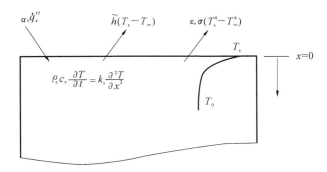

图 4-8　半无限模型的能量平衡

能量方程:

$$\rho_s c_s \frac{\partial T}{\partial t} = k_s \frac{\partial^2 T}{\partial x^2}$$

边界条件:

$$-k_s \frac{\partial T}{\partial x}\Big|_{x=0} = \dot{q}''_s$$

$$T(\infty, t) = T_0$$

初始条件:

$$T(x \leqslant 0, t = 0) = T_0$$

式中:c_s 为比热容;k_s 为浓缩燃料表面的导热率;x 为外部热源与浓缩燃料表面的距离;T_0 为浓缩燃料的远端温度;$\dot{q}''_s$ 是浓缩燃料表面的总热流。通常而言,浓缩燃料表面的总热流包括来自外部热源的热辐射 $\dot{q}''_e$,对环境空气的热对流损失 $\dot{q}''_{conv,cool}[\dot{q}''_{conv,cool} = \tilde{h}(T_s - T_\infty)]$,以及浓缩燃料表面的二次热辐射损失 $\dot{q}''_{sr}[\dot{q}''_{sr} = \varepsilon_s \sigma(T_s^4 - T_\infty^4)]$,因此,浓缩燃料表面的总热流为 $\dot{q}''_s = \alpha_s \dot{q}''_e - \dot{q}''_{conv,cool} - \dot{q}''_{sr}$,其中,$\alpha_s$ 为外部热源对浓缩燃料表面的热辐射率,ε_s 为物体的黑度,σ 为辐射系数。

求解上述公式可得

$$T(x,t) - T_0 = \frac{2\dot{q}''_s \left(\frac{\alpha_s t}{\pi}\right)^{\frac{1}{2}}}{k_s} \exp\left(\frac{-x^2}{4\alpha_s t}\right) - \frac{\dot{q}''_s x}{k_s} \mathrm{erfc}\left(\frac{x}{2\sqrt{\alpha_s t}}\right) \tag{4-15}$$

式中：$\mathrm{erfc}(\xi)=1-\mathrm{erf}(\xi)$，$\mathrm{erf}(\xi)$ 为误差函数。当 $\xi=0$ 时，$\mathrm{erf}(\xi)$ 为 0，当 $\xi\to\infty$ 时，$\mathrm{erf}(\xi)$ 为 1。因为加热是从浓缩燃料上表面开始的，浓缩燃料上表面的温度会最先升到着火温度。该上表面（$x=0$）的温度升到着火温度 T_{ig} 的时间为

$$T_{\mathrm{ig}}-T_0=\frac{2\dot{q}_s''\left(\dfrac{\alpha_s t_g}{\pi}\right)^{\frac{1}{2}}}{k_s}$$

上述公式可以变换为

$$t_g=\frac{\pi}{\alpha_s}\frac{k_s^2(T_{\mathrm{ig}}-T_0)^2}{4\dot{q}_s''^2}=\frac{\pi}{4}k_s\rho_s c_s\frac{(T_{\mathrm{ig}}-T_0)^2}{\dot{q}_s''^2} \tag{4-16}$$

　　加热到气化温度后，浓缩燃料开始气化。一旦浓缩燃料热解生成气体燃料，这些气体燃料会进一步与周围的空气混合，以形成可燃混合物。假定气体燃料与周围的空气单纯通过扩散方式来混合，这样就可以计算扩散时间，保守地估算混合时间。扩散时间的具体计算公式为

$$t_{\mathrm{mix}}=\frac{L^2}{D}$$

式中：L 为扩散距离；D 为扩散率。

　　浓缩燃料着火的最后一个过程涉及着火的化学反应。该化学反应的时间 t_{chem} 可以采用反应动力学方法来估算

$$t_{\mathrm{chem}}=\frac{[\mathrm{fuel}]_i}{-\mathrm{d}[\mathrm{fuel}]/\mathrm{d}t}$$

　　假设浓缩燃料气化后的气体燃料主要成分为甲烷，着火在稀燃极限处发生，燃料燃烧的平均温度为 1 600 K。

　　化学计量比下甲烷-空气燃烧的化学反应方程式为

$$\mathrm{CH_4}+2(\mathrm{O_2}+3.76\mathrm{N_2})\longrightarrow \mathrm{CO_2}+2\mathrm{H_2O}+7.52\mathrm{N_2}$$

　　总反应速率为

$$\dot{q}_{\mathrm{rxn}}=A_0\exp\left(-\frac{E_a}{\hat{R}T}\right)[\mathrm{fuel}]^a[\mathrm{O_2}]^b$$

　　由甲烷燃烧的反应机理可知，$A_0=8.3\times10^5$，$E_a=30$ kcal/mol，$a=-0.3$，$b=1.3$，$E_a/\hat{R}_u=15\,101$ K，则甲烷的总反应速率为

$$\frac{\mathrm{d}[\mathrm{CH_4}]}{\mathrm{d}t}=-\dot{q}_{\mathrm{rxn}}=-8.3\times10^5\times\exp\left(-\frac{15\,101}{T}\right)[\mathrm{CH_4}]^{-0.3}[\mathrm{O_2}]^{1.3}$$

其中，甲烷和氧气在 $T=437$ K（一种典型固体燃料的裂解温度）下的浓度可以通过理想气体状态方程及稀燃极限值求得

$$P_iV=N_i\hat{R}T\longrightarrow C_i=\frac{N_i}{V}=\frac{P_i}{\hat{R}T}=\frac{P_{x_i}}{\hat{R}T}$$

　　甲烷稀燃极限下的当量比大约为 0.5，因此甲烷-空气的可燃混合气中，$\mathrm{O_2}$ 的摩尔分数为

$$X_{\mathrm{O_2}}=(2/0.5)/[1+(2/0.5)\times4.76]=0.2$$

$$[\mathrm{O_2}]=\frac{101.3\times10^3\times0.2}{8.314\times10^6\times1\,600}=1.52\times10^{-6}\,(\mathrm{mol/cm^3})$$

同样可以求出 $X_{\mathrm{CH_4}}=1/[1+(2/0.5)\times4.76]=0.05$，$[\mathrm{CH_4}]=0.38\times10^{-6}$ mol/cm³，

因此甲烷的反应速率为

$$-\frac{\mathrm{d}[CH_4]}{\mathrm{d}t} = 8.3 \times 10^5 \times \exp\left(-\frac{15\ 101}{1\ 600}\right)(0.38 \times 10^{-6})^{-0.3}(1.52 \times 10^{-6})^{1.3}\ \mathrm{mol/(cm^3 \cdot s)}$$

$$= 1.522\ 7 \times 10^{-4}\ \mathrm{mol/(cm^3 \cdot s)}$$

假设反应是不可逆的,消耗所有燃料的时间为

$$t_{chem} = \frac{[CH_4]}{-\mathrm{d}[CH_4]/\mathrm{d}t} = \frac{0.38 \times 10^{-6}}{1.522\ 7 \times 10^{-4}}\ \mathrm{s} = 0.002\ 5\ \mathrm{s} = 2.5\ \mathrm{ms}$$

通过固体燃料的气化、混合和着火三个过程花费时长的对比可知,固体燃料的裂解气化时间最长,远长于气相燃料混合和着火反应的时间。因此,固体燃料的着火时间一般用热解气化时间来大致估算,即

$$t_{ig} \approx t_g \tag{4-17}$$

表 4-3 给出了一些典型固体可燃物的燃烧属性。

表 4-3　一些典型固体可燃物的燃烧属性

固体可燃物	$k/$ [W/(m·K)]	$\rho/$ (kg/m³)	$c/$ [J/(kg·K)]	有效的 $k\rho c$	$T_{ig}/℃$	$L_v^{①}/(kJ/g)$
毛毯	0.074	350		0.25	435	
棉花	0.06	80	1 300		254	
花旗松	0.11	502	2 720	0.25	354	1.81
枫树	0.17	741	2 400	0.67	354	
纸张	0.18	930	1 340		229	3.6
胶合板	0.12	540	2 500	0.16	390	
防火胶合板				0.76	620	0.95
塑料桌椅	0.02	32	1 300	0.03	378	1.52
红木		354		0.22	375	3.14
橡木	0.17	753	2 400	1	305	
一次性塑料杯	0.23	1 060	2 080	0.51	374	2.03

注:① L_v 为蒸发潜热。

例 4-2　一支香烟点燃了垃圾桶,向它附近的棉布窗帘提供了 35 kW/m² 的外部辐射热。求解窗帘需要多久才能着火?假设窗帘通过自然对流方式进行传热,并且 $\tilde{h} = 10\ \mathrm{W/(m^2 \cdot K)}$,房间温度为 25 ℃,窗帘厚度 L 为 0.5 mm,$\varepsilon = \alpha = 0.9$,$\sigma = 5.67 \times 10^{-8}\ \mathrm{W/(m^2 \cdot K^4)}$。

解　窗帘的主要成分为棉,从表 4-3 中可以找到该材料的相关属性。首先计算毕奥数(Biot number),以确定窗帘内温度分布采用哪种模型更合适。

$$\mathrm{Bi} = \frac{\tilde{h}L}{k} = \frac{10 \times 0.5 \times 10^{-3}}{0.06} = 0.083$$

计算获得的毕奥数小于阈值 0.1,因此可认为该材料的内部温度是均匀的,对应集总参数模型。估算窗帘着火时间,主要采用集总参数能量平衡公式(能量输入=能量储存),具体为

$$\dot{q}_s'' = \rho_s c_s d \frac{\mathrm{d}T}{\mathrm{d}t}$$

初始条件为

$$T(t = 0) = T_0 = 25\ ^\circ\!C$$

式中:d 为窗帘的厚度;$\dot{q}''_s$ 为窗帘外表面总热流。假设表面热流率和材料性能是恒定的,窗帘加热到着火温度时会着火,我们分离变量并进行积分

$$\int_0^{t_{ig}} \dot{q}''_s \, dt = \rho_s c_s d \int_{T_0}^{T_{ig}} dT$$

$$\dot{q}''_s (t_{ig} - 0) = \rho_s c_s d (T_{ig} - T_0)$$

$$t_{ig} = \frac{\rho_s c_s d (T_{ig} - T_0)}{\dot{q}''_s}$$

表面总热流包括垃圾桶燃烧的辐射传热、自然对流冷却和再辐射冷却,所以表面热流为

$$\dot{q}''_s = \alpha \dot{q}''_{ext} - \dot{q}''_{conv} - \dot{q}''_{reradiation}$$

$$= \alpha \dot{q}''_{ext} - \tilde{h}(T_s - T_0) - \varepsilon \sigma (T_s^4 - T_0^4)$$

随着窗帘的温度持续升高,对流和辐射造成的实际热量损失会发生变化。然而,本题已经假设了窗帘表面的对流换热系数是恒定的。这样,对流传热损失为

$$\dot{q}''_{conv,max} = 10 \times 10^{-3} \times (254 - 25) = 2.29\ (kW/m^2)$$

$$\dot{q}''_{rad,max} = 0.9 \times 5.67 \times 10^{-8} \times 10^{-3} \times [(254 + 273.15)^4 - (25 + 273.15)^4] = 3.54\ (kW/m^2)$$

当窗帘表面温度达到着火温度 $T_s = T_{ig} = 254\ ^\circ\!C$ 时,总热损失最大为 $5.83\ kW/m^2$,仅占垃圾桶燃烧的辐射热流的 18%。由于外部辐射源的辐射热流远大于热损失,为了计算方便,我们可以忽略热损失项,假设表面总热流完全是由外部辐射源的辐射热流引起的。着火时间为

$$t_{ig} = \frac{\rho_s c_s d (T_{ig} - T_0)}{\dot{q}''_s} = \frac{\rho_s c_s d (T_{ig} - T_0)}{\alpha \dot{q}''_{ext}}$$

$$= \frac{80 \times 1\,300 \times 0.5 \times 10^{-3} \times (254 - 25)}{0.9 \times 35\,000} = 0.38\ (s)$$

4.4.4　临界热流

由式(4-16)可知,着火时间是浓缩燃料加热表面净热流密度的函数。当浓缩燃料加热表面净热流密度较大时,着火时间相对较短。当其净热流密度较小时,着火时间就相对较长。当然,浓缩燃料加热表面净热流密度也可能不足以把浓缩燃料加热到着火点。因此,要想把浓缩燃料加热到着火点,就必然有一个外部热流密度的临界值高于此临界值,固体燃料接受的热量才能足以克服散热损失,并最终把浓缩燃料加热到着火点。这种能够使浓缩燃料着火的热流临界值称为"临界热流"(critical heat flux,CHF)。

图 4-9 所示为不同对流冷却速度条件下,着火时间与外部热流密度的关系。由图可知,在相同的外部散热流速下,随着外部热流密度的减小,着火时间增长。随着对流冷却速度的增大,燃料的对流散热损失增大,因此着火时间增长,所需的外部热流密度也增大。图 4-9 中各趋势线的渐近虚线表示着火临界热流(CHF),任何低于此临界值的外部热流都不会导致着火。由于着火是由固体表面的能量平衡引起的,因此 CHF 也是对流冷却速度的函数。在较强冷却对流条件下,需要更大的外部热流密度才能将浓缩燃料加热到着火点。

着火的临界热流密度与环境条件密切相关,它随着对流冷却条件和二次辐射热量损失的变化而变化。需要指出的是,在着火温度附近,二次辐射造成的热损失可能远大于对流造

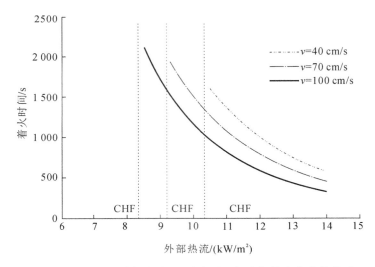

图 4-9　不同对流冷却速度下,着火时间与外部热流密度的关系

成的损失,此时,二次辐射热损失项不能忽略。

例 4-3　将着火温度 T_{ig} 为 315 ℃的浓缩燃料,放在环境温度 T_∞ 为 30 ℃,自然对流冷却系数 $\tilde{h}$ 为 10 W/(m²·K)的环境中,则该浓缩燃料着火的临界热流是多少?假设发射率=吸收率=0.9。

解　由临界热流的定义可知,着火的临界热流是指能够将燃料加热到着火点的最小外部热流。在着火时间为无限长的极限条件下,材料温度可以达到一个与着火温度相等的稳定值。这样,临界热流求解问题可以看作一个稳态热传导问题。此外,在如此长的加热时间下,最厚的材料的受热情况,也与薄壁固体加热情况类似。根据薄壁固体的能量平衡公式可知,着火时,损失的热量=获得的热量,其中,损失的热量= $\dot{q}''_{conv} + \dot{q}''_{reradiation}$,获得的热量= $\dot{q}''_{ext}$ = $\dot{q}''_{critical}$ 。

$$\dot{q}''_{conv} = \tilde{h}(T_{ig} - T_\infty) = 10 \times 10^{-3} \times (315 - 30) = 2.85 \ (\text{kW/m}^2)$$

$$\dot{q}''_{reradiation} = \varepsilon\sigma(T_s^4 - T_\infty^4) = 0.9 \times 5.67 \times 10^{-8} \times 10^{-3} \times [(315 + 273.15)^4 - (30 + 273.15)^4]$$
$$= 5.68 \ (\text{kW/m}^2)$$

$$\dot{q}''_{critical} = \dot{q}''_{conv} + \dot{q}''_{reradiation} = 2.85 + 5.68 = 8.53 \ (\text{kW/m}^2)$$

在上述例子的求解过程中,并没有用到材料的特性(如热导率和密度),而是严格采用能量平衡公式来计算临界热流的。例 4-3 中得出的结论,对上述环境状态下,具有相同着火温度的任何材料都适用。但不同的材料的着火温度往往相差甚远(见表 4-3),这就是在相同的条件下有些材料会着火,有些材料不会着火的原因。

习　　题

4-1　如何定义临界自燃温度和临界自燃压力?列出求解这两个变量的条件和方程式,并绘制临界自燃温度和临界自燃压力的定性图。

4-2　在一个直径为 10 cm,内部环境压力为 1 atm 的球形定容弹内,装满了化学计量甲烷和空气的混合物。系统的初始温度为 T_i,定容弹对外的散热速率为 $\dot{q}'''_L = \dfrac{\tilde{h}A_s}{V}(T - T_\infty)$,

式中，T 为系统温度，V 为定容弹体积，A_s 为动容的表面积，$\tilde{h}$ 为传热系数[为 15 W/(m^2 · K)]，T_∞ 为环境温度(为 300 K)。系统的热生成速率为 $\dot{q}'''_G$，$\dot{q}'''_G = Q_c \dot{r}$，式中，$Q_c$ 为燃料的燃烧放热率(MJ/mol)，$\dot{r}$ 为燃料消耗率[mol/(m^3 · s)]。

(1)计算燃料的燃烧放热率 Q_c。

(2)当 $\tilde{h} = 15$ W/(m^2 · K)时，列出 $\dot{q}'''_L$ 和 $\dot{q}'''_G$ 作为系统初始温度的具体方程式。只需要列出初始状态的方程式。

(3)当 $\tilde{h} = 15$ W/(m^2 · K)时，求系统中热量产生项能克服热量散失项的最低系统初始温度。

(4)计算系统的临界自燃温度 T_c。

4-3　根据表 4-1，画出表 4-1 中直链碳氢燃料中碳原子个数与自燃温度的关系曲线，并对所画关系曲线进行分析。

4-4　估算大气环境下，一个在化学计量异辛烷-空气混合气下工作的 400 mL 汽油机的最小着火能与散热量的大致比例。

4-5　在 2 cm 厚胶合板的上方，放置均匀热通量为 50 kW/m^2 的热流，估算一下胶合板的着火时间。

参 考 文 献

[1] MCALLISTER S，CHEN J Y，FERNANDEZ-PELLO A C. Fundamentals of combustion processes[M]. New York：Springer，2011.

[2] TURNS S R. An introduction to combustion：Concepts and applications[M]. 2nd ed. New York：The McGraw-Hill Companies，Inc. ，2000.

[3] TURNS S R. 燃烧学导论：概念与应用[M]. 3 版. 姚强，李水清，王宇，译. 北京：清华大学出版社，2015.

[4] 徐通模，惠世恩. 燃烧学[M]. 2 版. 北京：机械工业出版社，2017.

[5] 蒋德明. 内燃机燃烧与排放学[M]. 西安：西安交通大学出版社，2001.

[6] 解茂昭. 内燃机计算燃烧学[M]. 大连：大连理工大学出版社，1995.

[7] HUGGETT C. Estimation of rate of heat release by means of oxygen consumption measurements[J]. Fire and Materials，1980，4(2)：61-65.

[8] 刘江虹，廖光煊，范维澄，等. 典型固体可燃物燃烧特性的实验研究[J]. 中国科学技术大学学报，2002，32(6)：738-742.

[9] 陈鹏. 典型木材表面火蔓延行为及传热机理研究[D]. 合肥：中国科学技术大学，2006.

[10] 胡国威. 五种固体可燃物阴燃过程特性实验研究[D]. 淄博：山东理工大学，2012.

第5章

层流预混燃烧

5.1 引 言

预混燃烧是指燃料与氧化剂在进入燃烧设备之前已经混合在一起。我们知道，预混的燃料和氧化剂混合物在室温和常压下，通常是不会发生燃烧的。如果用点火源使混合物的局部温度大幅升高，或局部形成高浓度的自由基，并且混合物的组成在一定范围内，那么，在该局部就会发生着火和燃烧（爆炸），而且爆炸反应区域会通过气体混合物传播。燃料与氧化剂混合物可以发生燃烧的组成范围称为可燃极限，这将在本章讨论。着火现象将在后面的章节讨论。

在一根长管中，充满了在可燃极限内的预混燃料-氧化剂气体混合物，如果在管的一端点火，我们可以观察到燃烧波将沿管向管的另一端传播。如果管道两端都是开放的，燃烧波的传播速度通常在 20～200 cm/s 范围内。大多数碳氢燃料-空气混合物的燃烧波的传播速度约为 40 cm/s。在燃烧波的传播过程中，相伴发生的热传导和自由基扩散过程，控制着燃烧波的传播速度，因此，观测到的燃烧波的传播速度通常远小于未燃气体混合物中的声速。这种燃烧波通常称为火焰，由于它可以被视为流动实体，因此也称为爆燃（deflagration）。

如果把管子的一端封闭并在这里点火，燃烧波的传播速度会从亚音速转变到超音速。超音速燃烧波叫作爆震（detonation）。在爆震中，热传导和自由基扩散过程并不控制燃烧波的传播速度，相反地，充分发展的超音速波的激波结构使温度和压力大幅上升，从而引发爆炸和能量释放，继而维持燃烧波的传播。爆震不是本节主要讲授的内容，对这部分内容感兴趣的同学可以参考相关的专业书籍。

如果燃烧波在管道中传播，未燃气体流动速度与燃烧波传播速度相等，方向相反，那么燃烧波相对管道是静止的（见图5-1）。在该过程中，与燃烧相关的物理量在燃烧波处会发生阶跃，是不连续的，我们需要建立质量守恒方程(5-1)、动量守恒方程(5-2)、能量守恒方程(5-3)，以及相对应的状态方程(5-4)和(5-5)，其中下标1指定未燃气体条件，下标2指定已燃气体条件

$$\rho_1 u_1 = \rho_2 u_2 \tag{5-1}$$

$$p_1 + \rho_1 u_1^2 = p_2 + \rho_2 u_2^2 \tag{5-2}$$

$$c_p T_1 + \frac{1}{2} u_1^2 + q = c_p T_2 + \frac{1}{2} u_2^2 \tag{5-3}$$

$$p_1 = \rho_1 R T_1 \tag{5-4}$$

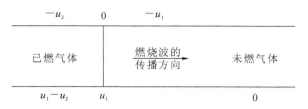

图 5-1　燃烧波固定在实验室框架内

$$p_2 = \rho_2 R T_2 \qquad (5\text{-}5)$$

在这些方程中,物理量的符号与流体力学和传热学中的常用符号相同,这里就不再一一标注。方程(5-4)中的未燃气体压力、温度和密度都是已知变量,因此不是一个独立的方程。对于燃烧波而言,u_1 是未燃气体进入燃烧波中的速度,u_2 则是已燃气体从燃烧波中离开的速度。因此,系统中的未知变量是 u_1、u_2、p_2、T_2 和 ρ_2,而独立方程只有 4 个,因此,我们必须再找出另外一个关系条件——爆震速度关系式。

由式(5-1)可以得到速度的表达式

$$u_2 = \left(\frac{\rho_1}{\rho_2}\right) u_1$$

将上式代入式(5-2)中,有

$$\rho_1 u_1^2 - (\rho_1^2/\rho_2) u_1^2 = p_2 - p_1$$

两边同时除以 ρ_1^2,并进行变换可以得到

$$u_1^2 = \frac{1}{\rho_1^2}\left[(p_2 - p_1) \Big/ \left(\frac{1}{\rho_1} - \frac{1}{\rho_2}\right) \right]$$

声速 c_1 定义为

$$c_1^2 = \gamma R T_1 = \gamma p_1 (1/\rho_1)$$

且马赫数 Ma 为

$$Ma = u_1 / c_1$$

则可以得到

$$\gamma Ma_1^2 = \frac{\dfrac{p_2}{p_1} - 1}{1 - \dfrac{1/\rho_2}{1/\rho_1}} \qquad (5\text{-}6a)$$

$$\gamma Ma_2^2 = \frac{1 - \dfrac{p_1}{p_2}}{\dfrac{1/\rho_1}{1/\rho_2} - 1} \qquad (5\text{-}6b)$$

为简单起见,假设定压比热容为常数(即 $c_{p1} = c_{p2}$)。γ 与 c_p 均同物质的种类和温度有关,但与 c_p 相比,γ 同物质的种类和温度的关系更弱,因此,也可以假设已燃气体和未燃气体的 γ 相等。

将 $c_p = R[\gamma/(\gamma-1)]$(其中 γ 是绝热指数)代入式(5-3)中,得到

$$R[\gamma/(\gamma-1)] T_1 + \frac{1}{2} u_1^2 + q = R[\gamma/(\gamma-1)] T_2 + \frac{1}{2} u_2^2 \qquad (5\text{-}7)$$

假设 c_p 和 γ 为常数,则有

$$\frac{\gamma}{\gamma-1}\left(\frac{p_2}{\rho_2} - \frac{p_1}{\rho_1}\right) - \frac{1}{2}(u_1^2 - u_2^2) = q \qquad (5\text{-}8)$$

由式(5-6)可以得到

$$u_1^2 - u_2^2 = \left(\frac{1}{\rho_1^2} - \frac{1}{\rho_2^2}\right)\left[\frac{p_2 - p_1}{(1/\rho_1) - (1/\rho_2)}\right] = \frac{\rho_2^2 - \rho_1^2}{\rho_1^2\rho_2^2}\left[\frac{p_2 - p_1}{(1/\rho_1) - (1/\rho_2)}\right]$$

$$= \left(\frac{1}{\rho_1} + \frac{1}{\rho_2}\right)(p_2 - p_1) \tag{5-9}$$

将式(5-9)代入式(5-8)中,可以得到

$$\frac{\gamma}{\gamma - 1}\left(\frac{p_2}{\rho_2} - \frac{p_1}{\rho_1}\right) - \frac{1}{2}(p_2 - p_1)\left(\frac{1}{\rho_1} + \frac{1}{\rho_2}\right) = q \tag{5-10}$$

方程(5-8)称为休戈尼奥特(Hugoniot)关系,给定初始条件$(p_1,1/\rho_1,q)$,可以得到一套完整的解族$(p_2,1/\rho_2)$,即图 5-2 所示的p_2与$1/\rho_2$的曲线。在图 5-2 中从初始条件点$(p_1,1/\rho_1)$作两条解族曲线的切线。显然,对于不同的q,可以得到不同的曲线。对于$q=0$,即对于没有能量释放的情况,得到的曲线将穿过初始条件点,因为它给出了简单激波的解,所以其称为激波 Hugoniot 解。

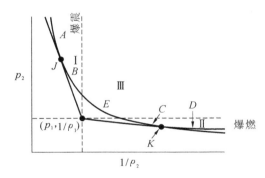

图 5-2　反应系统($q>0$)Hugoniot 曲线

通过初始条件点绘制水平线和垂直线。当然,这些线分别表示定压和定比容($1/\rho$)的条件。它们进一步把这条曲线分成三段。第一、二段通过切点(J 和 K),J、K 和定义特定点的其他字母进一步将曲线分为若干部分。

利用方程(5-6a)分析区域Ⅰ和区域Ⅱ的马赫数 Ma_1 的特征。在区域Ⅰ中,p_2比p_1大得多,因此方程(5-6a)的分子比 1 大得多。此外,在该区域中 $1/\rho_2$ 略小于 $1/\rho_1$,因此它们的比值略小于 1,这使得方程(5-6a)的分母非常小,远远小于 1。因此,方程(5-6a)的右边是正的,并且比 1 大得多,显然要比 1.4 大得多。如果保守地假设 $\gamma=1.4$(通常双原子气体的绝热指数为 1.4),那么 Ma_1^2 和 Ma_1 都大于 1。区域Ⅰ定义了超音速燃烧波,为爆震区。因此,爆震可以定义为由能量释放(燃烧)维持传播的超音速燃烧波。

在区域Ⅱ中,由于p_2略小于p_1,方程(5-6b)的分子是一个小的负数,又由于$1/\rho_2$远大于$1/\rho_1$,分母是一个绝对值比 1 大得多的负数,因此方程(5-6b)右边小于 1,Ma_2 小于 1。区域Ⅱ定义了亚音速燃烧波,为爆燃区。缓燃波是由燃烧维持传播的亚音速燃烧波。

在区域Ⅲ中,$p_2>p_1$且 $1/\rho_2>1/\rho_1$,方程(5-6)的分子为正,分母为负。因此,Ma 在区域Ⅲ中是虚的,不代表物理上的真实解。

Hugoniot 曲线表明,在爆燃区内,压力变化很小。在本生管中流动的气体是层流的。由于在水平管实验中产生的燃烧波与本生灯火焰非常相似,因此它也是层流的。在此条件下,爆燃速度称为层流火焰传播速度。

因此,爆燃是一种由燃烧维持传播的亚音速燃烧波。火焰则被认为是在一个离散的反

应区内(离散是指物理量在这个区域会发生阶跃性变化)发生的一种快速的、自维持的化学反应。是反应物被诱导进入反应区内,还是反应区向反应物方向移动,这取决于未燃气体的速度是大于还是小于火焰(爆燃)速度。

5.2　预混火焰结构

我们现在研究一个标准预混火焰的结构和传播:如图 5-3(a)所示,火焰稳定在固定的位置,上游混合气体以与火焰传播速度相等的速度 u_u^0($u_u^0 = s_u^0$)和温度 T_u 接近火焰,并以速度 u_b^0 和温度 T_b^0 离开火焰。假设反应物中氧气是充足的,那么燃烧反应实际上取决于燃料的量,因此,可以用一个单反应物反应式来表示

$$R(反应物) \longrightarrow P(产物)$$

在图 5-3 中,Y_u 表示未燃反应物中燃料的浓度,$Y_b^0 = 0$ 表示经过火焰时燃料完全消耗。此外,由于 s_u^0 远小于声速,在微弱的亚音燃烧波上压力发生很小的变化,因此可以假设燃烧过程是定压过程。

我们将从三个层次来讨论火焰结构。

(1)阶跃界面的火焰。我们将火焰看作一个阶跃界面,即将未燃气体(处于热力学平衡状态)和已燃气体的两种流体动力学状态分开的界面,如图 5-3(a)所示。在该火焰面上,温度和反应物浓度分别发生 T_u 到 T_b^0 和 Y_u 到 Y_b^0($Y_b^0 = 0$)的不连续变化。但是它们依然遵循质量、动量和能量的整体守恒方程。

(2)考虑热和质量扩散输运的火焰,于是图 5-3(a)中的没有厚度的火焰面就被展开,形成图 5-3(b)所示的特征厚度为 ℓ_D^0 的预热区。预热区受热量和质量扩散过程的控制。在预热区内,当混合物接近火焰时,它会被从化学放热区域传递到上游的热量逐渐加热,导致温度持续升高,直到达到 T_b^0。由于对流传热的存在,升温曲线不是线性的。需要强调的是,这里的反应区依然只是一个没有厚度的面,只有当反应气体混合物的温度接近最大值时,反应才会被激活,并释放热量。而且,反应一旦开始,很快就会完成,燃料即刻耗尽。

我们可以看到,在该反应面上,温度和反应物浓度的变化是连续的,并在下游呈现出它们各自的燃烧状态值。然而,曲线斜率的变化是不连续的,这是在反应面上反应物浓度的突然消失及大量热量突然释放导致的。

因为在反应面上燃料即刻消耗,所以在反应面上燃料浓度为 0。这就使得燃料浓度在预热区内,因扩散而逐渐下降。此外,对于刘易斯数(Le)为 1 的混合物,热扩散系数和质量扩散系数相等意味着,温度上升的速率应与浓度下降的速率相对应。对于 $Le=1$ 的混合物,当适当归一化时,速度和温度的突显是彼此镜像的,如图 5-3(b)所示。

考虑输运的预混火焰使得我们能够很好地理解火焰面上热量和质量的扩散输运,却容易给我们一个错觉,预混火焰是否存在一个由扩散控制的火焰机制?显然,回答是否定的。因此,需要对反应过程进行描述。

(3)考虑输运与反应过程的火焰。如图 5-3(c)所示,由于考虑了反应过程,图 5-3(b)中的反应面在这里被展开,形成特征厚度为 ℓ_R^0 的反应区,且反应区的特征厚度 $\ell_R^0 \ll \ell_D^0$。在反应区中,根据阿伦尼乌斯关系式,反应速率分布呈现出一个尖峰函数。尖峰区域内反应速率的快速变化意味着,由二阶微分描述的扩散输运对反应速率的影响,比由一阶微分描述的对流

输运对反应速率的影响更大。

因此,可以认为火焰结构由两个截然不同的区域组成,即对流和扩散相平衡并共同主导的预热区,以及反应和扩散相平衡的反应区。由于 $\ell_R^0 \ll \ell_D^0$,因此代表反应和扩散非平衡过程的整个火焰厚度可以基本确定为 ℓ_D^0。

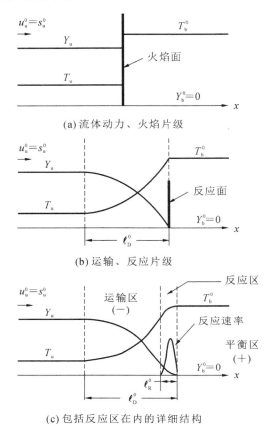

(a) 流体动力、火焰片级

(b) 运输、反应片级

(c) 包括反应区在内的详细结构

图 5-3　预混火焰结构示意图

在整个火焰中,质量和能量的整体守恒是成立的。因此,从连续性出发,$\mathrm{d}(\rho u)/\mathrm{d}x = 0$,我们有

$$f^0 = \rho u = \rho_u u_u^0 = \rho_b^0 u_b^0$$

式中:f^0 为恒定质量通量,称为层流燃烧通量。上式表明,表征火焰传播速度的基本参数是质量通量 f^0,而不是其本身的传播速度 u_u^0 或 s_u^0。

从整个火焰的能量守恒来看,由于所有燃料被消耗,如果我们进一步假设没有热损失,那么对于恒定的 c_p,有

$$c_p(T_b^0 - T_u) = q_c Y_u \tag{5-11}$$

式(5-11)意味着释放出的所有化学热都被用来加热进入的气体。因此,下游温度 T_b^0 正好是绝热火焰温度 T_{ad},由下式给出

$$T_b^0 = T_{ad} = T_u + q_c Y_u/c_p$$

为了确定层流燃烧通量 f^0 和火焰特征厚度 ℓ_D^0,需要考虑火焰结构内扩散和反应的非平衡过程。下面将通过一个实际的例子来了解典型的预混火焰结构。由于预混火焰的厚度较小(在 1 atm 下只有几毫米),很难准确测量火焰中各组分浓度。描述典型的预混火焰结构

的方法是:用详细的化学和运输方程来计算预混火焰结构。图 5-4 给出了计算的化学当量甲烷-空气的预混火焰结构。

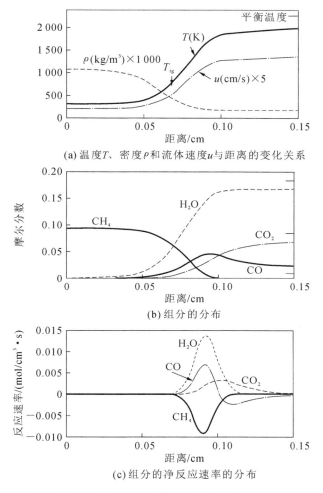

(a) 温度 T、密度 ρ 和流体速度 u 与距离的变化关系

(b) 组分的分布

(c) 组分的净反应速率的分布

图 5-4　在室温条件下计算的化学当量甲烷-空气的预混火焰结构

图 5-4 中未燃反应物从左向右流动。图 5-4(a) 显示了温度 T、密度 ρ 和流体速度 u 与距离的变化关系。经过火焰面后,未燃流体的密度从 1.13 kg/m³ 左右降至 0.17 kg/m³ 左右。未燃流体相对于火焰的速度约为 39 cm/s,燃烧区相应的流体速度约为 270 cm/s。在箭头标出的位置,温度达到自燃温度（537 ℃≈810 K）。通常,根据用一定温升的范围所对应的距离来表征火焰厚度。例如,当温度达到总温升的 10% 和 90% 时,可以定义两个参考点,这两个参考点所对应的距离即为火焰厚度。在右侧纵轴上还显示了平衡火焰温度（约为 2 250 K）,在这一有限区域内火焰的最高温度约为 2 000 K,但计算结果显示,在下游约 5 cm 处,火焰温度达到了 2 250 K。达到平衡态的时间可以估计为 0.019 s。

图 5-4(b) 给出了主要组分（CH_4、H_2O、CO_2）和主要中间组分（CO）的分布。它们的平衡值被标记在右边的纵轴上。图 5-4(c) 显示了主要组分和 CO 的净反应速率的分布,可以看出,甲烷在整个火焰中的净反应速率是负的,因为它是反应物。两种主要的组分（H_2O 和 CO_2）,在整个火焰中的净反应速率都是正的。主要中间组分 CO,在 0.075~0.1 cm 之间的

净反应速率是正的,说明在该区域中 CO 是生成物;在超过 0.1 cm 后的产热区中,其净反应速率是负的,说明在该区域中 CO 被氧化为 CO_2。

图 5-5 给出了计算的化学当量甲烷-空气预混火焰的自由基分布及其净产率。在 $0.07 \sim 0.09$ cm 范围内 CH_3 是 CH_4 分解产生的第一个中间产物。在 0.09 cm 处 OH、H 和 O 三种自由基开始大量消耗 CH_3。由于大多数 CO 通过反应 $CO + OH \longrightarrow CO_2 + H$ 被氧化,因此,H、O 和 OH 开始增加的位置与 CO 开始减少的位置有很好的相关性。在 OH、H、O 三种自由基中,H 向未燃区扩散速度最大,这是因为它具有较高的扩散率(低分子质量)。NO 是一种浓度小但对环境影响大的污染物。NO 是通过热路径生成的,其速率同 O 和 OH 的生成密切相关。

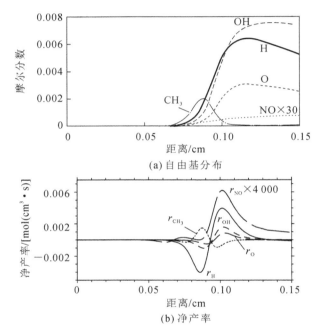

(a) 自由基分布

(b) 净产率

图 5-5　计算的化学当量甲烷-空气预混火焰的自由基分布及其净产率

5.3　火焰传播速度和火焰厚度

简单的"热"理论可以用来估计火焰传播速度、火焰厚度及其与运行工况的相关性。我们先来考虑一下预热区。由于温度低于自燃温度,化学反应产生的影响可以忽略不计。在预热区周围考虑控制体积,直到温度升至点火温度(图 5-6 所示预热区右侧)。稳态能量方程为

$$\rho c_p u \frac{\partial T}{\partial x} = k \frac{\partial^2 T}{\partial x^2}$$

将其在从预热区起始位置到温度达到 T_{ig} 的位置的区间内进行积分

$$\int_0^{x_{ig}} \rho c_p u \frac{\partial T}{\partial x} \mathrm{d}x = \int_0^{x_{ig}} k \frac{\partial^2 T}{\partial x^2} \mathrm{d}x$$

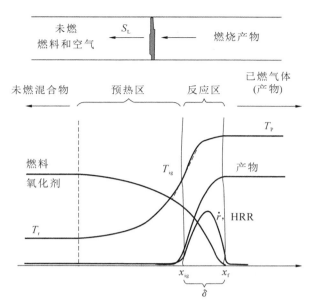

图 5-6 燃料燃烧对应的区域

$$\rho_r c_p S_L (T_{ig} - T_r) = k \frac{\partial T}{\partial x}\Big|_{x_{ig}} \approx k \frac{T_p - T_{ig}}{\delta} \tag{5-12}$$

式中:S_L 为火焰传播到未燃反应物的传播速度($u = S_L$);T_{ig} 为点火温度;T_r 和 ρ_r 分别为反应物的温度和密度;c_p 为定压比热容(假定为常数);k 为导热系数(假定为常数);T_p 为燃烧产物的温度。温度梯度近似表示为 $(T_p - T_{ig})/\delta$,δ 为反应区的厚度,通常称为火焰厚度。考虑包括预热区和反应区在内的整体能量平衡,对能量方程进行积分可以得到

$$\int_0^{x_f} \rho c_p u \frac{\partial T}{\partial x} dx = \int_0^{x_f} k \frac{\partial^2 T}{\partial x^2} dx + \int_0^{x_f} \hat{r}_{fuel,ave} \hat{Q}_c dx$$

$$\rho_r c_p S_L (T_p - T_r) = 0 + \delta \cdot \hat{r}_{fuel,ave} \hat{Q}_c$$

$$\rho_r c_p S_L (T_p - T_r) = \delta \cdot \hat{r}_{fuel,ave} \hat{Q}_c \tag{5-13}$$

式中:$\hat{r}_{fuel,ave}$ 为整个火焰的平均燃料消耗速率;$\hat{Q}_c$ 为单位物质的量燃料燃烧释放的热量。通过式(5-12)和式(5-13),就可以解出两个未知数 S_L 和 δ,从而得到

$$\rho_r c_p S_L (T_{ig} - T_r) \cdot \rho_r c_p S_L (T_p - T_r) = k (T_p - T_{ig}) \hat{r}_{fuel,ave} \hat{Q}_c$$

$$\rho_r c_p S_L = \left[\frac{k (T_p - T_{ig}) \hat{r}_{fuel,ave} \hat{Q}_c}{(T_{ig} - T_r)(T_p - T_r)} \right]^{1/2}$$

$$S_L = \left[\frac{k (T_p - T_{ig}) \hat{r}_{fuel,ave} \hat{Q}_c}{\rho_r c_p (T_{ig} - T_r) \rho_r c_p (T_p - T_r)} \right]^{1/2}$$

燃烧热与火焰温度的关系可以近似写为:$\hat{Q}_c \cdot [fuel] = \rho_r c_p (T_p - T_r)$,$[fuel]$ 是燃料浓度,单位为 mol/cm^3,$\hat{Q}_c$ 的单位为 kJ/mol,则火焰传播速度表达式变为

$$S_L = \left[\frac{k (T_p - T_{ig}) \hat{r}_{fuel,ave}/[fuel]}{\rho_r c_p (T_{ig} - T_r)} \right]^{1/2} = \left[\frac{\alpha (T_p - T_{ig})}{\tau_{chem} (T_{ig} - T_r)} \right]^{1/2} \tag{5-14}$$

式中:$\alpha = k/(\rho_r c_p)$,为热扩散率,单位为 cm^2/s;$\tau_{chem} = [fuel]/\hat{r}_{fuel,ave}$,为化学动力学中的时间尺度。利用 $\hat{Q}_c \cdot [fuel] = \rho_r c_p (T_p - T_r)$,式(5-13)变为

$$\delta = S_L \cdot \tau_{chem} \tag{5-15}$$

由式(5-15)可知,在给定的火焰传播速度下,火焰厚度与化学动力学中的时间尺度成正比。如果化学反应很快,则火焰厚度应该很小。将式(5-14)代入式(5-15)中得

$$\delta = S_L \cdot \tau_{chem} = \left[\frac{\alpha(T_p - T_{ig})}{\tau_{chem}(T_{ig} - T_r)} \right]^{1/2} \tau_{chem}$$

$$\delta = \left[\frac{\alpha \tau_{chem}(T_p - T_{ig})}{T_{ig} - T_r} \right]^{1/2} \tag{5-16}$$

火焰厚度通常同热扩散系数和火焰传播速度相关。这种相关性是通过将式(5-14)和式(5-16)相乘得到的,即

$$\delta \cdot S_L = \frac{\alpha(T_p - T_{ig})}{T_{ig} - T_r} \tag{5-17}$$

式(5-17)的右边取决于燃烧系统的热力学参数。对于给定的燃料,我们可以估计相关参数的值。对于甲烷-空气的燃烧,$T_r = 300\ K$,$T_p = 2\ 250\ K$,以及 $T_{ig} \approx 810\ K$,由此得到 $\delta \cdot S_L \approx 2.82\alpha$。由于平均燃料消耗速率 $\hat{r}_{fuel,ave}$ 具有很高的温度依赖性,因此,温度选择对火焰传播速度和火焰厚度的估计结果有很大的影响。因此式(5-14)~式(5-16)只是对 S_L 和 δ 的粗略估计。然而,对于考察火焰传播速度与各种参数的关系(包括传质特性、温度、压力和反应速率量级),式(5-14)显得非常有价值。我们将使用 δ 对火焰厚度的数量级进行估计。必须注意的是,这些方程是通过简单的分析推导出来的,只能进行数量级的估计。更精确的解决方案是使用详细的化学和一维火焰的运输方程。对于大多数碳氢燃料,参考状态下化学当量混合物燃烧的火焰传播速度约为 40 cm/s。然而,氢气燃烧的火焰传播速度是 220 cm/s。

例 5-1 利用一步总反应(见表 3-1)和式(5-14)的简单热理论,估算丙烷-空气混合物在 300 K 和 1 atm 初始状态下的层流燃烧速度。绝热火焰温度为 2 240 K,点火温度为 743 K。

解 已知式(5-14)

$$S_L = \left[\frac{k(T_p - T_{ig}) \hat{r}_{fuel,ave} / [fuel]}{\rho_r c_p (T_{ig} - T_r)} \right]^{1/2} = \left[\frac{\alpha(T_p - T_{ig})}{\tau_{chem}(T_{ig} - T_r)} \right]^{1/2}$$

丙烷-空气燃烧的总包反应为

$$C_3H_8 + 5(O_2 + 3.76N_2) \Longrightarrow 3CO_2 + 4H_2O + 18.8N_2$$

计算包括 N_2 在内的反应物(reactants)的总浓度

$$[reactants] = \frac{p}{\hat{R}_u T} = \frac{1}{82.05 \times 300} = 4.06 \times 10^{-5}\ (mol/cm^3)$$

$$[C_3H_8] = x_{C_3H_8}[reactants]$$

$$x_{C_3H_8} = \frac{1}{1 + 5 \times (1 + 3.76)} = 0.040\ 3$$

$$[C_3H_8] = 0.040\ 3 \times 4.06 \times 10^{-5} = 1.636 \times 10^{-6}\ (mol/cm^3)$$

$$[O_2] = 5[C_3H_8] = 8.18 \times 10^{-6}\ mol/cm^3$$

$$\dot{q}_{rxn} = 8.6 \times 10^{11} \exp\left(-\frac{30\ 000}{1.987T}\right) [C_3H_8]^{0.1} [O_2]^{1.65}\ mol/(cm^3 \cdot s)$$

已知 $T_p = 2\ 240\ K$,$T_{ig} = 743\ K$,$T_r = 300\ K$,我们需要估计 α 和 τ_{chem},由于 α 和 τ_{chem} 都依赖于温度(特别是反应速率),因此需要确定近似温度以估计这两个量。对于 α,我们可以用

反应物和产物之间的平均温度[$T_{1,ave}=(T_p+T_r)/2=1\,270$ K]来估计,由于大多数混合物中氧化剂是空气,可使用空气特性(见附录的表 C.1)来估计 α,由表 C.1 可知:$k=78.5\times10^{-3}$ W/(m·K),$\rho=0.282\,4$ kg/m³,$c_p=1.182$ kJ/(kg·K),则

$$\alpha = k/(\rho \cdot c_p) = 7.85\times10^{-5}/(0.282\,4\times1.182)\ \text{m}^2/\text{s} = 2.35\times10^{-4}\ \text{m}^2/\text{s}$$
$$= 2.35\ \text{cm}^2/\text{s}$$

其次,根据平均反应速率来估计化学反应的时间尺度。由于化学反应对温度非常敏感,可尝试使用 $T_{1,ave}$($T_{1,ave}=1\,270$ K)。同时,由于反应物浓度随时间而减小,我们假设平均反应物浓度是初始值的一半。

$$\dot{q}_{rxn} = 8.6\times10^{11}\exp\left(-\frac{30\,000}{1.987T_{1,ave}}\right)\left(\frac{[C_3H_8]}{2}\right)^{0.1}\left(\frac{[O_2]}{2}\right)^{1.65}$$

$$\hat{r}_{C_3H_8,ave} = \dot{q}_{rxn} = 8.6\times10^{11}\exp\left(-\frac{30\,000}{1.987T_{1,ave}}\right)\left(\frac{[C_3H_8]}{2}\right)^{0.1}\left(\frac{[O_2]}{2}\right)^{1.65}$$

$$= 8.6\times10^{11}\times6.87\times10^{-6}\times\left(\frac{1.636\times10^{-6}}{2}\times\frac{300}{1\,270}\right)^{0.1}\left(\frac{8.18\times10^{-6}}{2}\times\frac{300}{1\,270}\right)^{1.65}$$

$$= 1.5\times10^{-4}\,[\text{mol}/(\text{cm}^3\cdot\text{s})]$$

需要注意的是,在上面的计算中,需要根据理想方体的盖-吕萨克定律,将 C_3H_8 和 O_2 在 300 K 下的摩尔浓度换算为在 1 270 K 下的摩尔浓度。

$$\tau_{chem} = [\text{fuel}]/\hat{r}_{fuel,ave} = 1.636\times10^{-6}/(1.5\times10^{-4}) = 1.1\times10^{-2}\,(\text{s})$$

$$S_L = \left[\frac{\alpha(T_p-T_{ig})}{\tau_{chem}(T_{ig}-T_r)}\right]^{\frac{1}{2}} = \left[\frac{2.35\times(2\,240-743)}{1.1\times10^{-2}\times(743-300)}\right]^{\frac{1}{2}} = 26.9\,(\text{cm}/\text{s})$$

另外,我们可以用 $T_{2,ave}=(T_{ig}+T_p)/2\approx1\,490$ K 重复上述计算,得到

$$\hat{r}_{C_3H_8,ave} = 6.56\times10^{-4}\ \text{mol}/(\text{cm}^3\cdot\text{s})$$

$$\tau_{chem} = 1.636\times10^{-6}/(6.56\times10^{-4}) = 2.5\times10^{-3}\,(\text{s})$$

$$S_L = \left[\frac{\alpha(T_p-T_{ig})}{\tau_{chem}(T_{ig}-T_r)}\right]^{\frac{1}{2}} = \left[\frac{2.35\times(2\,240-743)}{2.5\times10^{-3}\times(743-300)}\right]^{\frac{1}{2}} = 56.4\,(\text{cm}/\text{s})$$

值得注意的是,火焰传播速度实际的测量值约为 38.9 cm/s。因此,简化的热理论只能提供一个粗略的估计。

5.4　火焰传播速度的测量方法

预混火焰的层流燃烧速度是燃烧学中非常重要的基础特性参数,但火焰传播速度的测量不是很方便。一个主要原因是获得平面的、静止的且绝热的火焰比较困难。待测量的火焰的上游流动往往不是均匀的,这会导致火焰移动或弯曲。因此,测得的往往是瞬时局部火焰传播速度 s_u,不是平面的、静止的且绝热的火焰传播速度 s_u^0。

对于没有火焰结构的本生火焰,我们可以画一条瞬时流线,如图 5-7 所示。上游未燃气体以速度 u_u 和角度 α_u 接近火焰前锋,穿过火焰后,气流发生折射,燃烧产物以速度 u_b 和角度 α_b 离开火焰。如果假设质量通量在沿火焰面法向上具有连续性,速度在沿火焰面切向上具有连续性,那么层流火焰传播速度可定义为速度 u_u 的法向分量,其方向指向火焰面内。

测量火焰传播速度的另一个难点是火焰锋面的定义及如何确定它。在几何上,由于火

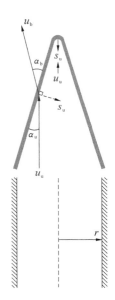

图 5-7　作为本生火焰一部分的瞬时、准平面火焰段上下游层流火焰传播速度的定义

焰本身具有一定的厚度和结构,因此在确定火焰传播速度 s_u 的预热区的上游边界时,存在很大的不确定性。如果火焰是弯曲的,定义局部切平面又增大了测量的不确定性。在选择表征火焰表面的特定参数时也会带来不确定性。最明显的就是等温面和等密度面的确定。对于后者,照相记录的火焰厚度和结构还取决于所使用的光学方法,如阴影照相法、纹影照相法、干涉测量法。利用激光诊断法时,某些关键基团的等浓度面则被用来表征具有特定特征的火焰面。

火焰传播速度的测量方法有两种:一种是用上游气流固定的固定燃烧器火焰,另一种是在开放和封闭的燃烧室中传播火焰。下面,我们将讨论几种通用且相当准确的技术。

5.4.1　本生火焰法

在这种方法中,预混燃料沿圆形或二维管道流动,离开管道后燃烧。如果管子足够长,其横截面面积不变,则出口处混合气体速度分布为抛物线,因此火焰是弯曲的。火焰弯曲和火焰厚度会给精确确定局部倾角和局部燃烧速度带来困难。

一种确定火焰传播速度 s_u 的方法称为平均法。这里假设 s_u 在总面积为 A_f 的火焰表面上是恒定的。如果气体的质量流率是 m,根据质量守恒,我们得到

$$s_u = \frac{m}{\rho_u A_f} \tag{5-18}$$

拍摄到的火焰锋面的面积可以很容易地用图形来确定。因此,可以粗略地测算出火焰传播速度。

一种精确测量火焰传播速度 s_u 的本生火焰法是采用空气动力学流线的喷嘴。在这种喷嘴出口处可以得到均匀分布的出口速度。于是,可以在火焰的肩部区域获得近乎笔直的火焰锥。如果喷嘴出口处的速度为 u_o,半锥角为 α,$\alpha = \alpha_u$,火焰传播速度由下式给出

$$s_u = u_o \sin\alpha_u$$

因此可以用激光多普勒测速仪、粒子图像测速仪和间歇照明等方法沿着火焰测量其局部火焰传播速度。图 5-8 所示为在本生火焰表面上测量的火焰传播速度。从图 5-8 中可以

看出，在火焰锥大部分位置，s_u 是一个常数。在径向距离较大的位置，即靠近燃烧器边缘，由于热损失，火焰传播速度 s_u 减小。燃烧器边缘的温度相对于火焰的温度总是低的，因此在火焰和燃烧器边缘之间总存在一个"死"空间。而在径向距离较小的位置，即靠近火焰顶部，火焰传播速度 s_u 急剧增大。这是因为火焰顶部不是尖的，而是圆的。因此，当 $\alpha = \pi/2$ 时，有

$$s_u = u_。$$

虽然我们希望火焰传播速度 s_u 只是混合物热化学性质的函数，因而应该与火焰面上的位置无关（只要距离燃烧器边缘足够远），但火焰顶部的这种激增的行为清楚地表明情况并非如此。

对于绝热平面无拉伸火焰传播速度为 s_u^0 的混合物，肩部区域的火焰可以自由调整其倾斜角 α_u，以适应 $u_。$ 的变化，但这种灵活性在火焰顶部是不存在的。因为肩部区域的火焰会通过弯曲来应对火焰结构和燃烧速率的影响，换句话说，肩部区域存在着火焰拉伸效应。

注意，在上面的讨论中，我们用 s_u 而不用 s_u^0 来表示火焰传播速度，这是因为本节所述的火焰结构不符合绝热的一维平面火焰的要求。

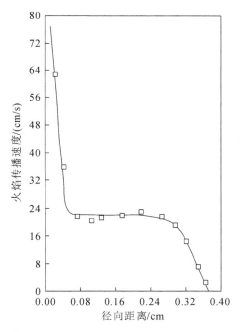

图 5-8　在本生火焰表面上测量的火焰传播速度

5.4.2　一维平焰燃烧器方法

使用本生火焰法的一个主要困难是火焰面的识别，这是因为本生火焰的来流不是自由流，使用平焰燃烧器可以产生自由流，如图 5-9 所示。点火以后，通过调整预混合物流量，平焰燃烧器可以产生垂直于上游流动方向的平面火焰。向平焰燃烧器通惰性气体的目的是在火焰周围形成保护气体层，使周围环境对火焰的影响最小化。平焰燃烧器产生火焰的火焰面积很容易被确定，用火焰面积除混合物的体积流速，就可以得到层流火焰传播速度。

火焰能稳定在一维平焰燃烧器上，是因为火焰向燃烧器传热，所以这种火焰本质上是非绝热的。这是一维平焰燃烧器方法的主要缺陷。因此，一维平焰燃烧器测量的燃烧速度小于基于自由流特性测量的 s_u^0。许多研究人员通过控制或者精确测量燃烧器的散热率，并采

用外推来获得高精度的绝热平面无拉伸火焰传播速度,如图 5-10 所示。

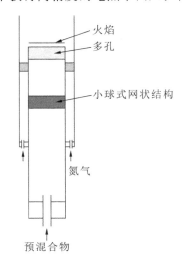

图 5-9　平焰燃烧器的典型设计示意图

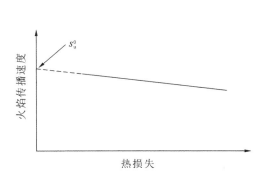

图 5-10　采用平焰燃烧器,通过线性外推使热损失为零,确定层流火焰传播速度 s_u^0

5.4.3　球形火焰法

在这种方法中,半径为 R 的球形燃烧室中充满了可燃混合物,用火花在燃烧室中心点燃混合物,产生的球形火焰以层流火焰传播速度向外传播。随着产物的增加,燃烧室压力也会均匀增大,同时火焰上游的未燃气体因受到压缩而被加热。如果在火焰尺寸不太大的情况下采集数据,那么燃烧室压力和火焰前方的温度可被视为初始状态下的压力和温度,否则需要单独测量。

由于燃烧产物在实验室框架内是固定的,因此测得的火焰半径增加率 dr_f/dt 可被定义为燃烧状态下的火焰传播速度。从连续性出发,假设火焰是准稳态和准平面的,则有

$$s_u = s_b(\rho_b/\rho_u) \tag{5-19}$$

由于该方法在操作上是静态的,因此设计相对简单,耗气量小。它也非常适用于测定中等高压下的火焰传播速度。潜在的问题是:在火焰发展的初期通过电极的热损失;对于缓慢燃烧的火焰,浮力造成的火焰弯曲;以及固有的脉动发展和火焰表面胞状不稳定性。火焰后面大量燃烧气体的辐射热损失也会降低火焰温度,从而减小火焰传播速度。此外,火焰是弯曲的、非平稳的,不符合用于定义层流火焰传播速度一维空间稳定传播的平面火焰,因此会受到与上文讨论的本生火焰尖端相同的火焰拉伸效应的影响。这些影响不仅影响火焰传播速度,还与混合气体的有效刘易斯数定性相关。例如,图 5-11 所示为当量比分别为 0.6 和 3.0 的氢气-空气混合物的火焰传播速度。这两种混合物的有效 Le 分别小于 1 和大于 1。拉伸强度由定义为 $(2/r_f)(dr_f/dt)$ 并且单位为 s^{-1} 的拉伸率来表示。结果表明,拉伸对下游传播火焰速度有明显的影响,随着拉伸率的增大,下游火焰传播速度近似呈线性变化,而对于贫燃料和富燃料的混合气体,其变化趋势正好相反,这些都是 Le 偏离 1 的结果。火焰传播速度随拉伸率的线性变化,使得我们可以将这些燃烧状态的拉伸火焰传播速度 s_b 外推到零拉伸率下的火焰传播速度 s_b^0,随后通过 $s_u^0 = (\rho_b^0/\rho_u)s_b^0$ 公式获得未燃烧状态的火焰传播速度。Dowdy 等人还导出了非线性外推表达式,考虑了拉伸影响的火焰传播速度中的轻微非线性。

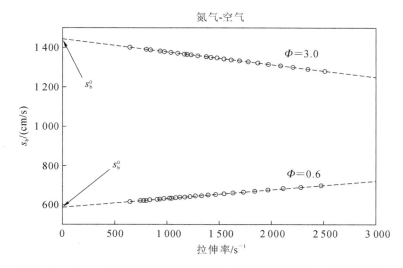

图 5-11 1 atm 下向外传播的稀薄富氢-空气火焰的下游火焰传播速度，论证了通过线性外推到零拉伸率来确定层流火焰传播速度的方法

5.4.4 滞止火焰法

滞止火焰法采用两个完全相同的喷嘴，并且将其相向放置，由喷嘴喷出的两股可燃混合物气流对冲撞击，形成一个滞止流，如图 5-12 所示。点火以后，在滞止平面两侧形成对称的两个平面火焰。从图 5-12 中可以看到，混合物流体在到达主要预热区之前，速度呈线性减小，$v = ay$，其中 $a = \mathrm{d}v/\mathrm{d}y$ 为速度梯度。这符合滞流区的特点。然而，当流动进入预热区后，强烈的加热所导致的热膨胀，逆转了速度减小的趋势并导致速度增大。最终，在接近停滞面时，热量几乎完全释放，速度再次减小。

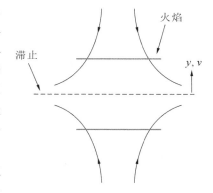

图 5-12 典型的逆流、双火焰结构

因此，根据速度分布可以确定速度梯度 a、可以近似认为最小速度点 $v_{\min}$ 是在稳定火焰预热区的上游边界处的参考火焰传播速度（$s_{u,\mathrm{ref}}$），最大速度点 $v_{\max}$ 为在反应区的下游边界处的参考火焰传播速度，如图 5-13 所示。这些值也可以认为是在绝热条件下获得的，因为喷管产生的流动上游的热损失很小，而由于对称性，下游的热损失也很小，尽管少量的辐射热损失总是存在的。

与传播的球形火焰相似，停滞火焰也是拉伸的，但在非均匀流动中，其拉伸强度由速度梯度 a 表示。对于较小的 a，变化近似为线性，如图 5-14 所示。因此，通过将 v 外推到零拉伸率，可以将 $a = 0$ 处的 $v_{\min}$ 的截距识别为 s_u^0，在上游边界进行评估，因为热损失和流动不均匀性都被消除了。

高阶分析表明，对于小的 a，这种变化是略微非线性的。通过增大喷嘴分离距离可以最大限度地减小这种不精确度，这样火焰就可以更好地近似为一个表面。或者，通过将本生火焰撞击到平板上实现了零伸展的火焰段，从而产生的正伸展的停滞流中和了负伸展的火焰尖端。

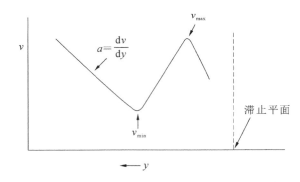

图 5-13　逆流双火焰结构中其中一个火焰的典型轴向速度分布

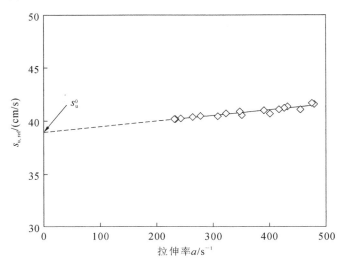

图 5-14　用逆流双火焰方法通过线性外推到零拉伸率来确定层流火焰传播速度 s_u^0

5.5　当量比、温度和压力对火焰传播速度的影响

　　由于火焰传播速度 S_L 与化学反应速率密切相关,因此 S_L 强烈依赖于温度和当量比。图 5-15(a)所示为甲烷-空气的火焰温度与当量比的变化关系,当燃料略过量时,火焰温度达到峰值。燃烧热与燃烧产物热容之间的关系是导致在燃料略过量时火焰温度达到峰值的主要原因:当当量比超过 1 时,燃烧热和燃烧产物热容均下降,但燃烧产物热容下降的速度略快于燃烧热下降的速度,因此,火焰温度还会轻微上升。需要指出的是,该特征对应的当量比的范围不大,因此火焰温度的峰值只是轻微地偏向富燃料侧。火焰传播速度与当量比的关系同火焰温度与当量比的关系类似。图 5-15(b)所示为测量的甲烷-空气的火焰传播速度与当量比的变化关系,在轻微偏向富燃料侧的位置,出现火焰传播速度的峰值。

　　未燃混合气体初始温度 T_r 对火焰传播速度的影响是多方面的。温度升高会导致更快的化学反应,因此化学反应时间越短,火焰传播速度越大。对于理想气体,热扩散率同温度和压力有如下关系

$$\alpha = \frac{k(T)}{\rho c_p} = \frac{RTk(T)}{pc_p} \propto T^{1.5} p^{-1} \tag{5-20}$$

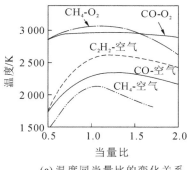

(a) 温度同当量比的变化关系

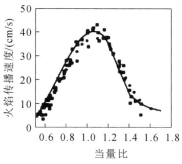

(b) 火焰传播速度同当量比的变化关系

图 5-15　温度和火焰传播速度同当量比的变化关系

温度升高会增大热扩散系数,从而增大火焰传播速度。图 5-16 所示为在 1 atm、不同初始温度下丙烷-空气的火焰传播速度与当量比的变化关系。正如理论预测的那样,初始温度越高,火焰传播速度越大。

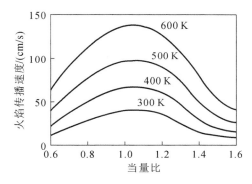

图 5-16　在 1 atm、不同初始温度下丙烷-空气的火焰传播速度与当量比的变化关系

接下来我们考虑压力对火焰传播速度的影响。对于大多数碳氢燃料来说,压力增大实际上会导致火焰传播速度减小。同样,根据式(5-14),我们考察各个参数的压力依赖性,热扩散系数与压力成反比,$\alpha \propto p^{-1}$。由于在高压下离解较少,火焰温度通常随压力的升高而略有升高。因此,此效应不显著,也不包括在内。考虑化学时间尺度的定义,可以分析压力对化学时间尺度的影响

$$\tau_{chem} = \frac{[\text{fuel}]}{\dot{r}_{fuel,ave}} \propto p/p^{(a+b)} \propto p^{1-a-b}$$

式中:a 和 b 分别为燃料和氧化剂的指数,用于一步总包反应。根据以上关系,火焰传播速度与压力有如下关系

$$S_L = \left[\frac{\alpha (T_p - T_{ig})}{\tau_{chem}(T_{ig} - T_r)} \right]^{\frac{1}{2}} \propto \sqrt{p^{-1}/p^{1-a-b}} \propto p^{[(a+b)/2]-1} \propto p^{(n/2)-1} \qquad (5\text{-}21)$$

式中:$n = a + b$,n 为化学反应总级数。如果 $n = 2$,则火焰传播速度对压力不敏感。对于 $n < 2$ 的烃类燃烧反应,火焰传播速度具有负压依赖性,如图 5-17 所示,这可能会给高压下的燃烧应用带来困难。幸运的是,对于大多数碳氢燃料来说,和压力相比,火焰传播速度对温度更敏感,所以提高未燃气体的温度可以抵消压力导致的火焰传播速度的下降。在燃气轮机和内燃机中,燃料-空气混合物在点火前都被压缩至一个较高的温度。在许多工程应用中,根据参考状态(通常是标态)下的火焰传播速度,使用经验公式来关联火焰传播速度。例如,汽

车工程师可能使用下式来关联火焰传播速度

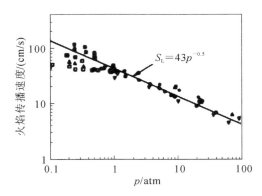

图 5-17　化学当量甲烷-空气的火焰传播速度随压力的变化关系

$$S_L(\Phi, T, p) = S_{L,ref}(\Phi) \left(\frac{T_r}{T_{ref}}\right)^{\alpha} \left(\frac{p}{p_{ref}}\right)^{\beta} (1 - 2.5\Psi) \tag{5-22}$$

式中：$T_{ref} = 300$ K；$p_{ref} = 1$ atm；$S_{L,ref}(\Phi) = Z \cdot W \cdot \Phi^{\eta} \cdot \exp[-\xi(\Phi - 1.075)^2]$；$\Psi$ 为残余燃烧气体的质量分数；Φ 为当量比。层流火焰传播速度的经验系数见表 5-1。

表 5-1　层流火焰传播速度的经验系数

燃料	Z	$W/(cm/s)$	η	ξ	α	β
C_8H_{18}	1	46.58	-0.326	4.48	1.56	-0.22
C_2H_5OH	1	46.50	0.250	6.34	1.75	$-0.17/\sqrt{\Phi}$
$C_8H_{18} +$ C_2H_5OH	$1+0.07X_E^{0.35}$	46.58	-0.326	4.48	$1.56+0.23X_E^{0.35}$	$X_G\beta_G + X_E\beta_E$

注：X_E 为燃料混合物中乙醇的体积百分比，%；X_G 为燃料混合物中异辛烷的体积百分比，%；β_E 为乙醇的 β 值；β_G 为异辛烷的 β 值。

图 5-18 所示为惰性气体稀释对火焰传播速度的影响，这些燃料混合物中燃料的浓度是保持一致的。空气中 N_2 和 O_2 的体积分数之比是 3.76。用 Ar 或 He 来代替 N_2（Ar 和 He 与 O_2 的体积分数之比也是 3.76），可以发现火焰传播速度增大了。用 He 稀释时，火焰传播

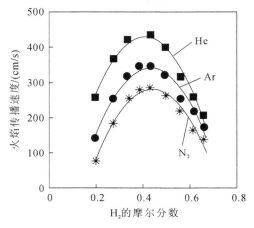

图 5-18　惰性气体稀释对 H_2-O_2 火焰传播速度的影响

速度最大。使用不同的稀释剂,火焰的最高温度和热扩散系数是不同的。表 5-2 列出了在 1 atm 下 H_2-O_2-N_2、H_2-O_2-Ar、H_2-O_2-He 的绝热火焰温度和 1 300 K 下热扩散系数 α 的计算值。当用 Ar 代替 N_2 时,由于 Ar 的热容较低,火焰温度升高对热扩散系数的影响可以忽略不计,因此火焰传播速度增大。当 He 被用作稀释剂时,因为这些稀有气体有相同的热容,混合物火焰温度与用 Ar 稀释时的相同。但由于分子质量小,He 的热扩散率大于 Ar 的,火焰传播速度进一步增大。

表 5-2　在 1 atm 下绝热火焰温度和热扩散系数的计算值

混合物	绝热火焰温度/K	1300 K 下热扩散系数 α/(cm²/s)
H_2-O_2-N_2	2 384	2.65
H_2-O_2-Ar	2 641	2.59
H_2-O_2-He	2 641	12.59

5.6　层流预混火焰传播速度的计算

5.6.1　预混火焰方程

适用于稳态、等压、准一维火焰传播速度的控制方程为

$$\dot{M} = \rho u A \tag{5-23}$$

$$\dot{M}\frac{\mathrm{d}T}{\mathrm{d}x} - \frac{1}{c_p}\frac{\mathrm{d}}{\mathrm{d}x}\lambda A\frac{\mathrm{d}T}{\mathrm{d}x} + \frac{A}{c_p}\sum_{k=1}^{K}\rho Y_k V_k c_{pk}\frac{\mathrm{d}T}{\mathrm{d}x} + \frac{A}{c_p}\sum_{k=1}^{K}\dot{\omega}_k h_k M_k = 0 \tag{5-24}$$

$$\dot{M}\frac{\mathrm{d}Y_k}{\mathrm{d}x} + \frac{\mathrm{d}}{\mathrm{d}x}(\rho A Y_k V_k) - A\dot{\omega}_k M_k = 0 \quad (k = 1, 2, \cdots, K) \tag{5-25}$$

$$\rho = \frac{p\overline{M}}{R_u T} \tag{5-26}$$

上述 4 个方程分别是质量守恒、能量守恒、组分守恒和状态方程。其中,x 为空间坐标;$\dot{M}$ 为质量流量;T 为温度;Y_k 代表组分 k 的质量分数(这里有 K 种物质);p 为压力;u 为流体混合物的速度;ρ 为质量密度;M_k 为组分 k 的相对分子质量;$\overline{M}$ 为混合物平均相对分子质量;R_u 为通用气体常数;λ 是混合物的导热系数;c_p 为混合物的恒压比热容;c_{pk} 是组分 k 的恒压比热容;$\dot{\omega}_k$ 为单位体积内组分 k 的净产率;h_k 为组分 k 的比焓;V_k 为组分 k 的扩散速率;A 为流管围绕火焰的横截面积(通常因热膨胀而增大)。

组分 k 的净产率 $\dot{\omega}_k$ 与涉及该组分的化学反应之间的竞争有关。我们假定每个反应都遵循质量作用定律,并且正反应速率采用修正的阿伦乌斯形式

$$k_f = AT^\beta \exp\left(\frac{-E_a}{RT}\right) \tag{5-27}$$

有关化学反应方程式和热化学性质的详细信息,请参见 CHEMKIN-Ⅲ 用户手册。除了化学反应速率以外,物质的输运特性,即热传导和热扩散系数也非常重要。输运特性计算的详细信息可参见 TRANSPORT 手册。

5.6.2　边界条件

通常,计算火焰传播速度考虑两种不同类型的火焰:稳定的燃烧器火焰和绝热自由传播的火焰。这两种火焰的守恒方程相同,但边界条件不同。对于稳定的燃烧器火焰,$\dot{M}$ 是一个已知的常数,温度和质量通量分数($\varepsilon_k = Y_k + \rho Y_k V_k A/\dot{M}$)在冷边界处根据计算条件确定,在热边界处则取其梯度为零。

对于绝热自由传播的火焰,$\dot{M}$ 是一个特征值,必须作为解的一部分来确定。因此,需要固定并确定某一点的温度,以确保温度和组分梯度在冷边界处为零。如果不满足此条件,表明 $\dot{M}$ 太小,导致一些热量通过冷边界散失。需要重新设置并迭代计算,直至满足所需的边界条件。

5.7　预混火焰的稳定

5.7.1　可燃极限

如图 5-19 所示,当可燃混合物过浓或过稀时,火焰温度降低,导致火焰传播速度明显减小。最终,如果当量比大于某个上限值或小于某个下限值时,火焰不能传播。这两个极限分别称为富可燃极限(RFL)和贫可燃极限(LFL),它们通常表示为燃料在混合物中的体积,如图 5-19 所示。在某些工程应用中,这些极限也称为爆炸极限。对于碳氢燃料:在 RFL 条件下,混合物中燃料的含量约为化学当量条件下的两倍;而在 LFL 条件下,混合物中燃料的含量约为化学当量条件下的一半。通常用一根一端带有火花塞的管子在环境压力下测量可燃极限。当温度和压力改变时,可燃极限也会改变,这是因为温度和压力会影响反应的速率。向可燃混合物中添加惰性气体或稀释气体将减小可燃范围。表 5-3 列出了一些常用燃料的可燃极限。

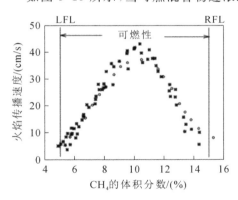

图 5-19　LFL、RFL 示意图

表 5-3　一些常用燃料的可燃极限

燃料蒸气	LFL/(%)	RFL/(%)	燃料蒸气	LFL/(%)	RFL/(%)
氢气	4	75	乙醇	3.3	19
甲烷	5	15	正庚烷	1.2	6.7
汽油	1.4	7.6	异辛烷	1	6.0
柴油	0.3	10	丙烷	2.1	9.5
乙烷	3.0	12.4	正戊烷	1.4	7.8
正丁烷	1.8	8.4	二甲基乙醚	3.4	27
正己烷	1.2	7.4			

在消防安全方面,可燃极限非常有用。例如,可燃极限有助于确定在油箱中储存燃料是

否安全。汽油很容易挥发,其蒸气会充满储罐内的空间。汽油的蒸发压力随温度而变化,在
25 ℃左右的环境温度下,其蒸发压力的正常范围为 48.2～103 kPa。储罐都有充装系数,即
储罐中需要留有一定空间不装汽油。汽油的挥发性使得这部分预留空间中含有一定量的汽
油分子,因此,这部分预留空间因汽油含量太大而无法燃烧(按体积计,汽油的可燃极限分别
为 1.4％和 7.5％)。油箱打开后,汽油蒸气开始与周围的空气混合,形成可燃气体混合物,
在打开装有汽油的储罐时必须小心谨慎。由于蒸气压取决于温度,所以当天气很冷时,储罐
中的汽油混合物可能会因蒸发压力大幅度降低而使汽油的体积分数达到爆炸极限,从而变
成可燃物。

相比之下,柴油和煤油的蒸气压较低,常温下约为 0.05 kPa,在其与空气的混合物中的
体积分数约为 0.05％。这低于 2 号柴油的可燃下限(体积分数约为 0.3％)。2 号柴油的可
燃上限的体积分数是 10％。因此,在 25 ℃左右的室温下将柴油储存在油箱中是安全的。如
果温度升高,蒸气压就会升高,这将导致柴油和空气混合物可燃。

5.7.2　温度和压力对可燃极限的影响

当温度或压力升高时,可燃当量比的范围变大。图 5-20 所示为温度和压力对可燃极限
的影响。如图 5-20(a)所示,随着温度的升高,RFL 增大,而 LFL 减小,因此 RFL 和 LFL 所
包围的可燃区域随温度升高而增大。压力对可燃极限的影响也有类似的趋势,如图 5-20(b)
所示。对于甲烷,压力对 RFL 的影响比对 LFL 的影响更为显著。

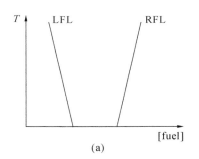
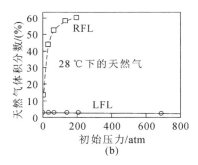

图 5-20　温度和压力对可燃极限的影响

5.7.3　火焰的猝熄

火焰会向邻近导热材料传递热量(热损失),使反应温度降低,从而导致反应速率减小。
如果热损失显著,反应可能无法继续,火焰会熄灭。因此,火焰猝熄与否取决于燃烧反应产
生的热量与向邻近材料传递的热量之间的平衡关系。消防员往火上倒水是生活中常见的熄
火例子之一。

从消防安全到污染物排放,火焰猝熄有许多应用。关于火焰猝熄的一个重要参数是在
熄火前火焰距离材料表面的最小距离 d_0,这个距离称为"熄火距离",根据熄火距离可以确定
阻火器的间距或留在发动机气缸壁上的未燃燃料量等参数。这里,让我们考虑预混火焰传
播到一个具有 1 个单位深度、两壁间距为 d_0 的二维管道中的情况,如图 5-21 所示。

火焰产生的能量为

$$\dot{Q}_{generation} = V \cdot \dot{Q}^m = \delta \cdot d_0 \cdot 1 \cdot \hat{r}_{fuel} \cdot \hat{Q}_c \qquad (5\text{-}28)$$

通过壁面损失的能量为

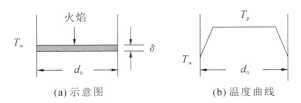

(a) 示意图　　　　　　　　(b) 温度曲线

图 5-21　预混火焰在距离为 d_0 的两壁间通道中传播

$$\dot{Q}_{loss} = 2\delta \cdot 1 \cdot k \frac{T_p - T_{wall}}{d_0} \tag{5-29}$$

火焰熄灭的标准是 $\dot{Q}_{loss} \geqslant \dot{Q}_{generation}$。假设 $\dot{Q}_{loss} = \dot{Q}_{generation}$，有

$$\delta \cdot d_0 \cdot 1 \cdot \hat{r}_{fuel} \cdot \hat{Q}_c = 2\delta \cdot 1 \cdot k \frac{T_p - T_{wall}}{d_0}$$

求解 d_0，得到

$$d_0 = \sqrt{\frac{2k(T_p - T_{wall})}{\hat{r}_{fuel} \cdot \hat{Q}_c}} \tag{5-30}$$

d_0 也被为熄火直径。由式(5-30)可知影响 d_0 的因素。图 5-22 所示为阻火器，阻火器的作用是阻止火焰进入气体输送系统。在燃烧系统中，通常使用金属格栅或金属网格阻隔火焰，金属格栅或金属网格的尺寸必须小于所考虑的燃烧条件下的熄火直径。

(a) 阻火器外观　　　　　　　　(b) 阻火器内部

图 5-22　阻火器

若用化学时间尺度来表示熄火距离，就可以确定 d_0 与 δ 之间的关系。同样地，由 $\hat{Q}_c \cdot [fuel] = \rho_r c_p (T_p - T_r)$，可得 $\hat{Q}_c = \rho_r c_p (T_p - T_r)/[fuel]$。将其代入式(5-30)中可得

$$d_0 = \sqrt{\frac{2k[fuel](T_p - T_{wall})}{\hat{r}_{fuel} \rho_r c_p (T_p - T_r)}} = \sqrt{2\alpha\tau_{chem} \frac{T_p - T_{wall}}{T_p - T_r}} \tag{5-31}$$

其中，当 $T_{wall} \approx T_r$ 时，有

$$d_0 \approx \sqrt{2\alpha\tau_{chem}} \tag{5-32}$$

将式(5-32)与式(5-16)中的火焰厚度进行比较，可得

$$d_0 \approx \sqrt{\frac{2(T_{ig} - T_r)}{T_p - T_{ig}}} \delta = O(\delta) \tag{5-33}$$

这意味着熄火距离与火焰厚度的数量级相同，即在环境条件下为几个毫米。更重要的是，d_0 对混合物温度和压力的依赖关系与 δ 的相同。如图 5-23 所示，d_0 对当量比的 U 形依赖关系与 δ 的相似。通过 $\delta \propto p^{-n/2}$，可以预测 $d_0 \propto p^{-n/2}$，这种依赖关系如图 5-24 所示。

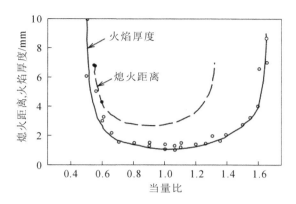

图 5-23　甲烷-空气的火焰厚度和熄火距离同当量比的变化关系

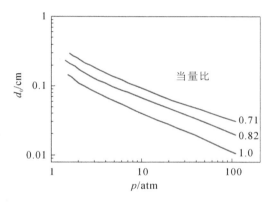

图 5-24　熄火距离与压力的变化关系

通过分析预混火焰的熄火直径的实验数据,有

$$d_0 \approx 8 \frac{\alpha}{S_L} \tag{5-34}$$

利用式(5-17),得到

$$d_0 \approx 8 \frac{T_{ig} - T_r}{T_p - T_{ig}} \delta \tag{5-35}$$

5.7.4　火焰稳定与吹熄

一个给定的燃料-空气混合物具有一定的火焰传播速度 s_u^0,而且火焰传播速度是由燃料-空气混合物的热化学特性决定的。因此燃料-空气混合物一旦被点燃,火焰会以一个与火焰传播速度接近的速度向上游未燃的燃料-空气混合物传播。在实际应用中,我们非常希望这种火焰在空间中保持稳定,以便在燃烧器(如燃气轮机和工业炉膛)内实现连续的运行模式。为了达到这一目的,未燃燃料-空气混合物必须具有完全相同的速度,以平衡火焰传播速度,从而使火焰保持稳定。这基本上是不可能做到的,即使可以做到,在燃烧器的工作范围内要求也是十分苛刻的。研究火焰稳定原理相当于研究火焰燃烧强度的自动调整机制,在该机制中,火焰在非均匀的、瞬时变化的流场中可以灵活地调整其位置、方向和形状。因此火焰不仅可以在局部区域内实现出流速度与火焰传播速度的静态平衡,而且还具有足够的灵活性来适应运行条件的变化,从而达到动态平衡。

1. 平焰燃烧器

平焰燃烧器（the flat-flame burner）在燃烧学研究中具有广泛应用，特别是与火焰化学结构相关的研究。如图 5-25 所示，可燃混合物从多孔板中流出，形成平面火焰。若火焰对燃烧器的换热较多，多孔板可有内部冷却。

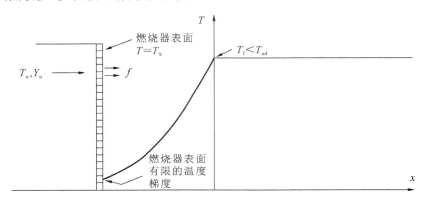

图 5-25　平焰燃烧器的原理及温度分布

火焰能够稳定地停留在燃烧器上方，离燃烧器的距离称为相隔距离，这是火焰的热量通过预热区传导到多孔板导致的。由于热量是通过导热传递给多孔板的，因此多孔板必须和预热区接触。那么在绝热条件下，反应区的相隔距离小于预热区厚度，但二者处于同一量级。因为在燃烧器表面传热是有限的，流场中的温度相对于基于自由流混合物的绝热极限温度整体下降，而火焰的质量燃烧通量 f（简单地说就是燃烧器的流量）相应地小于绝热的自由传播火焰的质量燃烧通量。只有在热损失消失的极限情况下，火焰才能达到绝热状态。

非绝热自由传播火焰的稳定性分析表明：正如图 5-26 所示的那样，对于给定的热损失率，可能存在两种火焰传播速度，即典型的双火焰传播速度异常。然而实验中转折点的存在经常被引用来验证斯伯丁（Spalding）的理论，特别是认定转折点为熄火状态或者是可燃极限。Ferguson 等人的研究展示了双火焰传播速度现象的另一种表现，即在相同的熄火距离下存在两种火焰传播速度。

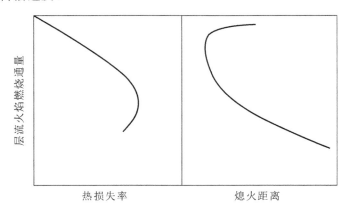

图 5-26　试验中观察到的双火焰传播速度现象示意图

可燃混合物的温度为 T_u，反应物浓度为 Y_u，从具有表面温度为 T_s 的多孔板中以质量流 f 形式流出。由于多孔板的热损失，所产生的火焰温度 T_f 低于基于 T_u 和 Y_u 的绝热火焰温度 T_{ad}。然而，燃烧器表面的火焰结构下游没有热损失。总能量守恒在无量纲形式下为

$$\tilde{f}\frac{\mathrm{d}(\tilde{T}+\tilde{Y})}{\mathrm{d}\tilde{x}}-\frac{\mathrm{d}^2(\tilde{T}+\tilde{Y})}{\mathrm{d}\tilde{x}^2}=0 \tag{5-36}$$

式中：$\tilde{x}=(f^0/\rho D)x$；$\tilde{Y}=Y/Y_{\mathrm{u}}$；$\tilde{T}=c_p T/(q_c Y_{\mathrm{u}})$。对于式(5-36)从燃烧器表面 $\tilde{x}=0^+$ 到下游 $\tilde{x}=\infty$ 进行积分，并且运用边界条件

$$\tilde{x}=0^+:\tilde{T}=\tilde{T}_{\mathrm{s}},\tilde{f}\tilde{Y}-\frac{\mathrm{d}\tilde{Y}}{\mathrm{d}\tilde{X}}=\tilde{f},(\frac{\mathrm{d}\tilde{T}}{\mathrm{d}\tilde{x}})_{0^+}=(\frac{\mathrm{d}\tilde{T}}{\mathrm{d}\tilde{x}})_{0^-}=\tilde{L}_{\mathrm{s}} \tag{5-37}$$

$$\tilde{x}=\infty:\tilde{T}=\tilde{T}_{\mathrm{f}},\tilde{Y}=0,\frac{\mathrm{d}\tilde{T}}{\mathrm{d}\tilde{x}}=0 \tag{5-38}$$

式中：$\tilde{L}_{\mathrm{s}}$ 为表面热损失率参数，可得到

$$\tilde{f}[\tilde{T}_{\mathrm{ad}}+(\tilde{T}_{\mathrm{s}}-\tilde{T}_{\mathrm{u}})]-\tilde{L}_{\mathrm{s}}=\tilde{f}\tilde{T}_{\mathrm{f}} \tag{5-39}$$

由式(5-39)可知，当总能量为 $\tilde{f}\tilde{T}_{\mathrm{ad}}$ 的混合物通过多孔板时，它在加热到 $\tilde{T}_{\mathrm{s}}$ 时获得额外的显热 $\tilde{f}(\tilde{T}_{\mathrm{s}}-\tilde{T}_{\mathrm{u}})$，同时因为冷却损失了 $\tilde{L}_{\mathrm{s}}$ 的能量。式子右边的项表示剩下的能量。可以将上式简化为将混合物加热到 $\tilde{T}_{\mathrm{f}}$，注意 $Y_{\mathrm{s}}\neq Y_{\mathrm{u}}$。

通过求解预热区温度分布的方程 $\tilde{f}\tilde{T}'-\tilde{T}''=0$ 可以很容易地确定热损失量，从而得到

$$\tilde{T}=\tilde{T}_{\mathrm{s}}+(\tilde{T}_{\mathrm{f}}-\tilde{T}_{\mathrm{s}})\left(\frac{\mathrm{e}^{\tilde{f}\tilde{x}}-1}{\mathrm{e}^{\tilde{f}\tilde{x}_{\mathrm{f}}}-1}\right),\tilde{x}\ll\tilde{x}_{\mathrm{f}} \tag{5-40}$$

$$\tilde{L}_{\mathrm{s}}=(\frac{\mathrm{d}\tilde{T}}{\mathrm{d}\tilde{x}})_{0^+}=\frac{\tilde{f}(\tilde{T}_{\mathrm{f}}-\tilde{T}_{\mathrm{s}})}{\mathrm{e}^{\tilde{f}\tilde{x}_{\mathrm{f}}}-1} \tag{5-41}$$

$$\tilde{f}^2=\left(\frac{\tilde{T}_{\mathrm{f}}}{\tilde{T}_{\mathrm{ad}}}\right)^4\exp\left[-\tilde{T}_{\mathrm{a}}\left(\frac{1}{\tilde{T}_{\mathrm{f}}}-\frac{1}{\tilde{T}_{\mathrm{ad}}}\right)\right] \tag{5-42}$$

式中：$\tilde{T}_{\mathrm{f}}$ 由式(5-39)给出。

对于给定的出流流量，此时质量通量 $\tilde{f}$、火焰温度 $\tilde{T}_{\mathrm{f}}$、热损失率 $\tilde{L}_{\mathrm{s}}$ 及火焰位置 $\tilde{x}_{\mathrm{f}}$ 由式(5-39)、式(5-41)、式(5-42)给出。标准预混火焰与具有体积热损失的标准预混火焰不同，其火焰温度 $\tilde{T}_{\mathrm{f}}$ 仅略低于 $\tilde{T}_{\mathrm{ad}}$，根据燃烧器表面的传热程度，$\tilde{T}_{\mathrm{f}}$ 降低的程度可以是相当大的。

具体而言，在绝热极限 $\tilde{f}\to1$，出现适当极限表现 $\tilde{T}_{\mathrm{f}}\to\tilde{T}_{\mathrm{ad}}$、$\tilde{x}_{\mathrm{f}}\to\infty$ 及 $\tilde{L}_{\mathrm{s}}\to0$，而在不反应极限 $\tilde{f}\to0$ 时，极限表现为 $\tilde{T}_{\mathrm{f}}\to\tilde{T}_{\mathrm{u}}$、$\tilde{x}_{\mathrm{f}}\to\infty$ 及 $\tilde{L}_{\mathrm{s}}\to0$。此外，对于给定的热损失率 $\tilde{L}_{\mathrm{s}}$ 及给定的熄火距离 $\tilde{x}_{\mathrm{f}}$，$\tilde{f}$ 有两个解，因此存在一个最大的热损失率 $\tilde{L}_{\mathrm{s,max}}$ 及最小的熄火距离 $\tilde{x}_{\mathrm{f,min}}$，超出这个范围就没有解了。这些存在双解的情况与上文讨论的试验观察情况相符。

然而，重要的是，要认识到具有体积热损失的非绝热自由传播火焰和目前具有传热到上游边界的燃烧器稳定火焰之间的根本区别，即使它们在绘制燃烧通量 $\tilde{f}$ 与热损失参数的曲线图时似乎都表现出双重火焰传播速度和转折点行为，如图 5-27 所示。首先，从运行的角度看，可以认为对于自由传播火焰，热损失率是可独立指定的。因此通过改变传热系数 $\tilde{h}$ 来连续增加热损失率，可以使火焰到达熄灭状态。然而，对于燃烧器稳定火焰（burner-stabilized flame），在表面温度固定的情况下，由于火焰可灵活地调整其位置从而调整传导热量的程度，因此在操作上更难控制热损失率。相反，可独立控制出流流量 $\tilde{f}$。因此如果将 $\tilde{f}$ 看成独立

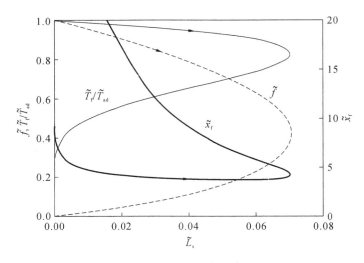

图 5-27 以热损失率为独立参数的解析解($\tilde{T}_u = \tilde{T}_s = 0.12$)对平板燃烧器火焰
的响应曲线图,箭头指的是在不同响应下的解的分支

变量,图 5-28 展示了对于一个给定的 $\tilde{f}$ 仅有一个热损失率 $\tilde{L}_s$ 和火焰位置 $\tilde{x}_f$。因此,系统响应是单值的。此外,因为很难控制热损失率,燃烧器稳定火焰通过增大热损失率并不容易实现熄火。事实上,"消除"火焰最可行的机制是不断增大放热速率,直到它超过绝热自由传播火焰的值。火焰消除是因为出流速度超过了绝热火焰,所以火焰在这种情况下准确地说是吹离而不是熄火。

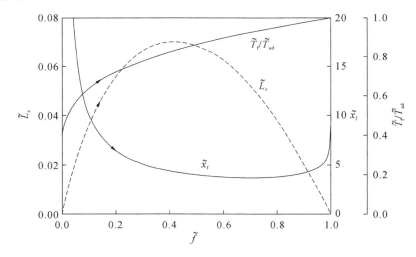

图 5-28 在质量流率为独立参数下获得的类似于图 5-27 的结果图

因此,平面燃烧器火焰响应曲线的转折点可以简单地解释为对于出流流量的变化火焰非单调响应的表现形式。因此,$\tilde{f}$-$\tilde{L}_s$ 曲线的转折点不是熄灭状态,$\tilde{x}_f$-$\tilde{f}$ 的转折点也不指定熄火距离。

因此,经典的"双火焰传播速度"现象是一种人为反常现象,因为非绝热自由传播火焰和平面燃烧器火焰是基准不同的两种系统。当尝试使用基于前者的理论来解释后者的试验结果时,会出现反常现象。当运用基于平面燃烧器火焰的理论来进行解释时不会出现反常现象。值得注意的是,转折点的出现并不意味着熄灭状态的存在,热损失的存在也不意味着火焰将在某种状态下熄灭。

上述概念的可行性已经通过其他的试验及包含详细的化学和传输数值计算得到了进一步的证实,它们之间非常一致。

2. 预混火焰在燃烧器边缘的稳定

接下来讨论因热损失及非均匀流动而产生的火焰稳定。我们以本生火焰的稳定为例。众所周知,本生火焰可在相当大的流速和混合气体浓度范围内稳定停留在燃烧器出口上方。火焰稳定的局部区域是燃烧器边缘的区域。图 5-29 所示为本生火焰的稳定机理。

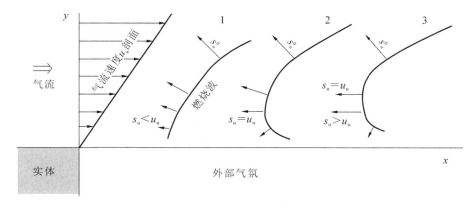

图 5-29　本生火焰的稳定机理

如果本生燃烧器的燃烧器管道内的流动是充分发展的,那么出口速度分布呈抛物线。与边缘相邻的狭窄区域的速度变化可以近似为线性。显然,在这个区域中,局部火焰的速度 s_u 并不等于非拉伸平面绝热火焰传播速度 s_u^0,那么造成两者之间差异的因素有两个:边缘的冷却导致的 $s_u < s_u^0$;由周围空气的扩散和卷吸引起的混合物浓度的变化。对于贫燃料混合物,由于混合物相对稀薄,火焰传播速度进一步减小。对于富燃料混合物,由于其与空气混合的比例更接近化学计量比,燃烧则更加剧烈。需要说明的是,本节主要讨论贫燃料情况。在流动中心区域,火焰上游对流作用强,因此火焰根据上游的来流组成形成其层流火焰传播速度 s_u^0,并根据局部速度分布调整其构型。

图 5-29 考虑了贫燃料混合物的三种火焰构型。在火焰构型 1 中,火焰太靠近边缘导致过多的热损失,此处的 s_u 都小于来流流速,因此火焰被推回原处。在火焰构型 2 中,火焰远离边缘从而减小了热损失。因此,s_u 除了在最外层边缘以外都是增大的。最外层边缘由于空气的夹带变得很重要,稀释了混合物,进一步减小了火焰传播速度 s_u。因此,在火焰段的某一点上,火焰传播速度精确地平衡了来流速度,导致整个火焰锚定在这点上。在火焰构型 3 中,火焰离边缘太远使得一些位置的层流火焰传播速度大于来流速度,导致火焰朝平衡位置前移。

显然,当混合物速度和组分发生变化时,火焰可以调整至燃烧器边缘的位置,以应对这些变化,从而在某一个局部位置上实现局部的速度平衡。但是,当这样的平衡没有达到时,回火或吹离将会发生。

通过继续减小混合物流速或者提高其反应性,火焰位于更靠近边缘的位置。当流速减小到一定程度时(表征为速度梯度),气流中某一点的气体速度就会小于火焰传播速度。于是,火焰将会逆流传播进入管道从而导致回火的发生。

图 5-30 定性地给出了回火发生的条件,以及混合气体的线性流速曲线、靠近燃烧器壁的火焰传播速度变化曲线。可以看到,如果流速大于火焰传播速度(即曲线 3),则火焰就会

从管内喷出。反之,会发生回火,即曲线 1。而曲线 2 给出了回火能够发生的初始状态。

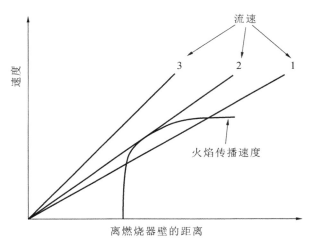

图 5-30　本生灯火焰的回火机理

对于吹离,可参考图 5-31。通过增大流速,火焰会被提升到相对于边缘更高的位置。由于减少了对边缘的热损失,火焰底部的火焰传播速度也会增大。然而,火焰传播速度有一个上限,超过这个上限就不能进一步增大了。当流速过大时,如曲线 4 所示,火焰就会发生吹离。因此,曲线 3 给出了吹离可以发生的临界状态。

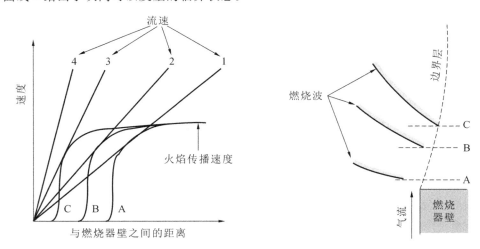

图 5-31　本生灯火焰的脱火机理

如果用 y 表示火焰底部高于燃烧器边缘的距离,而 $v(y)$ 代表局部流速,当下列条件同时满足时可能实现稳定,s_u 和 v 的梯度相等是吹离可能发生的临界状态。

$$s_u = v_u, \left(\frac{\partial s_u}{\partial y}\right) > \left(\frac{\partial v}{\partial y}\right)_u \tag{5-43}$$

值得注意的是,火焰的吹离和熄火是两种完全不同的现象。吹离是火焰传播速度和出流速度的动态失衡导致的。当气流速度增大时,火焰在稳定点的燃烧强度会达到最大值,从而达到临界吹离条件而发生吹离,在吹离发生后的有限时间内火焰仍会保持其结构。相反,熄火是化学反应性的骤然下降导致的,火焰会完全消失。火焰强度会达到临界熄火条件的最小值。

　　图 5-32 显示了天然气和空气混合物的临界回火和吹离同燃料浓度和流速梯度的关系。本生火焰稳定的范围是处于回火和吹离曲线之间的区域。从图 5-32 中可以看到,贫燃料或富燃料混合物都能够抑制回火发生。由于吹离曲线不存在这种对称性,随着燃料浓度的增大,吹离变得越来越困难,从而增大了火焰的燃烧强度。

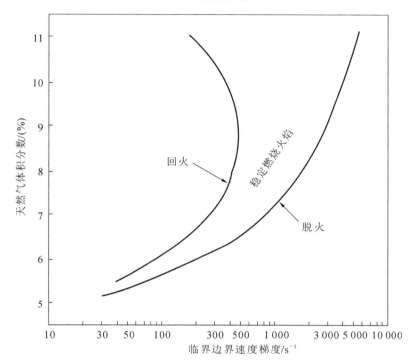

图 5-32　层流预混火焰中的脱火、回火,以及稳定燃烧区域的划分

3. 燃烧器边缘的非预混火焰的稳定

　　由于低温在燃烧器边缘会存在一个死区(dead space),并且在足够大的流速下会出现吹离。越来越多的证据表明,通过接近燃烧器边缘的预混火焰段可以稳定大量未预混合火焰(见图 5-33)。

　　气体燃料从燃烧器管中排出,首先与燃烧器边缘区域的环境中的空气混合,而在该区域由于低温反应无法发生。因此当反应真正发生时,燃烧器边缘的火焰段呈现出预混火焰的特征。远离燃烧器边缘的大部分火焰仍是非预混火焰。但是整个火焰的稳定仍由预混火焰段的稳定度来控制。

　　稳定所需的预混火焰段的确有一个相当有趣的火焰结构,如图 5-33 所示。在燃烧器边缘下游燃料和氧化剂迅速混合,产生了分层的由贫燃料到富燃料的混合物。因此,从贫燃料到富燃料的火焰段产生仅由氧气和燃料组成的燃料产物。这些基于氧气和燃料的燃烧产物依次形成强度不断增大的非预混火焰,最终成为整体火焰构型中显示的大块非预混火焰。这种火焰结构称为三重火焰或三臂火焰。

4. 托举火焰的稳定

　　随着燃料浓度的不断增大,火焰越来越难发生吹离。图 5-34 显示了本生火焰完整的稳定范围,涵盖了空气中燃料浓度的整个范围,还标明了惰性环境中的吹离极限。需要注意的

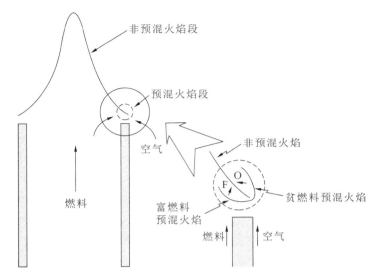

图 5-33　通过火焰底部的预混火焰段来稳定非预混本生火焰的示意图

是，在富燃料混合物条件下，空气环境中的整个火焰行为类似于一个非预混火焰。因此，当燃料浓度超过这个范围时，有理由把火焰处理为一个扩散火焰。这样的火焰，不容易发生吹离。相反，随着流速加大，火焰将从燃烧器边缘升起，并悬浮在燃烧器上方的某个位置。在这种情况下由于流速大流动会变成湍流。在出流到达火焰之前在富燃料射流和周围环境之间已经有相当程度的预混了。因此最终火焰会同时具有预混火焰和非预混火焰的特点。再进一步增大流速，托举火焰(lifted flame)最终会被吹熄。

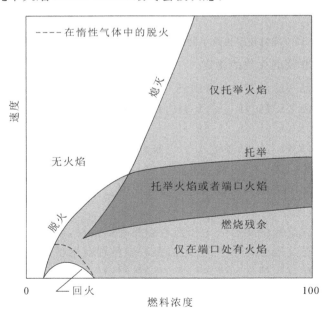

图 5-34　本生火焰的完整稳定图，在大速率流动中火焰为湍流火焰

　　如果我们从托举火焰开始逐渐减小流速，最终托举火焰将回落到燃烧器边缘。在惰性环境中，无论是贫燃料混合物，还是富燃料混合物，火焰被吹离的特征是类似的。吹离速度在化学计量附近达到峰值，如图 5-34 所示。此外，回火不会因卷吸周围气体而受影响。

参 考 文 献

[1] FELLS I. Flame and combustion phenomena: J. N. Bradley. A methuen monograph on a chemical subject: London, 1969. 712in. × 5in. xiv ＋ 210 pp. 38s[J]. Combustion and Flame, 1969, 13(6):658.

[2] MCALLISTER S, CHEN J Y, FERNANDEZ-PELLO A C. Fundamentals of combustion processes[M]. New York: Springer, 2011.

[3] LAW C K. Combustion physics[M]. New York: Cambridge University Press, 2006.

[4] ANDREWS G E, BRADLEY D. The burning velocity of methane-air mixtures[J]. Combustion and Flame, 1972, 19(2):275-288.

[5] BAYRAKTAR H. Experimental and theoretical investigation of using gasoline-ethanol blends in spark-ignition engines[J]. Renewable Energy, 2005, 30(11):1733-1747.

[6] BLANC M V, GUEST P G, ELBE G V, et al. Ignition of explosive gas mixtures by electric sparks. I. minimum ignition energies and quenching distances of mixtures of methane, oxygen, and inert gases[J]. The Journal of Chemical Physics, 1947, 15(11): 798-802.

[7] BOSSCHAART K J, GOEY L P H D. Detailed analysis of the heat flux method for measuring burning velocities[J]. 2003, 132(1/2):170-180.

[8] FENN J B. Lean Flammability Limit and Minimum Spark Ignition Energy[J]. Industrial & Engineering Chemistry, 1951, 43(12):2865-2869.

[9] GREEN K A, AGNEW J T. Quenching distances of propane-air flames in a constant-volume bomb[J]. Combustion and Flame, 1970, 15(2):189-191.

[10] KWON O C, FAETH G M. Flame/stretch interactions of premixed hydrogen-fueled flames: measurements and predictions[J]. Combustion and Flame, 2001, 124(4): 590-610.

[11] LAW C K. Combustion at a crossroads: status and prospects[J]. Proceedings of the Combustion Institute, 2007, 31(1):1-29.

[12] POINSOT T. Turbulent combustion: by N. Peters (Cambridge University Press, Cambridge, UK, 2000, 304 pp.) £ 45.00, US $ 69.96 hardcover ISBN 0 521 66082 3[J]. European Journal of Mechanics-B/Fluids, 2001, 20(3):427-428.

[13] TURNS S R. An Introduction to combustion: concepts and applications[M]. 2nd ed. New York: The McGraw-Hill Companies, Inc., 2000.

[14] WARNATZ J, MAAS U, DIBBLE R W. Combustion: physical and chemical fundamentals, modeling and simulation, experiments, pollutant formation[M]. 4th ed. Berlin: Springer, 2006.

[15] GLASSMAN I, YETTER R A, GLUMAC N G. Combustion[M]. 5th ed. San Diego: Elsevier, 2015.

第6章

层流扩散火焰

6.1 概　　述

广义地说,燃料与氧化剂(一般是空气)没有预先混合,而是一边混合一边燃烧,这种燃烧方式称为扩散燃烧(或非预混燃烧)。对于燃烧设备,这种燃烧方式是指燃料与空气分开送入燃烧室。在扩散燃烧中,火焰发生于燃料与空气的交界面(混合层),燃料与空气分别从火焰两侧扩散到交界面,燃烧产物则向火焰两侧扩散。

扩散燃烧是人类最早使用的一种燃烧方式。直到今天,扩散火焰仍然是我们最常见的一种火焰。野营中使用的篝火、火把火焰,家庭中使用的蜡烛和煤油灯火焰,煤炉中的燃烧火焰,以及各种发动机和工业窑炉中的液滴燃烧火焰都属于扩散火焰。威胁和破坏人类文明和生命财产的各种毁灭性火灾也都是扩散火焰造成的。此外,扩散火焰不会出现回火现象,稳定性较好,在燃烧前不需要预先混合燃料和空气,使用比较方便,所以在工业上得到广泛应用。但是,扩散火焰中形成的碳烟(soot)不仅会导致燃料浪费,还会导致环境污染。因此,深刻理解扩散火焰的特征对于实际燃烧器的开发设计是极其重要的。

扩散燃烧可以是单相的,也可以是多相的。液体和固体燃料(如石油和煤)在空气中的燃烧属于多相燃烧,而气体燃料的射流燃烧属于单相扩散燃烧。

根据燃料与空气的供给方式,扩散火焰可大致分为以下三种类型。

(1)自由射流扩散火焰。气体燃料从喷口射入大空间中的静止空气,在燃料射流的界面上形成扩散火焰。

(2)平行流扩散火焰。燃料与空气从轴线平行的两个或多个喷口中分别射出,且方向相同,因此,它也是一种射流火焰。与自由射流扩散火焰不同的是,它一般发生于受限空间内,受到燃烧室壁面的影响。

(3)对向流(或逆向流)扩散火焰。燃料与空气喷口分开、相对布置,以对冲的方式射出,扩散火焰形成于两喷口之间的混合层。

射流扩散火焰根据流动状况可分为层流射流扩散火焰和湍流射流扩散火焰。由于湍流要比层流混合得好,因此湍流射流扩散火焰的长度要比层流射流扩散火焰的长度小很多。

需要指出的是,本书只介绍层流射流扩散火焰和对向流扩散火焰,以及碳烟的生成及影响因素。

6.2　层流射流扩散火焰

层流射流扩散火焰主要包括自由空间射流扩散火焰和受限空间射流扩散火焰两大类。本节较为详细地介绍层流射流扩散火焰的通用数学模型,并给出简化情况下的求解方法。此外,本节将简单介绍数值求解方法。

6.2.1　基本假设

(1)流动为稳定的轴对称层流,燃料由半径为 R 的圆形喷嘴喷出,在充满氧化剂的无限大静止空间中燃烧。

(2)不考虑燃烧过程中产生的中间组分,认为只存在燃料、氧化剂和产物三种组分。火焰内部只存在燃料和产物,而火焰外部只存在氧化剂和产物。

(3)在火焰面,燃料和氧化剂按化学当量比进行反应。化学动力学过程进行得无限快,即认为火焰厚度为无限薄,这就是所谓的"火焰面近似"。

(4)只考虑组分之间的二元扩散,遵循菲克定律。

(5)刘易斯数($Le=a/D$)等于 1,即假设热扩散率和质量扩散率相等。

(6)忽略辐射换热。

(7)由于各变量的轴向梯度远小于径向梯度,因此,忽略轴向的各种扩散,只考虑径向的物质、动量和能量扩散。

(8)火焰的轴线垂直向上。

6.2.2　数学模型

下面首先给出有量纲的守恒方程组(包括以混合物分数表达的组分守恒方程)及对应的边界条件,然后引入无量纲变量,导出相应的无量纲的守恒方程组和边界条件。

1. 有量纲的守恒方程

(1)质量守恒方程

$$\frac{\partial(\rho v_x)}{\partial x} + \frac{\partial(r\rho v_r)}{r\partial r} = 0 \tag{6-1}$$

(2)轴向动量守恒方程

$$\frac{\partial(r\rho v_x v_x)}{r\partial x} + \frac{\partial(r\rho v_x v_r)}{r\partial r} - \frac{\partial}{r\partial r}\left(r\mu\frac{\partial v_x}{\partial r}\right) = (\rho_\infty - \rho)g \tag{6-2}$$

该方程对火焰面内外均适用,在火焰面保持连续。该方程等号右边为浮升力项。

(3)组分守恒方程

$$\frac{\partial(r\rho v_x Y_i)}{r\partial x} + \frac{\partial(r\rho v_r Y_i)}{r\partial r} - \frac{\partial}{r\partial r}\left(r\rho D\frac{\partial Y_i}{\partial r}\right) = 0 \tag{6-3}$$

式中:i 为火焰面内外的燃料或氧化剂。根据火焰面假设,化学反应源项没有体现在组分守恒方程中,而体现在边界条件中。同时,根据假设,只有三种组分存在,因此燃烧产物的质量分数可由下式计算

$$Y_{Pr} = 1 - Y_F - Y_{Ox} \tag{6-4}$$

这里,引入混合物分数 f 这一守恒标量,其定义为

$$f \equiv \frac{源于燃料的质量}{混合物总质量} \tag{6-5}$$

式中:"源于燃料的质量"为混合物中源于燃料流的真正能燃烧的物质的质量。对于烃类燃料来说即碳和氢。如果燃料和氧化剂的质量分别为 1 kg 和 ν kg,则燃烧产物的质量为 $(1+\nu)$ kg,即

$$f = 1 \times Y_F + \left(\frac{1}{\nu+1}\right) \times Y_{Pr} + 0 \times Y_O = Y_F + \left(\frac{1}{\nu+1}\right) \times Y_{Pr} \tag{6-6}$$

为了减少边界条件所带来的求解困难,下面采用含有混合物分数 f 的方程来代替组分守恒方程

$$\frac{\partial(r\rho v_x f)}{\partial x} + \frac{\partial(r\rho v_r f)}{\partial r} - \frac{\partial}{\partial r}\left(r\rho D \frac{\partial f}{\partial r}\right) = 0 \tag{6-7}$$

f 在喷嘴出口处为 1,在远离火焰处(氧化剂中)为 0,在火焰面连续。

(4)能量守恒方程

$$\frac{\partial}{\partial x}\left(r\rho v_x \int c_p \mathrm{d}T\right) + \frac{\partial}{\partial r}\left(r\rho v_r \int c_p \mathrm{d}T\right) - \frac{\partial}{\partial r}\left[r\rho D \frac{\partial \int c_p \mathrm{d}T}{\partial r}\right] = 0 \tag{6-8}$$

该方程在火焰面内外均适用,但在火焰面不连续,燃烧反应放出的热量将以边界条件的形式给出。为此,用绝对焓的守恒方程(6-9)来代替能量守恒方程(6-8)。

$$\frac{\partial}{\partial x}(r\rho v_x h) + \frac{\partial}{\partial r}(r\rho v_r h) - \frac{\partial}{\partial r}\left(r\rho D \frac{\partial h}{\partial r}\right) = 0 \tag{6-9}$$

以上有量纲的守恒方程组对应的边界条件为

$$v_r(0,x) = v_x(\infty,x) = \frac{\partial v_x}{\partial r}(0,x) = v_x(r > R, 0) = 0; v_x(r \leqslant R, 0) = v_e \tag{6-10}$$

$$f(r \leqslant R, 0) = 1; f(\infty, x) = f(r > R, 0) = \frac{\partial f}{\partial r}(0,x) = 0 \tag{6-11}$$

$$h(\infty, x) = h_{Ox}; h(r \leqslant R, 0) = h_F; h(r > R, 0) = h_{Ox}; \frac{\partial h}{\partial r}(0,x) = 0 \tag{6-12}$$

2. 无量纲的守恒方程

这里,分别选取喷嘴半径 R、喷嘴出口速度 v_e、喷嘴出口处的燃料密度 ρ_e 作为特征长度、特征速度和特征密度,而混合物分数 f 本身就是一个无量纲量,可以直接使用。此外,还需定义无量纲绝对焓。

$$x^* \equiv x/R; r^* \equiv r/R \tag{6-13}$$

$$v_x^* \equiv v_x/v_e; v_r^* \equiv v_r/v_e \tag{6-14}$$

$$h^* \equiv \frac{h - h_{Ox,\infty}}{h_{F,e} - h_{Ox,\infty}} \tag{6-15}$$

其中,在喷嘴出口处,$h = h_{F,e}$,所以 $h^* = 1$;而在环境中($r \to \infty$),$h = h_{Ox,\infty}$,所以 $h^* = 0$。

将以上无量纲量代入有量纲的基本守恒方程和以混合物分数表达的组分守恒方程中,可得到无量纲的守恒方程组。

(1)无量纲质量守恒方程

$$\frac{\partial(\rho^* v_x^*)}{\partial x^*} + \frac{\partial(r^* \rho^* v_r^*)}{r^* \partial r^*} = 0 \tag{6-16}$$

（2）无量纲轴向动量守恒方程

$$\frac{\partial\left(r^{*}\rho^{*}v_{x}^{*}v_{x}^{*}\right)}{\partial x^{*}}+\frac{\partial\left(r^{*}\rho^{*}v_{x}^{*}v_{r}^{*}\right)}{\partial r^{*}}-\frac{\partial}{\partial r^{*}}\left[\left(\frac{\mu}{\rho_{e}v_{e}R}\right)r^{*}\frac{\partial v_{x}^{*}}{\partial r^{*}}\right]=\frac{gR}{v_{e}^{2}}\left(\frac{\rho_{\infty}}{\rho_{e}}-\rho^{*}\right)r^{*} \quad (6-17)$$

（3）无量纲组分守恒方程

$$\frac{\partial\left(r^{*}\rho^{*}v_{x}^{*}f\right)}{\partial x^{*}}+\frac{\partial\left(r^{*}\rho^{*}v_{r}^{*}f\right)}{\partial r^{*}}-\frac{\partial}{\partial r^{*}}\left[\left(\frac{\rho D}{\rho_{e}v_{e}R}\right)r^{*}\frac{\partial f}{\partial r^{*}}\right]=0 \quad (6-18)$$

（4）无量纲能量守恒方程

$$\frac{\partial}{\partial x^{*}}\left(r^{*}\rho^{*}v_{x}^{*}h^{*}\right)+\frac{\partial}{\partial r}\left(r^{*}\rho^{*}v_{r}^{*}h^{*}\right)-\frac{\partial}{\partial r^{*}}\left[\left(\frac{\rho D}{\rho_{e}v_{e}R}\right)r^{*}\frac{\partial h^{*}}{\partial r^{*}}\right]=0 \quad (6-19)$$

以上无量纲的守恒方程组对应的边界条件为

$$v_{r}^{*}\left(0,x^{*}\right)=0 \quad (6-20)$$

$$v_{x}^{*}\left(\infty,x^{*}\right)=f\left(\infty,x^{*}\right)=h^{*}\left(\infty,x^{*}\right)=0 \quad (6-21)$$

$$\frac{\partial v_{x}^{*}}{\partial r^{*}}\left(0,x^{*}\right)=\frac{\partial f}{\partial r^{*}}\left(0,x^{*}\right)=\frac{\partial h^{*}}{\partial r^{*}}\left(0,x^{*}\right)=0 \quad (6-22)$$

$$v_{x}^{*}\left(r^{*}\leqslant1,0\right)=f\left(r^{*}\leqslant1,0\right)=h^{*}\left(r^{*}\leqslant1,0\right)=1 \quad (6-23)$$

$$v_{x}^{*}\left(r^{*}>1,0\right)=f\left(r^{*}>1,0\right)=h^{*}\left(r^{*}>1,0\right)=0 \quad (6-24)$$

通过观察,可知,混合物分数 f 和无量纲绝对焓 h^{*} 的方程及边界条件均相同,因此,对于这两个方程,只需求解一个方程即可。

再假设施密特数 $Sc\equiv\mu/(\rho D)=1$,加上前面已经假设 $Le=1$,如果忽略浮升力的作用,则轴向动量、混合物分数、焓的方程就可以用一个统一的式子来表达

$$\frac{\partial\left(r^{*}\rho^{*}v_{x}^{*}\xi\right)}{\partial x^{*}}+\frac{\partial\left(r^{*}\rho^{*}v_{r}^{*}\xi\right)}{\partial r^{*}}-\frac{\partial}{\partial r^{*}}\left(\frac{1}{Re}r^{*}\frac{\partial\xi}{\partial r^{*}}\right)=0 \quad (6-25)$$

式中：通用变量 $\xi=v_{x}^{*}=f=h^{*}$ 。

如果要求解上述射流火焰问题,还需要将方程组中的无量纲密度和混合物分数或其他任何一个守恒量关联起来。对此,可借用理想气体状态方程

$$\rho=\frac{p\,MW_{\mathrm{mix}}}{R_{\mathrm{u}}T} \quad (6-26)$$

其中,混合物摩尔质量由各组分的质量分数决定

$$MW_{\mathrm{mix}}=\left(\sum Y_{i}/MW_{i}\right)^{-1} \quad (6-27)$$

因此,需要知道各组分的质量分数 Y_{i} 和温度 T。如果能将它们表示成混合物分数 f 的函数 $Y_{i}(f)$ 和 $T(f)$,那么就可以得到密度与混合物分数的函数关系 $\rho(f)$ 了。这里,省去复杂的推导过程,直接给出它们的表达式,感兴趣的读者可参阅本章参考文献[2]。

火焰面内（$f_{\mathrm{stoic}}<f\leqslant1$）,有

$$Y_{\mathrm{F}}=\frac{f-f_{\mathrm{stoic}}}{1-f_{\mathrm{stoic}}};Y_{\mathrm{Ox}}=0;Y_{\mathrm{Pr}}=\frac{1-f}{1-f_{\mathrm{stoic}}} \quad (6-28)$$

$$T=f\left[\left(T_{\mathrm{F,e}}-T_{\mathrm{Ox,\infty}}\right)-\frac{f_{\mathrm{stoic}}}{1-f_{\mathrm{stoic}}}\frac{\Delta h_{\mathrm{c}}}{c_{p}}\right]+T_{\mathrm{Ox,\infty}}+\frac{f_{\mathrm{stoic}}}{1-f_{\mathrm{stoic}}}\frac{\Delta h_{\mathrm{c}}}{c_{p}} \quad (6-29)$$

火焰面（$f=f_{\mathrm{stoic}}=\dfrac{1}{1+\nu}$）,有

$$Y_{\mathrm{F}}=Y_{\mathrm{Ox}}=0;Y_{\mathrm{Pr}}=1 \quad (6-30)$$

$$T=f_{\mathrm{stoic}}\left(\frac{\Delta h_{\mathrm{c}}}{c_{p}}+T_{\mathrm{F,e}}-T_{\mathrm{Ox,\infty}}\right)+T_{\mathrm{Ox,\infty}} \quad (6-31)$$

火焰面外（$0 \leqslant f < f_{\text{stoic}}$），有

$$Y_{\text{F}} = 0 ; Y_{\text{Ox}} = 1 - f/f_{\text{stoic}} ; Y_{\text{Pr}} = f/f_{\text{stoic}} \qquad (6\text{-}32)$$

$$T = f\left(\frac{\Delta h_c}{c_p} + T_{\text{F,e}} - T_{\text{Ox},\infty}\right) + T_{\text{Ox},\infty} \qquad (6\text{-}33)$$

从以上各式中可以清楚地看出，组分质量分数及混合物温度在火焰面内外均随着混合物分数 f 的变化呈线性变化，如图 6-1 所示。其中，燃烧产物的质量分数和温度在火焰面取得最大值，而燃料和氧化剂的质量分数在火焰面取得最小值 0。

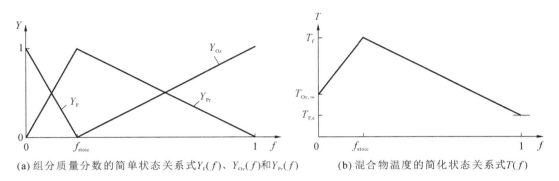

(a) 组分质量分数的简单状态关系式 $Y_{\text{F}}(f)$、$Y_{\text{Ox}}(f)$ 和 $Y_{\text{Pr}}(f)$　　(b) 混合物温度的简化状态关系式 $T(f)$

图 6-1　组分质量分数及混合物温度同混合物分数 f 的变化关系

6.2.3　各种不同形式的解

对于层流射流扩散火焰，人们最关注的宏观量是火焰长度。下面给出了几种不同形式的火焰长度解，在个别情况中还给出了火焰结构，其中伯克-舒曼解中火焰面用燃料质量分数 $Y_{\text{F}}(x,r)$ 来表示，而数值解中火焰面用关键组分（如 CH）来表示。

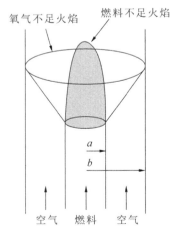

图 6-2　两根同轴圆管射流形成的扩散火焰形状

1. 伯克-舒曼解

最早研究层流扩散火焰的是伯克（Burke）和舒曼（Schumann）（1928 年）。他们向图 6-2 所示的两根同轴圆管中分别通以燃料和空气，且保证两股气流的速度相同。在试验中观察到了两种火焰形态。当外管中的空气供给量大于内管中的燃料完全燃烧所需的空气量时，扩散火焰呈封闭、瘦长状（空气过量时的扩散火焰）；当外管中的空气供给量小于内管中的燃料完全燃烧所需的空气量时，扩散火焰呈倒喇叭形扩散状（空气不足的扩散火焰）。

此外，伯克和舒曼还获得了燃料喷入氧化剂流的二维柱坐标模型的近似解析解。他们采用火焰面假设，并且认为流体速度不发生变化，即 $v_x = v, v_r = 0$，这样就不用求解轴向动量方程，也意味着忽略了浮升力的作用。由于 $v_r = 0$，根据质量守恒方程可以得出 $\rho v_x = $ 常数，这样，组分守恒方程就变为

$$\rho v_x \frac{\partial Y_i}{\partial x} - \frac{\partial}{r \partial r}\left(r \rho D \frac{\partial Y_i}{\partial r}\right) = 0 \qquad (6\text{-}34)$$

为了回避火焰边界问题，他们将燃料质量分数的定义扩展到整个流场，认为燃料质量分数在燃料中取 1，在火焰面取 0，在纯氧化剂中取 $-1/\nu$ 或 $-f_{\text{stoic}}/(1-f_{\text{stoic}})$，用混合物分数 f

可表示为

$$Y_F = \frac{f - f_{stoic}}{1 - f_{stoic}} \tag{6-35}$$

将式(6-35)代入式(6-34)中,可还原为式(6-7)。

伯克和舒曼假设热物性和 v_x 均为常数,因此,可用参考值来代替变量,即 $\rho D = \rho_{ref} D_{ref}$, $\rho v_x = \rho_{ref} v_{x,ref}$,则式(6-34)变为

$$v_{x,ref} \frac{\partial Y_F}{\partial x} - D_{ref} \frac{\partial}{r \partial r}\left(r \frac{\partial Y_F}{\partial r}\right) = 0 \tag{6-36}$$

求解式(6-36)即可得到燃料质量分数的表达式 $Y_F(x,r)$,其中含有贝塞尔函数。火焰长度需要求解下面的超越方程

$$\sum_{m=1}^{\infty} \frac{J_1(\lambda_m R)}{\lambda_m [J_0(\lambda_m R_o)]^2} \exp\left(-\frac{\lambda_m^2 D}{\nu} L_f\right) - \frac{R_o^2}{2R}\left(1 + \frac{1}{S}\right) + \frac{R}{2} = 0 \tag{6-37}$$

式中:J_0 和 J_1 分别为第 0 阶和第 1 阶贝塞尔函数;λ_m 为方程 $J_0(\lambda_m R_o) = 0$ 的所有正根;R 和 R_o 分别为燃料和外部流的半径;S 为外部流中的氧化剂和喷嘴内的燃料流的化学当量摩尔比。

2. 罗帕解

罗帕沿用了伯克-舒曼法的主要思想,并加以扩展,考虑了浮升力作用下特征速度沿轴向的变化。他们获得了圆口射流火焰高度的分析解和经试验修正的解,由式(6-38)和式(6-39)给出。只要氧化剂是过量的,不管浮升力是否重要,这些解对于氧化剂静止或者同轴射流的情况均是适用的。

$$L_{f,thy} = \frac{Q_F(T_\infty/T_F)}{4\pi D_\infty [\ln(1 + 1/S)]}\left(\frac{T_\infty}{T_f}\right)^{0.67} \tag{6-38}$$

$$L_{f,exp} = 1\,330 \frac{Q_F(T_\infty/T_F)}{\ln(1 + 1/S)} \tag{6-39}$$

式中:S 为当量比为 1 时氧化剂与燃料的摩尔比;D_∞ 为温度为 T_∞ 时氧化剂的平均扩散系数;T_F 和 T_f 分别为燃料流温度和火焰平均温度。

3. 常密度解

如果假设流体密度为常数,则方程组的解和非反应射流的解一样。此时,火焰长度由式(6-40)给出

$$L_f \approx \frac{3}{8\pi} \frac{1}{D} \frac{Q_F}{Y_{F,stoic}} \tag{6-40}$$

4. 变密度近似解

费怡(Fay)忽略了浮升力,同时假设施密特数和刘易斯数均为 1,以及黏度和温度成正比,对变密度的层流射流火焰问题进行了求解,给出了火焰长度的解

$$L_f \approx \frac{3}{8\pi} \frac{1}{D_{ref}} \frac{Q_F}{Y_{F,stoic}} \frac{\rho_F \rho_\infty}{\rho_{ref}^2} \frac{1}{I(\rho_\infty/\rho_i)} \tag{6-41}$$

式中:ρ_∞、ρ_i 和 ρ_F 分别为无穷远处环境流体的密度、火焰密度及燃料密度;$I(\rho_\infty/\rho_i)$ 为费怡解里通过数值积分得到的函数,见表 6-1。对于常见碳氢化合物在空气中燃烧的火焰,可近似取 $\rho_\infty/\rho_i = 5$。如果假设 $\rho_F = \rho_\infty$,则根据变密度近似解求得的火焰长度约为常密度解的 2.4 倍。

表 6-1　变密度层流射流火焰的动量积分计算值

ρ_∞ / ρ_f	ρ_∞ / ρ_{ref}	$I(\rho_\infty / \rho_f)$
1	1	1
3	2	2.4
5	3	3.7
7	4	5.2
9	5	7.2

5. 数值解

随着计算机技术的快速发展及各种 CFD 软件(商业化的和开源的)的普及,利用计算机可以对燃烧过程进行大规模的数值模拟。图 6-3 所示为采用详细反应机理对不同条件下的伯克-舒曼火焰(燃料为甲烷,氧化剂为氮气和氧气的混合物)的模拟结果,用 CH 来表示甲烷火焰结构。图 6-3(a)所示为空气过量时的封闭状扩散火焰,图 6-3(b)所示为空气不足时的倒喇叭形扩散火焰。

利用数值模拟同样可以深入地研究重力对层流射流扩散火焰结构的影响。图 6-4 给出了氢气在自由空间内射流扩散火焰的结构(用 OH 等值线表示),其中黑线为当量比等于 1 的火焰面。从图 6-4 中可以看出,由于浮升力的作用,射流扩散火焰的厚度变小,各种组分的浓度梯度增大,导致反应更加剧烈,燃烧过程加快,火焰变短。

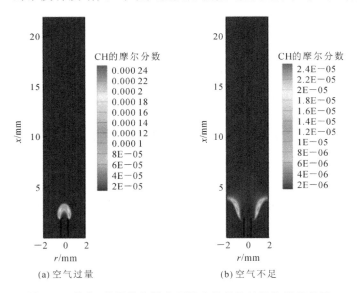

(a)空气过量　　　　　(b)空气不足

图 6-3　伯克-舒曼燃烧器中甲烷火焰结构的数值模拟结果

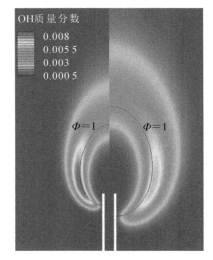

图 6-4　重力对氢气射流扩散火焰结构的影响(左:$g=9.8$,右:$g=0$,黑线为当量比等于 1 的等值线)

6.3　对向流扩散火焰

当燃料和氧化剂两股射流相对射出,且两个喷嘴同轴时,就会形成图 6-5 所示的对向流扩散火焰。对向流扩散火焰装置的结构非常简单,容易制作,且可以通过改变两侧速度对气体在火焰区的滞留时间进行调节,因此受到从事基础研究的广大研究人员的青睐。相对于上文介绍的层流射流扩散火焰(二维轴对称),平面是这种火焰的重要特点(对于圆口喷嘴它是一个圆盘),并且这种火焰是一维的,即使采用详细的化学反应动力学进行计算,也不需要花费太多时间,便于对火焰结构和熄火特性等基础燃烧特性进行系统而深入的研究。

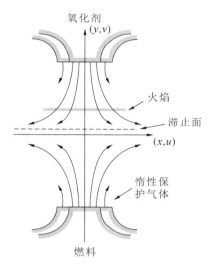

在两个喷嘴之间存在一个滞止面,该平面上每一点的轴向速度为零。滞止面的位置取决于燃料侧和氧化剂侧动量的相对大小。如果两侧动量相等,即 $\dot{m}_F v_F = \dot{m}_{O_x} v_{O_x}$,那么该滞止面位于两个喷嘴之间的中点。否则,它位于动量较小的那一侧。火焰应位于混合物分数等于化学当量下取值的位置。对于常见的碳氢化合物,如果氧化剂为空气,火焰一般位于氧化剂侧。

图 6-5　对向流扩散火焰装置

6.3.1　数学模型

Giovangigli 和 Smooke 给出了对向流燃烧的守恒方程,为了使求解过程更为简单,他们还将偏微分方程组转换为常微分方程组。下面对守恒方程组的处理过程和求解方法进行简单介绍。

(1)连续性方程

$$\frac{\partial(\rho v_x)}{\partial x} + \frac{\partial(r\rho v_r)}{r\partial r} = 0 \tag{6-42}$$

(2)动量守恒方程

①轴向(x)

$$\frac{\partial(r\rho v_x v_x)}{\partial x} + \frac{\partial(r\rho v_x v_r)}{\partial r} = \frac{\partial(r\tau_{rx})}{\partial r} + r\frac{\partial \tau_{xx}}{\partial x} - r\frac{\partial p}{\partial x} + \rho g_x r \tag{6-43}$$

②径向(r)

$$\frac{\partial(r\rho v_r v_x)}{\partial x} + \frac{\partial(r\rho v_r v_r)}{\partial r} = \frac{\partial(r\tau_{rr})}{\partial r} + r\frac{\partial \tau_{rx}}{\partial x} - r\frac{\partial p}{\partial r} \tag{6-44}$$

引入流函数 ψ,它满足连续性方程(6-42)

$$\psi \equiv r^2 F(x) \tag{6-45}$$

其中

$$\frac{\partial \psi}{\partial r} = r\rho v_x = 2rF \tag{6-46}$$

为了降低径向动量方程的阶次,再引入一个新的变量 G,其定义为

$$\frac{\mathrm{d}F}{\mathrm{d}x} = G \tag{6-47}$$

将式(6-45)、式(6-46)和式(6-47)代入式(6-43)和式(6-44)中,同时忽略浮升力的作用,可以得到

$$\frac{\partial p}{\partial x} = f_1(x) \tag{6-48}$$

$$\frac{1}{r}\frac{\partial p}{\partial r} = f_2(x) \tag{6-49}$$

经数学运算，上面两式左边表达式之间的关系为

$$\frac{\partial}{\partial x}\left(\frac{1}{r}\frac{\partial p}{\partial r}\right) = \frac{1}{r}\frac{\partial}{\partial x}\left(\frac{\partial p}{\partial r}\right) = \frac{1}{r}\frac{\partial}{\partial r}\left(\frac{\partial p}{\partial x}\right) \tag{6-50}$$

由于对向流扩散火焰是一维问题，式(6-50)应该等于零，即

$$\frac{\partial}{\partial x}\left(\frac{1}{r}\frac{\partial p}{\partial r}\right) = \frac{1}{r}\frac{\partial}{\partial r}\left(\frac{\partial p}{\partial x}\right) = 0 \tag{6-51}$$

从而有

$$\frac{1}{r}\frac{\partial p}{\partial r} = 常数 = H \tag{6-52}$$

式中：H 为径向压力梯度的特征值，且有

$$\frac{\mathrm{d}H}{\mathrm{d}x} = 0 \tag{6-53}$$

对于小马赫数燃烧，可以近似认为流场各处的压力相等，因此可以去掉轴向动量方程(6-48)，而仅保留径向动量方程(6-49)。将式(6-52)代入式(6-49)中，并充实等式右边，经整理可得

$$\frac{\mathrm{d}}{\mathrm{d}x}\left[\mu\frac{\mathrm{d}}{\mathrm{d}x}\left(\frac{G}{\rho}\right)\right] - 2\frac{\mathrm{d}}{\mathrm{d}x}\left(\frac{FG}{\rho}\right) + \frac{3G^2}{\rho} + H = 0 \tag{6-54}$$

相应地，可获得能量守恒方程和组分守恒方程

$$2Fc_p\frac{\mathrm{d}T}{\mathrm{d}x} - \frac{\mathrm{d}}{\mathrm{d}x}\left(k\frac{\mathrm{d}T}{\mathrm{d}x}\right) + \sum_{i=1}^{N}\rho Y_i v_{i,\mathrm{diff}} c_{p,i}\frac{\mathrm{d}T}{\mathrm{d}x} - \sum_{i=1}^{N} h_i \dot{\omega}_i MW_i = 0 \tag{6-55}$$

$$2Fc_p\frac{\mathrm{d}Y_i}{\mathrm{d}x} - \frac{\mathrm{d}}{\mathrm{d}x}(\rho Y_i v_{i,\mathrm{diff}}) - \dot{\omega}_i MW_i = 0, i = 1, 2, \cdots, N \tag{6-56}$$

这样一来，式(6-47)、式(6-53)、式(6-54)、式(6-55)和式(6-56)组成了对向流扩散火焰模型的常微分方程组，其中含有 4 个未知函数 $F(x)$、$G(x)$、$T(x)$、$Y_i(x)$ 和特征值 H。除此以外，还需要用到以下关系及数据：

(1)理想气体状态方程；

(2)扩散速度关系式；

(3)各组分物性参数与温度之间的关系式：$h_i(T)$、$c_{p,i}(T)$、$k_i(T)$ 和 $D_{i,j}(T)$；

(4)混合物的物性参数，如 MW_{mix}、k 等；

(5)详细的化学反应动力学机理；

(6)摩尔分数、质量分数与浓度之间的转换关系式。

求解时，还需要给出氧化剂出口($x \equiv 0$)和燃料出口($x \equiv L$)的边界条件，包括流体速度(F 体现)、速度梯度(G 体现)、温度及各组分的质量分数(或质量通量分数)。

在 $x \equiv 0$ 处，有

$$F = \rho_O v_{Ox}/2; G = 0; T = T_{Ox}; \rho Y_i v_x + \rho Y_i v_{i,\mathrm{diff}} = (\rho Y_i v_x)_{Ox}$$

在 $x \equiv L$ 处，有

$$F = \rho_F v_{e,F}/2; G = 0; T = T_F; \rho Y_i v_x + \rho Y_i v_{i,\mathrm{diff}} = (\rho Y_i v_x)_F$$

6.3.2　甲烷-空气对向流扩散火焰的结构

Sung 等人对甲烷-空气对向流扩散火焰进行了系统地研究。他们采用的渐缩喷嘴的出

口直径为 14 mm,间距为 13 mm。喷嘴外围用氮气作为惰性气体来隔离外界空气和稳定火焰,其流量在试验过程中保持不变。甲烷和氧气的体积分数在两侧射流中均为 23%,且甲烷和氧气在两个喷嘴出口的平均速度相等。试验中采用了三个速度,即 25.5 cm/s、45.0 cm/s 和 64.5 cm/s,对应的拉伸率分别为 42 s^{-1}、56 s^{-1} 和 90 s^{-1}。气体温度和组分用自发拉曼光谱仪(spontaneous Raman spectroscopy,SRS)来测量。图 6-6 给出了拉伸率为 56 s^{-1} 时计算和测量的温度和主要组分(CH_4、O_2、CO_2、H_2O、CO)的分布曲线。其中,横坐标的起点为氧化剂喷口。由于氧化剂侧的密度大于甲烷侧的密度,因此氧化剂侧的动量较大,滞止面将位于中间平面偏燃料侧($x > 6.5$ mm)。从图 6-6 中可以看出,温度峰值(火焰位置)位于氧化剂侧($x < 6.5$ mm)。在火焰面两侧不远处,甲烷和氧气的摩尔分数开始急剧下降,说明它们在燃烧过程中被消耗。主要燃烧产物 CO_2 和 H_2O 的摩尔分数曲线基本上关于火焰面对称分布,在火焰面有一个峰值,然后在火焰面两侧逐渐降低,这表明它们在浓度梯度的作用下发生了扩散。中间产物 CO 的摩尔分数曲线关于火焰面不太对称,在氧化剂侧的浓度比在燃料侧的浓度大。

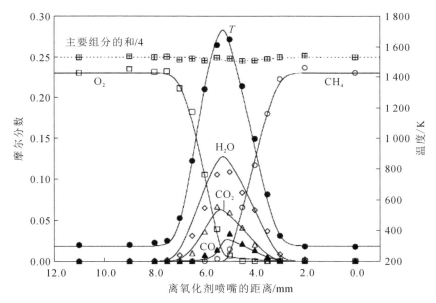

图 6-6　拉伸率 $a = 56$ s^{-1} 时计算和测量的温度和主要组分的分布曲线

图 6-7 给出了不同拉伸率(42 s^{-1}、56 s^{-1} 和 90 s^{-1})下计算和测量获得的温度分布曲线,可以看出,随着拉伸率的增大,火焰厚度变小,这是驻留时间缩短导致的。通过理论分析可近似得知,火焰厚度与拉伸率的平方根($\sqrt{a}$)成反比。此外,最高火焰温度随着拉伸率的增大有所降低,这是因为较大的拉伸率使得反应速率减小。由于燃料喷嘴和氧化剂喷嘴始终保持相同的流速,火焰位置受拉伸率改变的影响很小。

图 6-8 给出了不同拉伸率下的热释放速率的分布曲线。从图 6-8 中可以看出,热释放速率的最大值均位于火焰面的氧化剂侧,该处也是温度峰值的位置。此外,在主峰的氧化剂侧还观察到了另外一个较小的峰值。图 6-9 画出了拉伸率为 56 s^{-1} 时总热释放速率的分布曲线(曲线)及 8 个重要基元反应的热释放速率的分布曲线。由图 6-9 可知,热释放速率的主峰主要归功三个放热基元反应(R1)~(R3)所做的贡献,其中,反应(R1)也是甲烷-空气预混火焰最重要的放热基元反应。第二个峰值则主要由另外三个放热基元反应(R4)~(R6)释

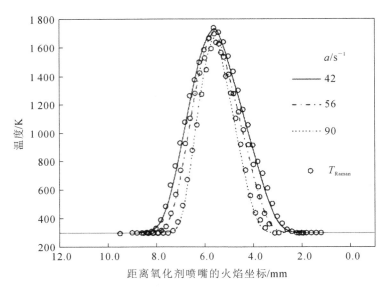

图 6-7　不同拉伸率下计算和测量的温度的分布曲线

放的热量造成,其中,反应(R4)在火焰的氧化剂侧还释放了较多的热量,这使得甲烷-空气扩散火焰结构不同于其预混火焰结构。此外,两个吸热基元反应为反应(R7)和反应(R8)。

$$CH_3 + O \longrightarrow CH_2O + H \tag{R1}$$

$$CH_3 + H + M \longrightarrow CH_4 + M \tag{R2}$$

$$OH + H_2 \longrightarrow H + H_2O \tag{R3}$$

$$H + O_2 + M \longrightarrow HO_2 + M \tag{R4}$$

$$H + OH + M \longrightarrow H_2O + M \tag{R5}$$

$$CO + OH \longrightarrow CO_2 + H \tag{R6}$$

$$HCO + M \longrightarrow H + CO + M \tag{R7}$$

$$H + O_2 \longrightarrow O + OH \tag{R8}$$

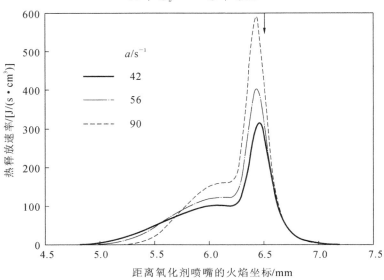

图 6-8　不同拉伸率下的热释放速率的分布曲线,箭头代表化学当量的混合物分数 f_{stoic} 所处的位置

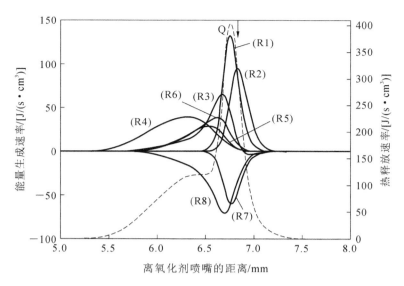

图 6-9　拉伸率为 $56\ s^{-1}$ 时总热释放速率的分布曲线(虚线)及 8 个重要基元反应的热释放速率的分布曲线

6.3.3　对向流扩散火焰的熄火极限

　　Maruta 等人基于上文介绍的数学模型对甲烷-空气对向流扩散火焰进行了数值模拟,其中考虑了气体辐射散热(CO_2 和 H_2O)的影响。化学反应动力学模型采用 C_1 机理,包含 18 种组分、58 个基元反应。同时,他们在自由落塔产生的微重力环境下对熄火极限进行了试验研究,这主要是为了排除小拉伸率下浮升力对火焰的影响。图 6-10 给出了不同燃料浓度下(用氮气对甲烷进行了稀释)最高火焰温度与拉伸率之间的关系,可以看出,当拉伸率较大时,最高火焰温度随着拉伸率的增大而降低,最终火焰因拉伸效应而熄火,称为"拉伸熄火极限(stretch extinction limit)"。与之相反的是,当拉伸率较小时,最高火焰温度随着拉伸率的减小而降低,最终火焰因辐射散热损失而熄火,称为"辐射熄火极限(radiation extinction limit)"。计算表明,

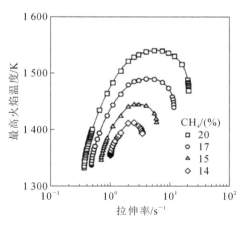

图 6-10　不同燃料浓度下最高火焰温度与拉伸率之间的关系

在拉伸熄火极限附近,通过辐射传热方式从火焰散失的热量只占总散热量的 1% 左右,而在辐射熄火极限附近,辐射散热比例高达 20% 以上,如图 6-11 所示。辐射散热比例增大的原因包含两个方面:一方面,随着拉伸率的减小,火焰厚度变宽,导致单位体积内的热释放量减小。另一方面,辐射散热量与辐射组分的体积分数成正比,但后者并不随拉伸率发生显著变化。因此,辐射散热量与热释放量的比值随着拉伸率的减小而增大。

　　图 6-12 给出了发生熄火时滞止点的速度梯度与燃料体积分数之间的关系。其中黑色实点代表测量结果,空心点线代表计算结果。从图 6-12 中可见,虽然计算结果与测量结果在定量上不完全吻合,但变化规律是一致的。此外,熄火极限与燃料体积分数之间的关系曲

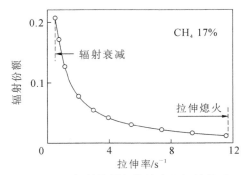

图 6-11　辐射份额与拉伸率之间的关系

线为 C 形曲线,除了转折点以外,任一燃料体积分数对应两个熄火极限,即上文提到的拉伸熄火极限和辐射熄火极限。在转折点,两者合二为一,主要是因为辐射散热导致熄火,此时燃料体积分数太小。

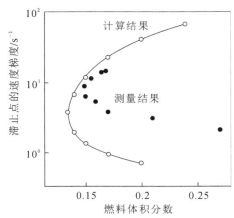

图 6-12　发生熄火时滞止点的速度梯度(代表拉伸率)与燃料体积分数之间的关系

6.4　碳烟的生成及影响因素

　　碳烟是含碳燃料因不完全燃烧和热裂解而产生的一种黑色固体状的无定形碳,主要由碳元素组成,还包括少量的氢元素和其他物质。碳烟不仅使燃烧效率降低,还危害自然环境和人体健康的。此外,碳烟是重要的辐射参与介质,对燃烧系统内辐射换热的精确计算也具有重要的理论和实际意义。

6.4.1　碳烟的构造

图 6-13　微重力环境下同轴射流扩散火焰

　　当燃料流量较大时,射流扩散火焰的高度增大,从火焰四周供给的空气量不足(尤其是下游),燃烧过程受到抑制,导致碳烟生成,如图 6-13 所示,其中,燃烧器直径为 5 mm,甲烷流量为 10 cm³/s,伴流空气速度为 37 cm/s。具体地说,在靠近喷嘴的上游区域,碳烟是直径为几纳米以下的球形碳粒,而在靠近喷嘴的下游区域,碳烟的直径为十纳米到几十纳米。碳烟粒子的细微构造与石墨晶体的类似,呈层状小片。如果它们不规则地重叠在一起,则成为球状粒子。单个碳烟粒子的密度在 2 g/cm³ 以下,每立方厘米的体积中含有 $10^{11} \sim 10^{13}$ 个碳烟粒子,体积分数约为 1×10^{-7},从化学上来说含有约 10% 的氢气。

如果将碳烟取样并放在电子显微镜下观察,则可以观察到碳烟的构造。碳烟粒子既可单个存在,也可互相连接成为链状的一大块。图 6-14 为柴油发动机尾气中的碳烟和微重力环境下丁烷扩散火焰中的碳烟。虽然二者的燃料种类、燃烧条件有很大不同,但碳烟的样子却没有太大的差别。碳烟中存在很大的孔隙,尺寸范围覆盖从数十纳米到一百微米以上。

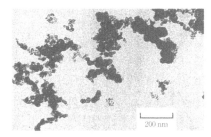 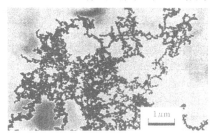

(a) 柴油发动机尾气中的碳烟　　　　　(b) 微重力环境下丁烷扩散火焰中的碳烟

图 6-14　碳烟的显微照片

6.4.2　碳烟的形成和演化

碳烟是在一定温度范围内的扩散火焰中生成的,其生成过程非常复杂,受燃料种类、气体停留时间、温度、压力、稀释剂等因素的影响。

一般认为,碳烟的生成和演化过程可概括为几个基本过程。

(1)前驱产物多环芳香烃(polynuclear aromatic hydrocarbons,PAHs)的生成。碳氢化合物在高温下不断裂解生成许多小分子芳香烃,这些小分子芳香烃逐渐生长成为多环芳香烃(PAHs)。

(2)颗粒成核。前驱产物 PAHs 逐渐转化成初生的碳烟颗粒,此时颗粒的几何尺寸比较小,该过程比较复杂。

(3)颗粒生长。初生的碳烟小颗粒生成后,与乙炔、PAHs 等气相物质在其表面不断发生反应,导致碳烟小颗粒不断生长、质量逐渐增大。碳烟的表面反应一般遵循 HACA(hydrogen abstraction acetylene addition)化学反应机理,表面生长速率与碳烟颗粒表面活性数目有关。

(4)颗粒团聚。在表面生长的过程中,不同的碳烟颗粒之间也会因碰撞而生成不规则的团聚体,具有一定的形貌结构特征,如图 6-15 所示。

图 6-15　射流扩散火焰的碳烟聚集状态(丙烷,一个大气压,微重力环境,喷嘴直径为 6 mm,氧化剂为 O_2/Ar)

(5)颗粒氧化。碳烟颗粒与 OH、O、O_2 等氧化性物质发生氧化反应生成 CO 和 CO_2,导致碳烟颗粒质量不断减小。其实,碳烟颗粒的氧化与生长是一个互相竞争的过程,这两个反应同时发生。

6.4.3　碳烟生成的影响因素

1.燃料分子结构

燃料的发烟倾向(sooting tendency)可用“发烟点(smoke point)”等参数来评价。发烟点是指逐渐增大燃料流量时,焰舌开始出现碳烟时的临界燃料流量$\dot{m}_{sp}$。发烟点越大,燃料越不容易生成碳烟。此外,也可根据火焰长度来判定燃料的发烟倾向。对于一定的燃料流量,火焰越长越不容易生成碳烟。研究表明,燃料的分子结构对燃料的发烟倾向很重要,如表 6-2 所示,可以看出,几类燃料的发烟倾向从小到大依次为烷烃类、烯烃类、炔烃类和芳香烃类。此外,混合燃料之间的协同效应也能影响碳烟生成的趋势。例如,图 6-16 表明,当向乙烯中加入少量丙烷时,层流扩散火焰中的碳烟的体积分数将显著增大,乙烷的协同效应相对较弱,而甲烷的加入能减小乙烯火焰的碳烟生成量。

表 6-2　不同碳氢化合物的发烟点

烷烃类		烯烃类		炔烃类		芳香烃类	
燃料	$\dot{m}_{sp}$	燃料	$\dot{m}_{sp}$	燃料	$\dot{m}_{sp}$	燃料	$\dot{m}_{sp}$
丙烷	7.87	乙烯	3.87	乙炔	0.51	甲苯	0.27
丁烷	7.00	丙烯	1.12	1-庚炔	0.65	苯乙烯	0.22
正庚烷	5.13	1-辛烯	1.73	1-癸炔	0.80	邻二甲苯	0.28
异辛烷	1.57	1-癸烯	1.77			n-丁基苯	0.27
		1-十六碳烯	1.93				

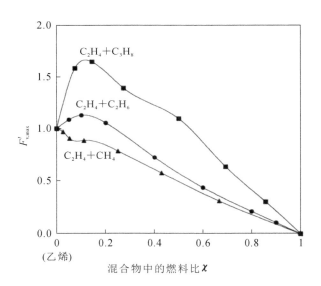

图 6-16　同向射流扩散火焰中,标准化的最大碳烟总体积分数随燃料比的变化规律

2. 温度

图 6-17 所示为乙炔的碳烟生成量与温度之间的关系,在温度为 1 000～2 000 K 之间的区域内均有碳烟生成。温度较低时,自由基反应不能继续;而高温下碳烟前驱物会发生热解、氧化反应。因此,碳烟生成量的峰值出现在中等温度下。

一般来说,提高燃料的初始温度会促进碳烟的生成,如图 6-18 所示。当甲烷的初始温度从常温(300 K)逐渐升高到 670 K 时,燃烧器上方的碳烟的体积分数的峰值增大,且峰值位置向燃烧器出口移动,这些现象表明较高的初温加速了碳烟的生成。

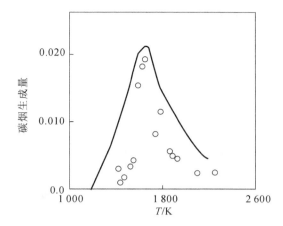

图 6-17　乙炔的碳烟生成量与温度之间的关系(乙炔,一个大气压,氧化剂为 O_2/Ar,圆圈代表测量结果,实线代表模拟结果)

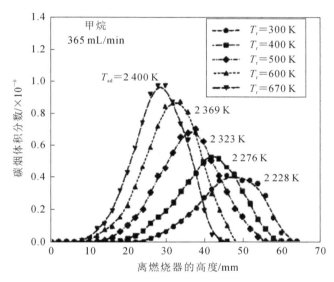

图 6-18　不同甲烷初始温度下,Wolfhard-Parker 扩散燃烧器的火焰中碳烟的平均体积分数的轴向分布曲线[图中给出了对应的绝热火焰温度(燃料中添加了氧气)]

3. 压力

高压燃烧经常发生于内燃机和燃气轮机等动力装置中,因此,关于碳烟生成与压力之间关系的研究具有非常重要的理论和实际意义。图 6-19 所示为全局应变率为 50 s^{-1} 时,甲烷-空气和丙烷-空气的对向流扩散火焰在接近发烟(near sooting)和碳烟极限(sooting limit)对应的临界燃料摩尔分数(critical fuel mole fraction)随压力的变化曲线。由图 6-19 可知,临界燃料摩尔分数随着压力的增大而减小。此外,随着压力的增大,从接近发烟到发烟的转变过程发生得更为突然,即两个临界燃料摩尔分数之间的差别更小。

Du 等人借助于乙烯-空气对向流扩散火焰,研究了压力($1 \sim 2.5$ atm)对碳烟极限的影响。其中,用氮气对燃料流进行了稀释。这里,碳烟极限定义为当碳烟散射信号从背景瑞利信号中检测不出来时的应变率 K_p(strain rate)。试验结果表明:碳烟极限随着压力的增大而增大,如图 6-20(a)所示。由于对向流扩散火焰的结构和特征反应速率同密度加权的应变

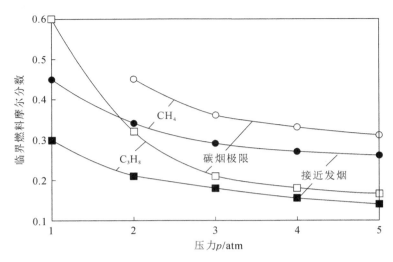

图 6-19　甲烷-空气和丙烷-空气的对向流扩散火焰在接近发烟和碳烟极限对应的
临界燃料摩尔分数随压力的变化曲线(全局应变率为 $50\ s^{-1}$)

率 $\rho_o K_p$(其中 ρ_o 是冷态的氧化剂密度)成正比,因此用 $\rho_o K_p$ 代替 K_p 更有意义。从图 6-20
(b)可以看出,在任一燃料摩尔分数 X_F 下,用 $\rho_o K_p$ 表达的碳烟极限与压力 p 之间几乎成线
性关系。

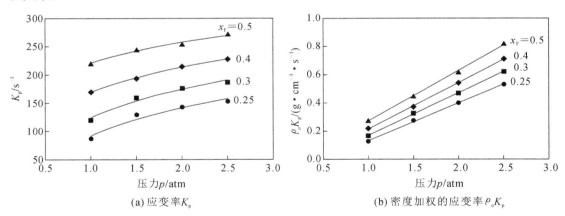

图 6-20　不同燃料稀释水平(X_F)时压力对乙烯-空气对向流扩散火焰的
碳烟极限对应的应变率 K_p 和密度加权的应变率 $\rho_o K_p$ 的影响

4. 非燃料添加物

　　惰性气体的加入也会对碳烟的生成产生影响。针对乙烯和丙烷与空气的对向流扩散火
焰的研究表明:在氧化剂侧加入惰性气体对碳烟的生成几乎没有影响,但在燃料侧加入惰性
气体对其有非常显著的作用,而且四种惰性气体中(He、Ne、Ar、Kr)Kr 的影响最大,He 的
影响最小(见图 6-21)。通过对碳烟体积分数同温度、速度及组分浓度分布之间的相关性进
行比较分析,表明这主要是由于不同惰性气体的移动性(或扩散系数)存在较大差别,改变了
燃料的浓度分布,从而对碳烟前驱物的生成造成较大的影响。例如,He 在这四种惰性气体
中的移动性最好,在优先扩散效应(preferential diffusion effect)的作用下,对燃料和氧气浓
度分布的改变最大,所以碳烟体积分数最小。

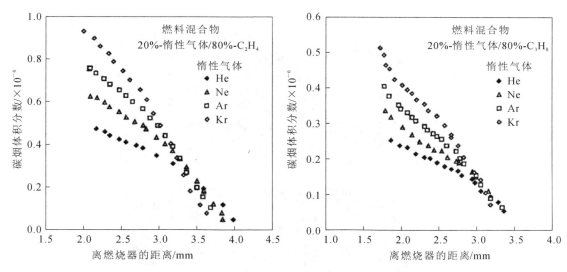

图 6-21　燃料中加入不同惰性气体对碳烟体积分数的影响

5. 停留时间

碳烟生成是一个速率控制过程,因此,特征流动时间能明显地影响扩散火焰的碳烟极限,这可以通过改变喷嘴出口速度(或应变率)来研究。这里,碳烟极限定义为开始出现碳烟时燃料和氧气的摩尔分数。图 6-22 为乙烯和乙烷在不同喷嘴出口速度时的碳烟极限分布图。从图 6-22 中可以看出,随着喷嘴出口速度(或应变率)的增大,气体停留时间缩短,碳烟生成的倾向减弱。此外,对于刘易斯数接近或大于 1 的燃料,火焰温度会随着应变率的增大而降低。这会减小 PAHs 的生成速率,使碳烟不易生成。

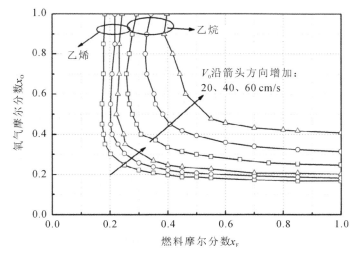

图 6-22　乙烯和乙烷在不同喷嘴出口速度时的碳烟极限分布图

6. 外加场

利用介质阻挡放电(dielectric barrier discharge,DBD)技术产生低温等离子体将对扩散火焰的碳烟生成带来影响。图 6-23 所示为不同电压下丙烷-空气同向射流扩散火焰照片,可以看出,随着应用电压的增大,火焰长度显著减小,碳烟颗粒通过辐射释放的黄光亮度明显削弱，火焰中 PAHs 和碳烟的生成被有效抑制。

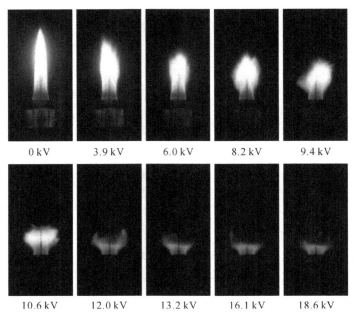

|0 kV|3.9 kV|6.0 kV|8.2 kV|9.4 kV|

|10.6 kV|12.0 kV|13.2 kV|16.1 kV|18.6 kV|

图 6-23　不同电压下丙烷-空气同向射流扩散火焰照片

习　　题

6-1　扩散火焰如何分类？

6-2　混合物分数的定义是什么？

6-3　示意性地画出射流扩散火焰的组分质量分数 $Y_F(f)$、$Y_{Or}(f)$、$Y_{Pr}(f)$ 及混合物温度的简化状态关系式 $T(f)$。

6-4　伯克和舒曼在对层流射流扩散火焰进行数学建模时做了哪些假设？

6-5　重力对自由空间内的射流扩散火焰结构有何影响？

6-6　为了便于求解，需要对对向流扩散火焰的数学模型进行什么处理？

6-7　对向流扩散火焰有几种熄火极限？其熄火机理分别是什么？

6-8　碳烟的生成和演化分为哪几个主要阶段？

6-9　影响碳烟生成的主要因素有哪些？其影响规律如何？

参 考 文 献

[1] 张英华,黄志安. 燃烧与爆炸学[M]. 北京：冶金工业出版社,2010.

[2] TURNS S R. 燃烧学导论：概念与应用[M]. 2 版. 姚强,李水清,王宇,译. 北京：清华大学出版社,2009.

[3] LAW C K. Combustion physics[M]. New York：Cambridge University Press,2006.

[4] GARDINER W C Jr. Combustion Chemistry [M]. New York：Springer-Verlag,1984.

[5] SUNG C J,LIU J B,LAW C K. Structural response of counterflow diffusion flames to strain rate variations [J]. Combustion and Flame,1995,102(4): 481-492.

[6] GIOVANGIGLI V,SMOOKE M D. Extinction of strained premixed laminar flames with complex chemistry [J]. Combustion Science and Technology,1987,53(1): 23-49.

[7] MARUTA K,YOSHIDA M,GUO H S,et al. Extinction of low-stretched diffusion flame in microgravity [J]. Combustion and Flame,1998,112(1/2):181-187.

[8] HWANG J Y,LEE W,KANG H G,et al. Synergistic effect of ethylene-propane mixture on soot formation in laminar diffusion flames [J]. Combustion and Flame,1998, 114(3): 370-380.

[9] GÜLDER Ö L. Effects of oxygen on soot formation in methane,propane,and n-butane diffusion flames [J]. Combustion and Flame,1995,101: 302-310.

[10] SUNG C J,LI B,WANG H,et al. Structure and sooting limits in counterflow methane/air and propane/air diffusion flames from 1 to 5 atmospheres[J]. Symposium on Combustion,1998,27(1):1523-1529.

[11] DU D X,WANG H,LAW C K. Soot formation in counterflow ethylene diffusion flames from 1 to 2.5 atmospheres[J]. Combustion and Flame,1998,113(1): 264-270.

[12] AXELBAUM R L,LAW C K,FLOWER W L. Preferential diffusion and concentration modification in sooting counterflow diffusion flames[J]. Symposium (International) on Combustion,1989,22(1): 379-386.

[13] WANG Y,CHUNG S H. Effect of strain rate on sooting limits in counterflow diffusion flames of gaseous hydrocarbon fuels: sooting temperature index and sooting sensitivity index [J]. Combustion and Flame,2014,161(5): 1224-1234.

[14] CHA M S,LEE S M,KIM K T,et al. Soot suppression by nonthermal plasma in coflow jet diffusion flames using a dielectric barrier discharge [J]. Combustion and Flame,2005,141(4): 438-447.

第7章

液滴蒸发和燃烧

由于易于运输和储存,液体燃料广泛应用于各种燃烧系统。液体燃料含有较大的化学能,是运输行业中最为常见的燃料。液体燃料在发生燃烧之前,必须先进行气化并和氧化剂混合。为了实现液体燃料的气化和混合,液体燃料往往被高压喷入或者气体辅助低压喷入氧化剂(一般是空气)中,以形成细小雾状液滴。图7-1所示为液体燃料在高压喷射状态下形成喷雾的主要物理过程。液体燃料通过喷油器被高压喷入燃烧室后形成喷雾,喷雾开始经历各种物理过程,并和燃烧室内的湍流空气形成各种动力学相互作用。上述物理过程具体是:燃油喷射开始后,液体燃料从喷油器中喷出;在高速扰动的作用下,液体燃料在喷孔出口处开始破碎成较大液滴,较大液滴与周围气体形成剪切作用,进一步破碎为细小液滴,从而形成喷雾;喷雾中的细小液滴也会相互碰撞、聚合。这种破碎、碰撞及聚合的过程,会产生许多形状不同、大小迥异的细小液滴。在燃油喷射过程中,液体燃料的动能很大,喷雾的冲量会对燃烧室内的空气流场产生强烈的影响,导致环境气体的高速湍流及空气卷吸,从而为液滴的混合和燃烧打下基础。在内燃机燃烧室中,由于进气管和气缸结构的紧凑和狭窄,在形成空间雾化的基础上,部分液滴可能会撞击燃烧室壁面,在燃烧室壁面上形成液体燃料油膜,液膜蒸发由此形成。

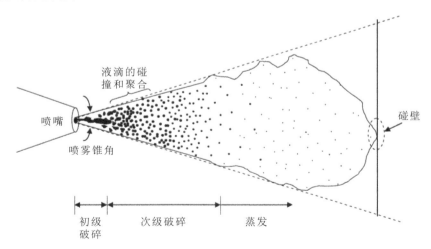

图7-1 液体燃料在高压喷射状态下形成喷雾的主要物理过程

在内燃机中,液滴的燃烧过程包括许多瞬态过程,如液滴的预热、蒸发、着火,火焰的传播,形成扩散火焰直至最终燃烧完全并熄灭,因此,可以认为液滴是为各种燃烧系统提供气态燃料的一种最基础构件。理解单液滴的蒸发和燃烧过程,可为实际燃烧室的设计提供重要指导。

7.1　静止状态下的液滴蒸发

　　液滴的实际燃烧过程非常复杂,影响因素很多。液滴的燃烧速率在一定程度上由液滴的蒸发速率决定,因此本节先讨论液滴的蒸发。

　　最简单的单液滴蒸发模式是无气流相对运动的单液滴蒸发。这种情况下,可认为初始直径为 D_0 的单液滴突然暴露在环境温度为 T_a 的静止空气中。为了便于分析,做出如下假设。

　　(1)液滴在蒸发和燃烧过程中产生的浮力可忽略,单液滴周围的热边界层为球形。

　　(2)根据集总容量的假设,液滴内部温度是均匀的,并且都等于液体饱和温度(沸点) T_b。如果液滴的初始温度 T_0 较低,那么应将该液滴从环境温度 T_a 加热到饱和温度 T_b,一旦液滴的温度达到饱和温度 T_b,且温度维持不变,则表明液滴开始蒸发。

　　(3)在整个蒸发过程中,液滴周围的空气压力是恒定的,因此,液体的蒸气密度和汽化常数都是恒定的。

　　图 7-2 所示为球形液滴蒸发过程示意图。其中,T_a 为液滴的初始温度,T_b 为液滴的饱和温度,R 为液滴的半径,δ 为液滴周围热边界层的厚度。

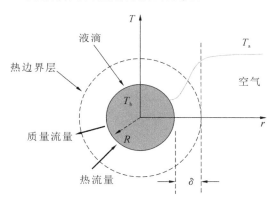

图 7-2　球形液滴蒸发过程示意图

　　对该球形液滴的蒸发过程进行能量分析,可推出

$$-\frac{\mathrm{d}}{\mathrm{d}t}\left[\rho_l \frac{4}{3}\pi\left(\frac{D}{2}\right)^3 h_{fg}\right] = \pi D^2 q_s'' \tag{7-1}$$

式中:ρ_l 为液滴密度;D 为液滴直径;h_{fg} 为饱和温度下的汽化潜热;q_s'' 为传给液滴表面的热流密度;$\rho_l \frac{4}{3}\pi\left(\frac{D}{2}\right)^3$ 为液滴总质量;πD^2 为液滴总表面积;负号表示液滴直径是随时间逐渐减小的。

　　传给液滴表面的热流 q_s'' 可表示为

$$q_s'' = k\frac{\mathrm{d}T}{\mathrm{d}r}\Big|_s \approx k\frac{T_a - T_b}{\delta} \tag{7-2}$$

式中:k 为导热系数;δ 为液滴周围热边界层的厚度,取决于具体问题中液滴和环境气体的物理性质,与液滴蒸发过程中的特征长度(液滴直径)成正比。近似地,我们可以设 $\delta = C_1 D$,将其带入式(7-2)和式(7-1)中,可推出

$$-\frac{\mathrm{d}}{\mathrm{d}t}\left[\rho_1 \frac{4}{3}\pi\left(\frac{D}{2}\right)^3 h_{\mathrm{fg}}\right] = \pi D^2 k \frac{T_{\mathrm{a}}-T_{\mathrm{b}}}{C_1 D}$$

$$\rho_1 \frac{1}{6}\pi h_{\mathrm{fg}}\frac{\mathrm{d}D^3}{\mathrm{d}t} = -\pi Dk \frac{T_{\mathrm{a}}-T_{\mathrm{b}}}{C_1}$$

$$\rho_1 \frac{1}{6}\pi h_{\mathrm{fg}}\frac{3D^2 \mathrm{d}D}{\mathrm{d}t} = -\pi Dk \frac{T_{\mathrm{a}}-T_{\mathrm{b}}}{C_1}$$

$$2D\frac{\mathrm{d}D}{\mathrm{d}t} = -\frac{4k(T_{\mathrm{a}}-T_{\mathrm{b}})}{\rho_1 h_{\mathrm{fg}}C_1}$$

$$\frac{\mathrm{d}D^2}{\mathrm{d}t} = -\beta_0$$

$$\beta_0 = \frac{4k(T_{\mathrm{a}}-T_{\mathrm{b}})}{\rho_1 h_{\mathrm{fg}}C_1} \tag{7-3}$$

为了简化,通常假定 C_1 为常数,大小为 $\frac{1}{2}$,即热边界层的厚度等于液滴半径。因此在给定的空气和液滴属性及温度下,β_0 为固定常数,称为"蒸发常数"。由式(7-3)可知,液滴直径随时间的变化关系为

$$D^2 = D_0^2 - \beta_0 t \tag{7-4}$$

传统上将式(7-4)称为 D^2 定律。由式(7-4)可以推出初始直径为 D_0 的液滴寿命,即

$$t_{\mathrm{life}} = \frac{D_0^2}{\beta_0} \tag{7-5}$$

根据式(7-5),可以绘出液滴尺寸随时间的变化关系曲线(见图7-3)。

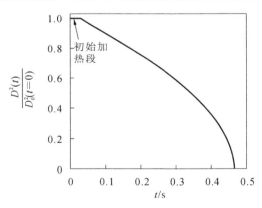

图 7-3　D^2 定律中液滴尺寸随时间的变化关系

图7-3给出了 D^2 定律中,初始温度下的液滴的直径平方(即 D^2)的实验测量结果随时间的变化关系。由图7-3可知,在液滴温度达到饱和温度 T_{b} 并开始蒸发之前,液滴初始加热段对应的是一段水平直线,液滴直径不变,液滴的初始加热段时长将在7.4节介绍。液滴的瞬时蒸发速率 $\dot{m}_1$ 可表示为

$$\dot{m}_1 = \frac{\mathrm{d}}{\mathrm{d}t}\left(\rho_1 \frac{\pi}{6}D^3\right) = \rho_1 \frac{\pi}{6}3D^2 \frac{\mathrm{d}D}{\mathrm{d}t} = \rho_1 \frac{\pi}{4}D\frac{\mathrm{d}D^2}{\mathrm{d}t} \tag{7-6}$$

结合式(7-3),液滴的瞬时蒸发速率 $\dot{m}_1$ 又可表示为

$$\dot{m}_1 = -\frac{\pi}{4}\rho_1 D\beta_0 = -\frac{\pi}{4}\rho_1 \beta_0 \sqrt{D_0^2 - \beta_0 t} \tag{7-7}$$

由式(7-7)可知,液滴的瞬时蒸发速率随时间的增加而减小。

例 7-1　把初始直径为 $100\ \mu m$ 的乙醇液滴，置于 $T=500\ K$，$p=1$ atm 的静止热空气中，其中乙醇液滴在标准大气压下的饱和温度为 351 K，试估算该液滴的寿命。

解　液滴寿命可由 $t_{life}=\dfrac{D_0^2}{\beta_0}$ 算出，我们需要用以下近似公式来计算 β_0。

（1）导热系数是燃料和空气混合物的函数，并用下面的公式得到了较好的结果。

$$k(\overline{T})=0.4\,k_{fuel}(\overline{T})+0.6\,k_{air}(\overline{T})$$

$$\overline{T}=\frac{T_a+T_b}{2}=\frac{500+351}{2}\approx 425\ (K)$$

由工程热力学可知，乙醇在 425 K 下的导热系数大约为 0.028 3 W/(m·K)，空气在 425 K 下的导热系数大约为 0.033 W/(m·K)，可得出 k 为 0.031 1 W/(m·K)。注意：如果没给出燃料的导热系数，我们可以用空气的导热系数来近似地代替 k_{fuel}。

（2）$h_{fg}=797.34$ kJ/kg。

（3）$\rho_l=757$ kg/m³。

（4）$C_1=0.5$。

$$\beta_0=\frac{4k(T_a-T_b)}{\rho_l h_{fg} C_1}=6.14\times10^{-8}\ m^2/s$$

$$t_{life}=\frac{D_0^2}{\beta_0}=0.163\ s=163\ ms$$

注：单液滴寿命的模拟结果为 171 ms，和上述估算结果吻合较好。

7.2　运动状态下的液滴蒸发

在大多数应用中，液滴都是以一个相对运动的状态喷入燃烧室的，假设液滴与空气的相对速度为 u_d。图 7-4 所示为运动状态下的液滴蒸发热边界层。

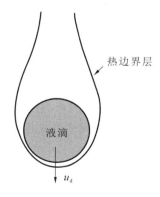

图 7-4　运动状态下的液滴蒸发热边界层

此时，液滴传热为对流传热，则传给液滴表面的热流密度 q_s'' 可表示为

$$q_s''=\tilde{h}(T_a-T_b) \tag{7-8}$$

式中：$\tilde{h}$ 为对流换热系数。

对于一个球体，$\tilde{h}$ 可从努塞尔关系式中获得

$$Nu = \frac{\tilde{h}D}{k} = 2 + 0.4 \, Re_D^{\frac{1}{2}} \, Pr^{\frac{1}{3}} \tag{7-9}$$

式中：Re_D 为基于 u_d 和液滴直径的雷诺数；Pr 为普朗特数。

$$Pr = \frac{\nu}{a} = \frac{c_p \mu}{k}$$

式中：ν 为黏度扩散系数；a 为热扩散系数；μ 为动力黏度系数；k 为热传导系数。

与式(7-3)的推导方式类似，可得

$$-\frac{\mathrm{d}}{\mathrm{d}t}\left[\rho_l \frac{4}{3}\pi\left(\frac{D}{2}\right)^3 h_{fg}\right] = \pi D^2 \tilde{h}(T_a - T_b)$$

$$\frac{\mathrm{d}D^2}{\mathrm{d}t} = -2C_1\beta_0 - \beta \tag{7-10}$$

其中

$$\beta = \frac{1.6kRe_D^{\frac{1}{2}}Pr^{\frac{1}{3}}(T_a - T_b)}{\rho_l h_{fg}}$$

假设雷诺数是一个平均化了的常数，则式(7-10)积分可得

$$D^2 = D_0^2 - 2C_1\beta_0 t - \beta t \tag{7-11}$$

事实上，雷诺数将随液滴直径减小而减小，因此在液滴蒸发分析中，平均雷诺数可用直径为初始直径一半时的雷诺数来近似表示，即 $\overline{Re_D} \approx \rho D_0 u_d / (2\mu)$。图 7-5 所示为蒸发过程中乙醇液滴直径随时间变化的预测图，其中，$p = 1$ atm，$T_a = 600$ K，液滴初始直径为 150 μm。由图 7-5 可知，相对运动的速度越大，液滴蒸发速率越大。

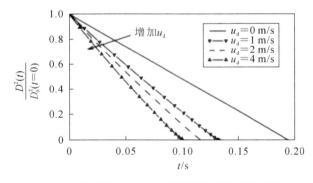

图 7-5　相对速度 u_d 对乙醇液滴蒸发速率的影响

例 7-2　估算在 $p = 1$ atm，$T_a = 700$ K 空气环境下，相对速度为 2.8 m/s，初始直径为 101.6 μm 的十二烷烃液滴寿命，其中十二烷烃液滴在标准大气压下的饱和温度为 489 K。

解　(1) 平均温度 $\overline{T} = \dfrac{700 + 489}{2} \approx 600$ (K)。

(2) 空气在 600 K 下的导热系数 k 约为 0.045 6 W/(m · K)。

(3) $\mu = 3.030 \times 10^{-5}$ kg/(m · s)。

(4) $\rho_{air} = 0.588$ kg/m³。

(5) $Pr = 0.751$。

(6) $\rho_l = 749$ kg/m³。

(7) $h_{fg} = 256$ kJ/kg。

$$2C_1\beta_0 = \frac{8k(T_a - T_b)}{\rho_l h_{fg}} = \frac{8 \times 0.045\,6 \times (700 - 489)}{749 \times 256 \times 1\,000} = 4.014 \times 10^{-7}\,(\mathrm{m^2/s})$$

$$\overline{Re}_D = \frac{\dfrac{\rho_{air} D_0}{2} u_d}{\mu_{air}} = \frac{0.588 \times \dfrac{101.6}{2} \times 10^{-6} \times 2.8}{3.03 \times 10^{-5}} = 2.76$$

$$\beta = \frac{1.6k\,\overline{Re}_D^{\frac{1}{2}} Pr^{\frac{1}{3}}(T_a - T_b)}{\rho_l h_{fg}}$$

$$= \frac{1.6 \times 0.045\,6 \times 2.76^{\frac{1}{2}} \times 0.751^{\frac{1}{3}} \times (700 - 489)}{749 \times 256 \times 1\,000}\,\mathrm{m^2/s}$$

$$= 1.21 \times 10^5\,\mu\mathrm{m^2/s}$$

$$t_{life} = \frac{D_0^2}{2C_1\beta_0 + \beta} = \frac{101.6^2}{4.014 \times 10^5 + 1.21 \times 10^5}\,\mathrm{s}$$

$$= 0.020\,\mathrm{s} = 20\,\mathrm{ms}$$

注:单液滴寿命的模拟结果为 27 ms。

例 7-3　在例 7-1 的基础上,令 u_d 分别为 1 m/s 和 10 m/s,试估算液滴寿命。

解　用在 400 K 下的空气性质:$Pr = 0.788$。

当 $u_d = 1$ m/s 时

$$\overline{Re}_D = 0.99$$

$$2C_1\beta_0 = \frac{8k(T_a - T_b)}{\rho_l h_{fg}} = 6.142 \times 10^4\,\mu\mathrm{m^2/s}$$

$$\beta = \frac{1.6k\,\overline{Re}_D^{\frac{1}{2}} Pr^{\frac{1}{3}}(T_a - T_b)}{\rho_l h_{fg}} = 1.13 \times 10^4\,\mu\mathrm{m^2/s}$$

$$t_{life} = \frac{D_0^2}{2C_1\beta_0 + \beta} = 0.138\,\mathrm{s} = 138\,\mathrm{ms}$$

注:单液滴寿命的模拟结果为 165 ms。

当 $u_d = 10$ m/s 时

$$\overline{Re}_D = 9.9$$

$$\beta = \frac{1.6k\,\overline{Re}_D^{\frac{1}{2}} Pr^{\frac{1}{3}}(T_a - T_b)}{\rho_l h_{fg}} = 3.57 \times 10^4\,\mu\mathrm{m^2/s}$$

$$t_{life} = \frac{D_0^2}{2C_1\beta_0 + \beta} = 0.103\,\mathrm{s} = 103\,\mathrm{ms}$$

注:单液滴寿命的模拟结果为 152 ms。

7.3　液滴的初始加热过程

由图 7-3 可知,在液滴的初始加热过程中,液滴直径不变。为了计算液滴从初始温度 T_0 加热到饱和温度 T_b 所需的时间,一般需要作如下几个假设:

（1）液滴密度是常数;

（2）比热容是常数;

（3）初始加热过程中没有蒸发;

(4)在整个过程中应用相同的传热模型。

假设(1)和假设(3)暗含着液滴直径不会改变的条件。根据液滴的能量平衡,可推导出

$$\frac{\pi D_0^3}{6} \rho_1 c_{p1} \frac{\mathrm{d}T}{\mathrm{d}t} = \pi D_0^2 q_s'' \tag{7-12}$$

首先考虑液滴在空气中静置这一状态下的热量传递情况。液滴在空气中静置时,液滴表面的热量传递公式为 $q_s'' = k \dfrac{T_a - T}{C_1 D}$,将该公式代入式(7-12)中并进行积分可得液滴加热时间 t,其表达式为

$$t = \frac{\rho_1 c_{p1} C_1 D_0^2}{6k} \ln\left(\frac{T_a - T_0}{T_a - T}\right) \tag{7-13}$$

式中:T_a 为环境温度;T_0 为液滴初始温度;T 为液滴瞬时温度。注意,式(7-13)只有在 $T \leqslant T_b$ 时才成立。由式(7-13)可以推导出,在空气中静置的液滴由初始温度 T_0 加热到饱和温度 T_b 所需的时间 t_{heating},其表达式为

$$t_{\text{heating}} = \frac{\rho_1 c_{p1} C_1 D_0^2}{6k} \ln\left(\frac{T_a - T_0}{T_a - T_b}\right) \tag{7-14}$$

当液滴与空气存在相对运动时,液滴表面的热量传递公式变为

$$q_s'' = \frac{(2 + 0.4 Re_D^{\frac{1}{2}} Pr^{\frac{1}{3}}) k (T_a - T)}{D}$$

则 t_{heating} 可表示为

$$t_{\text{heating}} = \frac{\rho_1 c_{p1} D^2}{6k(2 + 0.4 Re_D^{\frac{1}{2}} Pr^{\frac{1}{3}})} \ln\left(\frac{T_a - T_0}{T_a - T_b}\right) \tag{7-15}$$

当液滴处于燃烧状态时,我们可以用火焰温度 T_f 代替环境温度 T_a 以简单估算单液滴加热段所需的时间。

例 7-4 估算在以下两种条件下,液滴加热到饱和温度所需的时间。乙醇液滴初始温度 $T_0 = 300$ K,环境温度 $T_a = 500$ K,$D_0 = 100$ μm。

(1)在静止空气中;(2)在相对速度 $u_d = 1$ m/s 的空气中。

解 估算平均温度下液滴的性质:$T_0 = 300$ K,$\bar{T} = \dfrac{300 + 351}{2}$ K ≈ 325 K,$\rho_1 = 773$ kg/m³,$c_{p1} = 2.5$ kJ/(kg·K),$C_1 = 0.5$。

空气在 325 K 下的性质:$k = 0.01865$ W/(m·K)。

(1)由式(7-14)可得

$$t_{\text{heating}} = \frac{\rho_1 c_{p1} C_1 D_0^2}{6k} \ln\left(\frac{T_a - T_0}{T_a - T_b}\right) = 25.6 \text{ ms}$$

由此可知,液滴加热到饱和温度所需的时间远小于液滴蒸发的时间(186 ms)。

(2)当 $u_d = 1$ m/s 时,$Re_D = 3.85$,$Pr = 0.788$。

$$t_{\text{heating}} = \frac{\rho_1 c_{p1} D^2}{6k(2 + 0.4 Re_D^{\frac{1}{2}} Pr^{\frac{1}{3}})} \ln\left(\frac{T_a - T_0}{T_a - T_b}\right) = 19.1 \text{ ms}$$

7.4　液滴的燃烧

当液滴蒸发后,如果空气温度足够高或者存在火花点火时,液滴周围的蒸气-空气混合物可能会被点燃。一旦该混合物着火,液滴周围将形成非预混(扩散)火焰。火焰产生后,从火焰到液滴表面的传热将进一步加大液滴的蒸发速率,进而促进液滴的燃烧。图 7-6 描述了燃油液滴的燃烧过程,燃油蒸气沿径向向外扩散,扩散到火焰区域,与沿径向向内扩散的空气混合并发生反应。

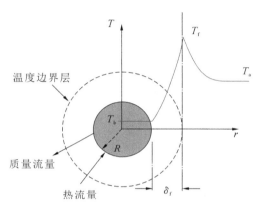

图 7-6　在距离液滴表面 δ_f 处燃烧产生扩散火焰

液滴燃烧过程也包括液滴蒸发过程,液滴蒸发过程类似于上文所述的液滴纯蒸发过程,但是液滴周围环境温度需要用火焰温度来代替,则式(7-2)变为

$$q''_s = k \frac{\mathrm{d}T}{\mathrm{d}r}\Big|_s \approx k \frac{T_f - T_b}{\delta_f} \approx k \frac{T_f - T_b}{C_2 D} \tag{7-16}$$

式中:T_f 为火焰温度;C_2 为与 C_1 类似的边界层参数;δ_f 为液滴周围热边界层厚度。

将式(7-16)代入式(7-1)中可得

$$\frac{\mathrm{d}D^2}{\mathrm{d}t} = -\beta'_0 \tag{7-17}$$

$$\beta'_0 = \frac{4k(T_f - T_b)}{\rho_l h_{fg} C_2}$$

式中:β'_0 为液滴的"燃烧常数"。

对式(7-17)进行积分可得

$$D^2 = D_0^2 - \beta'_0 t \tag{7-18}$$

这也是 D^2 定律的一种形式,除了 β_0 被 β'_0 代替,其他没有变化。

例 7-5　在例 7-1 的前提下,液滴周围存在当量比火焰,估算液滴寿命。

解　火焰温度大约为 2 300 K,平均温度约为 1 300 K,在 1 300 K 时,k_{air} 约为 0.083 7 W/(m·K)。

假设 $C_2 = 0.5$,$h_{fg} = 836$ kJ/kg,可得

$$\beta'_0 = \frac{4k(T_f - T_b)}{\rho_l h_{fg} C_2} = \frac{4 \times 0.083\ 7 \times (2\ 300 - 351)}{789 \times 836 \times 1\ 000 \times 0.5}\ \mathrm{m^2/s}$$

$$= 1.98 \times 10^6\ \mathrm{\mu m^2/s}$$

$$t_{\text{life}} = \frac{D_0^2}{\beta_0'} = \frac{100^2}{1.98 \times 10^6} \text{ s} = 5.05 \times 10^{-3} \text{ s} = 5.05 \text{ ms}$$

计算获得的液滴寿命，比纯蒸发条件下的液滴寿命小得多。

液滴在运动状态下的燃烧和在运动状态下的蒸发满足同一个模型，只需把环境温度 T_a 变成火焰温度 T_f，由此可得

$$D^2 = D_0^2 - 2C_2\beta_0't - \beta't \tag{7-19}$$

其中

$$\beta' = \frac{1.6k\,\overline{Re}_D^{\frac{1}{2}}\,Pr^{\frac{1}{3}}(T_f - T_b)}{\rho_l h_{\text{fg}}}$$

在静止状态、运动状态、燃烧状态和非燃烧状态的液滴蒸发控制定律（D^2 定律）都表明：液滴的初始直径减小二分之一，液滴寿命可缩短四分之三。因此，当需要缩短液滴寿命时，减小液滴的初始直径是行之有效的办法。

表 7-1 总结了不同条件下液滴蒸发和燃烧的公式。

表 7-1　不同条件下液滴蒸发和燃烧的公式

液滴状态	q_s''	$D^2(t)$	参数
静止状态下的蒸发	$k\dfrac{T_a - T_b}{C_1 D}$	$D^2 = D_0^2 - \beta_0 t$	$\beta_0 = \dfrac{4k(T_a - T_b)}{\rho_l h_{\text{fg}} C_1}$
运动状态下的蒸发	$\dfrac{(2 + 0.4\,Re_D^{\frac{1}{2}} Pr^{\frac{1}{3}})k(T_a - T_b)}{D}$	$D^2 = D_0^2 - 2C_1\beta_0 t - \beta t$	$\beta = \dfrac{1.6k\,\overline{Re}_D^{\frac{1}{2}} Pr^{\frac{1}{3}}(T_a - T_b)}{\rho_l h_{\text{fg}}}$
静止状态下的燃烧	$k\dfrac{T_f - T_b}{C_2 D}$	$D^2 = D_0^2 - \beta_0' t$	$\beta_0' = \dfrac{4k(T_f - T_b)}{\rho_l h_{\text{fg}} C_2}$
运动状态下的燃烧	$\dfrac{(2 + 0.4\,Re_D^{\frac{1}{2}} Pr^{\frac{1}{3}})k(T_f - T_b)}{D}$	$D^2 = D_0^2 - 2C_2\beta_0' t - \beta' t$	$\beta' = \dfrac{1.6k\,\overline{Re}_D^{\frac{1}{2}} Pr^{\frac{1}{3}}(T_f - T_b)}{\rho_l h_{\text{fg}}}$

7.5　环境温度和压力的影响

环境温度和环境压力对液滴蒸发和燃烧的影响，主要表现为环境温度和环境压力对饱和温度和饱和压力的影响。图 7-7 给出了正癸烷单液滴蒸发时的模拟数据和试验数据。由图 7-7 可知，在正癸烷蒸发期间，液滴温度是逐渐接近饱和温度的。

随着环境温度的升高，$T_a - T_b$ 和 $T_f - T_b$ 逐渐增大（火焰温度也升高）。由式（7-5）和式（7-14）可知，环境温度升高将导致液滴加热寿命和蒸发寿命均变短。

图 7-8 所示为不同环境温度下的乙醇液滴直径和寿命的变化规律，其中，$p = 1$ atm，$u_d = 1$ m/s。随着环境温度的升高，乙醇液滴寿命逐渐变短。

图 7-9 所示为几种典型液体的饱和蒸气压和饱和温度的关系。

由图 7-9 可知，当环境空气的压力增大时，对应的液滴饱和温度 T_b 也会升高。由式（7-5）和式（7-14）可知，饱和温度 T_b 升高会导致加热时间和蒸发时间增加。

但在液滴的实际蒸发过程中，环境压力的影响相对更复杂，因为环境压力的变化会通过

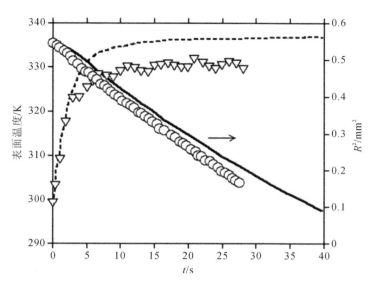

图 7-7　正癸烷蒸发期间,模拟数据(线)与试验数据(点)的对比

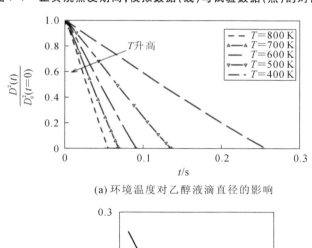

(a) 环境温度对乙醇液滴直径的影响

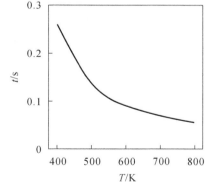

(b) 环境温度对乙醇液滴寿命的影响

图 7-8　不同环境湿度下的乙醇液滴直径和寿命的变化规律

饱和温度的变化来影响其他参数,如液滴的汽化潜热、导热系数和密度。

图 7-10 中,实线为温度的等值线,即等温线,等温线中 A'' 为最低饱和温度等温线,A' 为最高饱和温度等温线。汽化潜热是指在等温条件下,从液相(A 点)加热到气相(B 点)所需的焓值。由图 7-10 可知,随着饱和温度的升高,汽化潜热呈非线性逐渐减小。

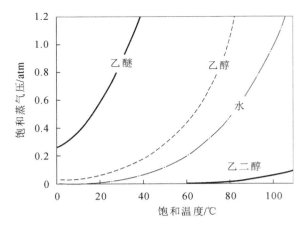 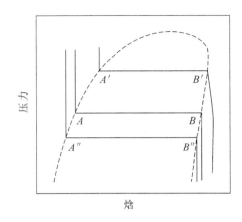

图 7-9　几种典型液体的饱和蒸气压和饱和温度的关系　　　图 7-10　饱和区域的压力-焓图

此外,环境压力的变化,还可以通过密度的变化近似线性地影响雷诺数。

表 7-2 列出了不同饱和温度/饱和压力下的正丁醇的物性。

表 7-2　不同饱和温度/饱和压力下的正丁醇的物性

T_{sat}/K	390.65	410.2	429.2	446.5	469.5	485.2	508.3	530.2	545.5	558.9
p_{sat}/kPa	101.3	182	327	482	759	1 190	1 830	2 530	3 210	4 030
$\rho_l/(kg/m^3)$	712	688	664	640	606	581	538	487	440	364
$\rho_v/(kg/m^3)$	2.30	4.10	7.9	12.5	23.8	27.8	48.2	74.0	102.1	240.2
$h_{fg}/(kJ/kg)$	591.3	565.0	537.3	509.7	468.8	437.2	382.5	315.1	248.4	143.0
$c_{pl}/[kJ/(kg \cdot K)]$	3.20	3.54	3.95	4.42	5.15	5.74	6.71	7.76		
$c_{pv}/[kJ/(kg \cdot K)]$	1.87	1.95	2.03	2.14	2.24	2.37	2.69	3.05	3.97	
$\mu_l/(\mu Ns/m^2)$	403.8	346.1	278.8	230.8	188.5	144.2	130.8	115.4	111.5	105.8
$\mu_v/(\mu Ns/m^2)$	9.29	10.3	10.7	11.4	12.1	12.7	13.9	15.4	17.1	28.3
$k_l/[mW/(m \cdot K)]$	127.1	122.3	117.5	112.6	105.4	101.4	91.7	82.9	74.0	62.8
$k_v/[mW/(m \cdot K)]$	21.7	24.2	26.7	28.2	31.3	33.1	36.9	40.2	43.6	51.5
Pr_l	10.3	9.86	9.17	8.64	10.2	8.10	8.67	9.08		
Pr_v	0.81	0.83	0.81	0.86	0.87	0.91	1.01	1.17	1.56	
$\sigma/(mN/m)$	17.1	15.6	13.9	12.3	10.2	7.50	6.44	4.23	2.11	0.96

① 正丁醇化学式为 $CH_3CH_2CH_2CH_2OH$,临界温度为 561.15 K,临界压力为 4 960 kPa,临界密度为 270.5 kg/m³,分子量为 74.12。

② 术语:ρ_l:液体密度;h_{fg}:汽化潜热;ρ_v:蒸气密度;k_l:液体导热系数;k_v:蒸气导热系数;σ:表面张力。

如果燃料的物性查不到,可以用克劳修斯-克拉珀龙方程估算不同压力下的燃料饱和温度

$$\frac{\mathrm{d}p_{sat}}{p_{sat}} = \frac{h_{fg}}{R_m}\frac{\mathrm{d}T_{sat}}{T_{sat}^2}$$

或

$$\mathrm{d}(\ln p_{sat}) = -\frac{h_{fg}}{R_m}\mathrm{d}\left(\frac{1}{T_{sat}}\right) \tag{7-20}$$

其中

$$R_m = \frac{\hat{R}_u}{M_f}$$

式中:R_m 为气体常数;$\hat{R}_u$ 为通用气体常数;M_f 为燃料蒸气的分子质量。我们可以用 T_{sat1} 和

T_{sat2},通过以下公式来近似地计算平均汽化潜热,公式为

$$\ln \frac{p_{sat2}}{p_{sat1}} \approx \frac{h_{fg}(\overline{T})}{R_m}(\frac{1}{T_{sat1}} - \frac{1}{T_{sat2}}) \qquad (7-21)$$

下面我们来考虑静止空气中,环境温度为 T_a,不同环境压力下液滴的实际蒸发过程。

环境压力增大,饱和温度 T_b 升高,使得 $T_a - T_b$ 和 h_{fg} 减小(没有接近临界点时,h_{fg} 随着压力变化的幅度不大),最终导致 β_0 可能减小或增大,因此,液滴寿命随着压力的增大可能增加,也可能减少。

图 7-11 所示为静止空气中,不同环境压力下乙醇液滴直径与寿命的变化关系,其中,$T_a = 500$ K,$D_0 = 100$ μm。由图 7-11 可知,随着环境压力的增大,乙醇液滴寿命逐渐增加。

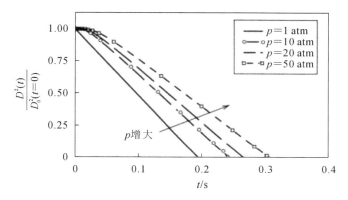

图 7-11　静止空气中,不同环境压力下乙醇液滴直径与寿命的变化关系

当液滴以相对速度 u_d 射入时,环境压力增大的影响可以分为两个部分:

(1) 可以减小 $T_a - T_b$ 和 h_{fg};

(2) 可以增大液滴密度,使 Re_D 增大,进而导致 β 增大。

液滴寿命的最终影响取决于 β_0 和 β 的相对变化。图 7-12 所示为 $u_d = 1$ m/s 时,不同环境压力下乙醇液滴直径与寿命的变化关系,其中,$T_a = 500$ K,$D_0 = 100$ μm。由图 7-12 可知,随着环境压力的增大,乙醇液滴寿命逐渐变短。

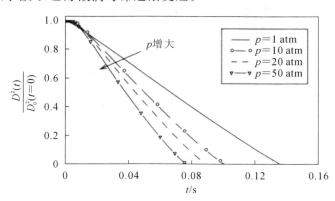

图 7-12　不同环境压力下乙醇液滴直径与寿命的变化关系

例 7-6　利用式(7-21)和正丁醇的物性(见表 7-2),在 $T_{sat1} = 390.65$ K,$p_{sat1} = 101.3$ kPa 的条件下,估算 $p_{sat} = 1\,090$ kPa 时,T_{sat} 的值。

解　因为 T_{sat} 未知,先假设平均温度为 390 K,我们用迭代法来求取精确的 T_{sat}。

当 $\overline{T}=390\ \mathrm{K}$ 时

$$R_{\mathrm{m}}=\frac{8.314}{74.12}\ \mathrm{kJ/(kg\cdot K)}=0.112\ \mathrm{kJ/(kg\cdot K)}$$

将 R_{m} 的值代入式(7-21)中,可得

$$\ln\frac{1\,090}{101.3}\approx\frac{591.3}{0.112}\left(\frac{1}{390.65}-\frac{1}{T_{\mathrm{sat2}}}\right)$$

解得

$$T_{\mathrm{sat2}}=474.09\ \mathrm{K}$$

与表 7-2 给出的 485.2 K 相比,上述估算结果有 2.3% 的误差,对于工程项目,该结果符合要求。为了进一步提高计算结果的精度,进行第二次估算。

$$\overline{T}=\frac{390+474}{2}\mathrm{K}=432\ \mathrm{K}$$

$$h_{\mathrm{fg}}(\overline{T})=531.9\ \mathrm{kJ/kg}$$

$$\ln\frac{1\,090}{101.3}\approx\frac{531.9}{0.112}\left(\frac{1}{390.65}-\frac{1}{T_{\mathrm{sat2}}}\right)$$

$$T_{\mathrm{sat2}}=485.5\ \mathrm{K}$$

这与表 7-2 给出的 485.2 K 几乎一致。

7.6　液滴直径的分布

图 7-13 所示为典型的汽油机进气道喷射汽油形成的喷雾。喷射的汽油在与空气的相互作用下破碎成许多小液滴,这些液滴直径的分布将决定汽油机的动力性、经济性和排放性能。

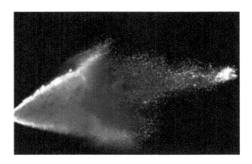

图 7-13　典型的汽油机进气道喷射汽油形成的喷雾

一般需要用统计学方法来描述这些小液滴的各种属性。首先将液滴数分布 $\Delta N(d_i)$ 定义为液滴直径在区间 $(d_i-\Delta d/2,d_i+\Delta d/2)$ 内的液滴数与液滴总数 (N_{d}) 的比例,具体为

$$\Delta N(d_i)=\frac{\text{液滴直径在区间}(d_i-\Delta d/2,d_i+\Delta d/2)\text{内的液滴数}}{\text{液滴总数}(N_{\mathrm{d}})}\tag{7-22}$$

式中:Δd 为液滴直径区间大小,用于根据液滴直径对液滴进行分类;N_{d} 为液滴总数。

通常,有以下几种定义液滴平均直径的方法。

$$d_1\equiv \mathrm{MD}(\text{平均直径})=\sum_{i=1}^{\infty}\Delta N(d_i)\cdot d_i$$

$$d_2 \equiv \mathrm{AMD}(\text{平均面积直径}) = \left[\sum_{i=1}^{\infty} \Delta N(d_i) \cdot d_i^2\right]^{1/2} \tag{7-23}$$

$$d_3 \equiv \mathrm{VMD}(\text{平均体积直径}) = \left[\sum_{i=1}^{\infty} \Delta N(d_i) \cdot d_i^3\right]^{1/3}$$

这样,液滴的总面积与 d_2 相关联,总体积与 d_3 相关联。

$$\text{液滴的总面积} = \pi(\mathrm{AMD})^2$$

$$\text{液滴占据的总体积} = \frac{\pi}{6}(\mathrm{VMD})^3 \tag{7-24}$$

在大多数应用中,索特平均直径(SMD)用于量化喷雾中液滴的平均大小,其定义为

$$d_{32} \equiv \mathrm{SMD}(\text{索特平均直径}) = \frac{\displaystyle\sum_{i=1}^{\infty} \Delta N(d_i) \cdot d_i^3}{\displaystyle\sum_{i=1}^{\infty} \Delta N(d_i) \cdot d_i^2} = \frac{d_3^3}{d_2^2} \tag{7-25}$$

这样,就有两种相应的参数来量化液滴直径的分布。

第一种参数是累积数量函数(CNF),其表达式为

$$\mathrm{CNF}(d_j) = \frac{\displaystyle\sum_{i=1}^{j} \Delta N(d_i) \cdot d_i}{\displaystyle\sum_{i=1}^{\infty} \Delta N(d_i) \cdot d_i} = \frac{1}{\mathrm{MD}}\sum_{i=1}^{j} \Delta N(d_i) \cdot d_i \tag{7-26}$$

式中: $\displaystyle\sum_{i=1}^{\infty} \Delta N(d_i) \cdot d_i$ 为液滴的平均直径; $\displaystyle\sum_{i=1}^{j} \Delta N(d_i) \cdot d_i$ 为直径小于或等于 d_i 液滴的直径与其占比的乘积;$\mathrm{CNF}(d_j)$ 为直径小于或等于 d_j 液滴所占平均直径的比例。

第二种参数是累积体积函数(CVF),其表达式为

$$\mathrm{CVF}(d_j) = \frac{\displaystyle\sum_{i=1}^{j} \Delta N(d_i) \cdot d_i^3}{\displaystyle\sum_{i=1}^{\infty} \Delta N(d_i) \cdot d_i^3} \tag{7-27}$$

式中:$\mathrm{CVF}(d_j)$ 为直径小于或等于 d_j 的液滴的体积与液滴总体积之间的比例。

图 7-14 所示为 ΔN、CNF 和 CVF 与液滴直径之间的关系。

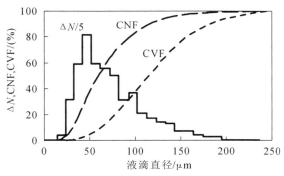

图 7-14　ΔN、CNF 和 CVF 与液滴直径之间的关系

特定旋流喷油器的喷雾 SMD 的经验公式为

$$\mathrm{SMD} = f\left[\text{流体性质}(\sigma,\nu,\cdots),\text{喷射参数}(\Delta p,\dot{m},\cdots),\text{空气旋流参数}\right] \tag{7-28}$$

式(7-28)中的各个参数需要根据具体的喷油器结构来确定。例如,稳态流动下的某类

压力旋流喷雾器的喷雾 SMD 的计算公式为

$$SMD = 7.3 \times 10^6 \sigma_l^{0.6} \nu_l^{0.2} \dot{m}^{0.25} \Delta p^{-0.4} (\mu m) \tag{7-29}$$

式(7-29)中,所有参数的单位都采用国际单位制。

例 7-7　用式(7-29)估算柴油机喷油器的喷雾 SMD。

解　已知喷油器喷射压力 $\Delta p = 689$ kPa,液体表面张力 $\sigma_l = 0.03$ N/m,液体黏度 $\nu_l = 2.82 \times 10^{-6}$ m²/s,喷射流量 $\dot{m} = 9 \times 10^{-3}$ kg/s。

$$\begin{aligned} SMD &= 7.3 \times 10^6 \sigma_l^{0.6} \nu_l^{0.2} \dot{m}^{0.25} \Delta p^{-0.4} \\ &= 7.3 \times 10^6 \times (0.03)^{0.6} \times (2.82 \times 10^{-6})^{0.2} \times (9 \times 10^{-3})^{0.25} \times (689 \times 10^3)^{-0.4} \\ &= 98.25 (\mu m) \end{aligned}$$

习　题

7-1　将一个初始直径为 80 μm 的甲醇液滴注入环境温度为 750 K、环境压力为 1 atm 的燃烧室内,计算该液滴寿命。向甲醇中加入一种能使甲醇沸点降低 40 K,但不影响其汽化潜热的添加剂,加入添加剂后,甲醇液滴的初始直径会增大到 95 μm,计算新的液滴寿命。如果环境压力从 1 atm 增大到 10 atm,计算新的液滴寿命。

7-2　一架涡喷式飞机以 250 m/s 的速度飞行。正庚烷液滴顺着气流方向喷入 2.5 m 长的燃烧室的前端,正庚烷液滴在燃烧室内完全燃烧,忽略正庚烷液滴运动过程中的破碎效应和阻力效应,估算在下列条件下,正庚烷液滴的最大允许初始尺寸:

(1) 燃烧室内空气的温度和压力分别为 1 000 K 和 1 atm;

(2) 正庚烷液滴以比空气运动速度大 20 m/s 的相对速度喷入燃烧室;

(3) 正庚烷液滴完全蒸发后,燃烧过程仅需要 1 ms;

(4) 正庚烷液体性质:密度为 684 kg/m³,沸点为 283 K,汽化潜热为 317 kJ/kg。

7-3　在燃烧室中,一些直径为 500 μm 的细小辛烷液滴喷入环境温度为 500 ℃、环境压力为 1 atm 的热空气中,观察到一些液滴在蒸发,一些液滴在燃烧,还可观察到一些液滴和空气具有相同的运动速度,一些液滴与空气有明显的相对速度。

(1) 计算与空气运动速度相同的液滴的蒸发寿命(静止环境)。

(2) 计算与空气运动速度有 10 m/s 的相对速度的液滴的蒸发寿命。

(3) 计算与空气运动速度相同的液滴的燃烧寿命(静止环境)。

备注:假设热边界层厚度和火焰距离均为液滴直径的一半。

7-4　用下列数据,计算直径为 100 μm 的正丁醇液滴在热空气中的蒸发时间(液滴存在时间)。

(1) 环境温度 $T_{air} = 900$ K,相对速度 $u_d = 0$,环境压力 $p = 101.3$ kPa。

(2) 重复(1),但相对速度 $u_d = 1$ m/s。

(3) 重复(1),但环境压力 $p = 3\,210$ kPa。

(4) 重复(3),但液滴周围存在火焰,火焰温度为 2 200 K。

备注:用 $T_{ave} = (T_{air} + T_{droplet})/2$ 和 $T_{ave} = (T_{flame} + T_{droplet})/2$ 计算导热系数。

7-5　计算放置在环境温度为 500 ℃ 的静止热空气中,初始直径为 500 μm 的柴油液滴的蒸发时间,假设液滴周围的热边界层厚度是液滴直径的一半。与该状态下的燃烧时间进行比较,火焰距离也为液滴直径的一半,火焰温度是 2 305 K。如果找不到所需的柴油物性,就用正庚烷的物性来代替。

　　7-6　实验测量获得的喷雾中液滴尺寸见表 7-3。确定 $d_j = 60\ \mu\text{m}$ 的累积体积分布。

表 7-3　实验测量获得的喷雾中液滴尺寸

区间范围/μm	液滴数
0～10	60
10～30	100
30～40	120
40～60	300
60～80	200
80～100	20
100～130	0
130～170	0
液滴总数	800

参 考 文 献

[1] MCALLISTER S, CHEN J Y, FERNANDEZ-PELLO A C. Fundamentals of combustion processes[M]. New York：Springer，2011.

[2] TURNS S R. An introduction to combustion：concepts and applications[M]. 2nd ed. New York：McGraw-Hill Companies, Inc. , 2000.

[3] TURNS S R. 燃烧学导论：概念与应用[M]. 3 版. 姚强，李水清，王宇，译. 北京：清华大学出版社，2015.

[4] 徐通模，惠世恩. 燃烧学[M]. 2 版. 北京：机械工业出版社，2017.

[5] 蒋德明. 内燃机燃烧与排放学[M]. 西安：西安交通大学出版社，2001.

[6] 解茂昭. 内燃机计算燃烧学[M]. 大连：大连理工大学出版社，1995.

第 8 章

固体燃料的燃烧

液体燃料在燃烧前必须气化,所以液体燃料的燃烧,最终也可以归结为气体燃料的燃烧。在实际生产生活中,还有相当一部分能量来自除气体、液体之外的固体燃料的燃烧,固体燃料的燃烧包括常见的木材的燃烧、煤的燃烧、垃圾焚烧及金属的燃烧,其中最重要的是煤的燃烧。我国煤炭资源丰富,煤的消耗量占我国能源消费总量的 60% 左右。

煤是一种天然固体燃料,含有碳、水分、产生灰分的矿物和在燃烧开始时挥发的各种碳氢化合物。经典煤燃烧理论将煤的燃烧分为三个阶段,分别为快速热解和脱挥发分、挥发分的气相燃烧、煤焦的多相燃烧(产生的一种不易挥发的固体碳)。煤中的挥发分对总的能量释放有很大的贡献,但这些挥发分的燃烧速率比挥发后留下的固体煤焦的燃烧速率大。煤焦的结构类似于石墨,煤焦由许多微粒组成,与挥发分相比,其着火和燃尽均较为困难。一般认为,在煤燃烧过程中,从煤开始干燥、挥发分析出到大部分挥发分烧完,所需时间大约占煤总燃烧时间的 10%,剩余的 90% 的时间则用于煤焦的燃烧。由于煤焦中所含的可燃物质的质量可以占到煤总质量的 55%~97%,煤焦发热量可以占到煤总发热量的 60%~95%,因此只有保证剩余煤焦的充分燃烧,才能获得良好的煤燃烧效率。煤焦的燃烧过程本质上是一种表面燃烧过程,类似于石墨的燃烧过程。因此,煤焦的表面燃烧速率决定了煤燃烧过程的效率。

类似于煤焦的燃烧,许多实际燃烧装置的碳烟颗粒物排放量,或火焰中的碳烟颗粒物排放量,都与这些碳质颗粒穿过燃烧区和进入后燃烧区域时的氧化速率有关。碳烟颗粒物穿过同轴扩散火焰的反应区时通常会发生燃烧,且如果温度保持在 1 300 K 以上,则碳烟颗粒物的燃烧过程是一种表面燃烧过程。

许多金属在燃烧过程中会发生不稳定的表面燃烧,如在高浓度氧气中,金属,特别是铝,会发生燃烧从而导致严重的火灾。由于金属燃烧释放的能量很大,许多金属被用作固体推进剂的添加剂。但并非所有的金属都是以固相燃烧的,金属作为蒸气发生燃烧时,即发生气相燃烧时,氧化物的挥发温度必须高于金属的沸点温度。硼的能量密度很大,可作为军事应用的燃料添加剂,但是由于硼的液体燃烧产物 B_2O_3 会在燃烧的硼颗粒表面形成抑制层,使得硼的燃烧情况变得更加复杂。理论上通过金属与其氧化物产物的热力学性质和物理性质,可以确定在非均匀的多相燃烧模式下燃烧的金属。

这些与固体燃料燃烧有关的基础知识,可以进一步应用于高温燃烧合成领域,例如,金属在气相和液相下都与氮反应,生成难熔氮化物。在大多数情况下,这种渗氮过程是不均匀的。

固体燃料的种类繁多,它的燃烧包含了气体燃料燃烧和液体燃料燃烧的全部现象和过程。由于固体燃料的类型及其应用的差异,其燃烧情况非常复杂。本章首先引出固体燃料燃烧的基本概念,然后针对实际应用中最为普遍的碳的燃烧,利用其概念来建立简单的碳颗粒燃烧模型,揭示固体燃料燃烧的基本性质及煤燃烧的相关现象,从而全面地了解和掌握固体燃料的燃烧。

8.1　碳的多相化学反应基础

8.1.1　多相反应基本过程

通过前面章节的学习,我们可以知道,化学反应的发生都可以归因为气相的分子相互碰撞,即所谓的均相反应。固体燃料的燃烧同气体燃料的燃烧和液体燃料的燃烧最大的不同,主要在于参与反应的反应物不处于同一物理状态,例如,碳的燃烧相当于气相的氧化剂组分直接与固相的含碳物质作用,是一个包含气固多相的反应过程,即多相反应,反应物之间存在着相界面。相比反应物都为气相的气体燃烧,多相的固体燃料燃烧要复杂得多。

多相反应发生的前提是反应物之间能够进行有效接触。因此,通常气固反应主要取决于两个基本过程:在两相分界面上发生的化学反应和使气相反应物(氧气)向两相分界面输运的迁移扩散,具体可细分为:气相反应物分子通过对流和扩散到达固相反应物表面、气相反应物分子在固相反应物表面吸附、吸附后的气相反应物分子与固相反应物表面分子发生反应生成产物、产物分子从固相反应物表面脱离(脱附),以及脱附后的产物分子通过对流或扩散离开固相反应物表面。

碳的燃烧是碳和氧发生多相反应的过程。根据 Langmuir 多相反应理论,固相碳和气相氧的反应过程为:首先,氧分子向碳的晶格表面扩散并被化学吸附络合在晶格的界面上;然后,形成的碳氧络合物被热分解或被其他分子碰撞后解吸生成 CO_2 和 CO 气体,离开碳表面扩散至产物空间。解吸后空出的碳表面可继续吸附氧气。因此,碳的燃烧实质上是通过氧的扩散,氧在碳表面的吸附、表面化学反应,反应络合物的吸附、氧化、解吸和扩散等一系列步骤完成的,具体如下:

(1)氧从气相扩散到固相碳表面(外扩散);

(2)氧通过颗粒的孔道进入小孔的内表面(内扩散);

(3)扩散到碳表面的氧被碳表面吸附,形成中间络合物;

(4)吸附的中间络合物之间相互反应,或者吸附的中间络合物与气相分子发生反应,生成产物;

(5)吸附态的产物从碳表面解吸;

(6)解吸产物通过碳的内部孔道扩散出来(内扩散);

(7)解吸产物从碳表面扩散到气相中(外扩散)。

在以上步骤中,(1)、(2)、(6)、(7)为扩散过程,包括颗粒外的外扩散和颗粒内的内扩散过程,(3)、(4)、(5)为氧气分子在碳表面发生的吸附、表面化学反应和解吸过程,这些过程又称为表面反应过程。

整个表面反应过程包括吸附、表面化学反应和解吸三个过程,因此总的表面反应过程的动力学问题,实质上是同时求解每一个步骤的动力学问题。对于这类问题,有两种可能情况:一种是在连续反应中,各步骤反应速率相差很大,最慢的一个步骤的反应速率代表了整个过程的反应速率,这类反应称为有控制步骤的反应;另一种是各步骤的反应速率相差不大,即每一个步骤的反应速率都可以代表整个过程的反应速率,这类反应称为无控制步骤的反应,也可以称为全是控制步骤的反应。

事实上,在固体燃料表面的异相化学反应中,不仅需要考虑氧的吸附和解吸过程,还需要考虑表面吸附的氧与碳原子发生化学反应后生成的产物因再解吸而被扩散到主气流的过程,即碳表面的氧和燃烧反应产物均有相应的吸附和解吸过程,再加上化学反应,一共有 5 个环节,所以实际的固体燃料的表面反应机理要复杂得多。

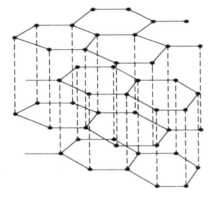

碳表面的燃烧化学反应实质上为碳原子与氧分子或原子发生的化学反应。从微观视角看,碳原子的组合状态有金刚石和石墨两种,金刚石的碳晶格十分稳定,极不容易与氧气发生燃烧反应。石墨的晶格结构如图 8-1 所示。晶格内部的每个碳原子的三个价电子在基面内与相邻碳原子形成稳固的键。第四个价电子则分布在基面之间的空间内。基面内组成六角形的碳原子之间的距离较近,键的结合很牢固,而基面之间的键的结合很弱,这使得其他元素的原子比较容易溶入基面之间的空间内。

图 8-1　石墨的晶格结构

通常固体燃料中的碳,多具有类似石墨的晶格结构,但是相比石墨的规则排列,其排列比较杂乱,无序度较高。通过图 8-2 中石墨和碳烟微粒的高分辨率透射电镜(TEM)图片对比,可以直观地看出,石墨和碳烟微粒的微晶层排布有序度之间的差别。

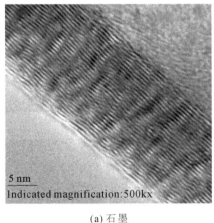
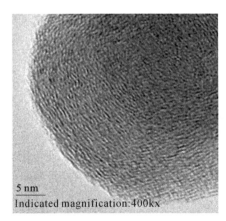

(a) 石墨　　　　　　　　　　　　　　　(b) 碳烟微粒

图 8-2　石墨和碳烟微粒的高分辨率透射电镜(TEM)图片对比

在常温下碳晶体表面会吸附一些气体分子,但当压力减小或温度略升高时,被吸附的气体分子会脱离碳晶体表面,而不改变气体分子的状态和性质,这就是物理吸附。

随着温度的升高,气体分子由于具有较大的运动速度,能浸入碳表面微晶基面层的空间内,把基面间的空间距离撑大,这样碳和气体分子就可形成固溶络合物。例如,氧溶入碳晶格基面之间就会形成碳氧固溶络合物,固溶络合物可能会因其他具有一定能量的氧分子碰撞而形成 CO_2 和 CO 气体,经解吸而离开碳晶体。这是氧和碳发生多相反应的一种表现形式。

当温度很高时,单纯的物理吸附已不存在,固溶状态的气体也逐渐减少,但碳微晶边缘对氧分子的化学吸附能力提高了。碳微晶边缘的碳原子只以 1~2 个价电子和基面内的其他碳原子结合,不像晶格基面中的碳原子以 3 个价电子与其他碳原子结合,因此活性较高。即使这种碳原子活性相对较高,但其活化能也相当大,约为 8.4×10^4 kJ/mol,所以只有当温度很高时其化学吸附才显著。同时由于氧在碳微晶边缘发生化学吸附时温度很高,吸附生成的碳氧络合物可能又会离解生成 CO_2 和 CO 气体,或者被其他分子碰撞而离解,离解生成的气体离开晶体成为自由的气体。这是氧和碳发生多相反应的另一种表现形式。

8.1.2　碳的多相燃烧控制模式

碳由许多微晶层组合而成,碳微晶之间彼此交错叠合,微晶表面的碳和边缘处的碳的活性最高,因此对于不同晶格结构的碳,反应活性也不一样。此外,由上述讨论可知,温度对碳和氧之间的化学反应也具有重要影响。通过第 3 章反应动力学的学习可知,整个化学反应的反应速率取决于其所包含的所有基元反应中最慢的一个反应的反应速率。

当碳的燃烧处于表面反应为控制步骤时,吸附和解吸的速率相对非常大,因此可以近似地处理为在每一个瞬间碳表面氧的吸附和解吸都处于平衡态,则反应速率 R 与表面反应物氧的浓度无关,即

$$R = k(T) \tag{8-1}$$

式中:$k(T)$ 为表面化学反应速率系数。

当碳的燃烧处于扩散控制步骤时,扩散至表面的反应物分子能很快地和碳发生反应,这时碳表面的氧浓度很小,吸附了氧的表面很少,说明碳表面对氧的吸附很弱,反应速率 R 还与碳表面的氧浓度 $[O_2]$ 成正比

$$R = k(T)[O_2] \tag{8-2}$$

在实际的燃烧反应中,碳表面的氧的吸附和解吸在很大程度上受反应温度的影响。当燃烧反应处于 800 ℃ 以下的低温状态时,碳晶格的吸附能力很高,碳表面氧的质量浓度很大,氧化速率与氧的浓度无关,该燃烧反应属于零级反应;当燃烧反应温度高于 1 200 ℃ 时,表面化学反应很快,碳表面的氧的质量浓度很小,该燃烧反应属于一级反应。对于反应温度在 800~1 200 ℃ 之间的燃烧反应,反应级数一般为分数级,该燃烧反应既受到扩散的影响,又受到表面化学反应动力学的影响。实际中,通常近似地按照一级反应来处理碳的燃烧反应,即碳和氧的化学反应速率按照式(8-2)来计算,其中表面化学反应速率系数 $k(T)$ 仍然服从阿伦尼乌斯定律,即

$$k(T) = A\exp(-E/RT) \tag{8-3}$$

多相反应的进行取决于固体表面上进行的化学反应和氧气分子向固体表面的迁移扩散。对于碳的多相燃烧,试验证明,碳表面气体的反应速率只与其表面的气体质量浓度有关。当碳处于强烈燃烧状态时,反应级数 $n = 1.0$。用反应物氧气的消耗速率 ω_{O_2}[mol/(m² · s)]来表示燃烧的化学反应速率,则有

$$\omega_{O_2} = kc_{O_2,s} \tag{8-4}$$

式中:k 为表面化学反应速率系数,m/s;$c_{O_2,s}$ 为碳表面氧气的浓度,mol/m³。

另一方面,从供氧的角度看,ω_{O_2} 也应该等于从周围介质中扩散到固体表面的氧气流量。类比传热问题中的换热系数,引入湍流质量交换系数 α_{zl}(m/s),则有

$$\omega_{O_2} = \alpha_{zl}(c_{O_2,\infty} - c_{O_2,s}) \tag{8-5}$$

式中：$c_{O_2,\infty}$为周围介质中的氧气浓度，mol/m^3。

在式(8-4)和式(8-5)中，$c_{O_2,\infty}$是已知的，$c_{O_2,s}$随化学反应而变化，是未知的。将式(8-4)中$c_{O_2,s}$代入式(8-5)中，整理后可获得多相燃烧过程中反应物氧气的消耗速率ω_{O_2}同湍流质量交换系数α_{zl}及表面化学反应速率系数k的关系，表达式为

$$\omega_{O_2} = \frac{c_{O_2,\infty}}{\dfrac{1}{\alpha_{zl}} + \dfrac{1}{k}} \tag{8-6}$$

对于多相燃烧过程中包含的化学反应与氧气扩散，可参考传热学中求解热传导时所采用的类比电路的方法来清楚地了解该过程的物理意义。

将式(8-4)和式(8-5)转变为电路中的表达式，则式(8-4)变为

$$\omega_{O_2} = k c_{O_2,s} = \frac{c_{O_2,s} - 0}{\dfrac{1}{k}} = \frac{\Delta C}{R_{kin}} \tag{8-7}$$

式中："0"是为说明势位差而引入的；ΔC为浓度差，表示驱动力，类似于电动势或电压；R_{kin}为表面化学反应速率系数k的倒数，类似于电阻，定义为化学反应阻力。式(8-7)与电学中欧姆定律是一致的，而ω_{O_2}类似于电流。

式(8-5)可写成

$$\omega_{O_2} = \alpha_{zl}(c_{O_2,\infty} - c_{O_2,s}) = \frac{c_{O_2,\infty} - c_{O_2,s}}{\dfrac{1}{\alpha_{zl}}} = \frac{\Delta C}{R_{diff}} \tag{8-8}$$

式中：R_{diff}为湍流质量交换系数α_{zl}的倒数，定义为扩散阻力。这样，式(8-6)可改写成

$$\omega_{O_2} = \frac{c_{O_2,\infty}}{\dfrac{1}{\alpha_{zl}} + \dfrac{1}{k}} = \frac{c_{O_2,\infty}}{R_{diff} + R_{kin}} \tag{8-9}$$

基于化学反应阻力R_{kin}得到的式(8-4)应该与基于扩散阻力R_{diff}得到的式(8-5)一致，因此，碳的燃烧过程可视为碳与氧的化学反应过程与氧气扩散的质量传递过程的串联，如图8-3所示。其中，压差为氧气浓度，碳的质量流从低压向高压流动，正好与电路的电流方向相反，而氧气的质量流的方向与氧气的压差的方向相同。

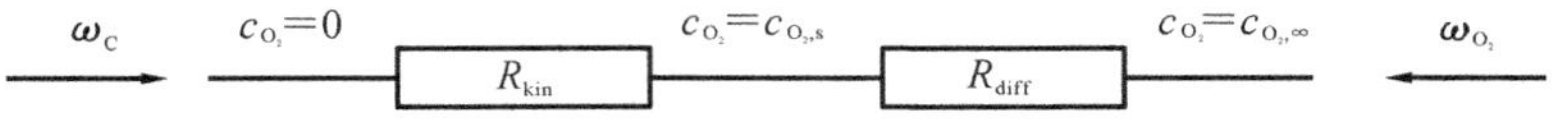

$$\overset{\boldsymbol{\omega}_c}{\longrightarrow} \quad c_{O_2}=0 \quad \boxed{R_{kin}} \quad c_{O_2}=c_{O_2,s} \quad \boxed{R_{diff}} \quad c_{O_2}=c_{O_2,\infty} \quad \overset{\boldsymbol{\omega}_{O_2}}{\longleftarrow}$$

图 8-3　碳燃烧过程中化学反应阻力和扩散阻力示意图

式(8-9)表明化学反应阻力和扩散阻力谁大谁就对碳的燃烧过程阻碍大。从中可以得出扩散与化学反应动力对燃烧的控制关系，并据此将反应控制区划分为三个区域。

(1)动力控制区：$R_{kin}/R_{diff} \gg 1$，即$k \ll \alpha_{zl}$，由于扩散阻力比化学反应阻力小很多，则碳表面的氧气浓度与环境中的氧气浓度十分接近，也就是说碳表面的氧气浓度$c_{O_2,s}$很大，$c_{O_2,s} \approx c_{O_2,\infty}$，燃烧速率主要受到化学动力学参数的控制，而质量传输对燃烧的影响不大。此时，燃烧为动力燃烧，$\omega_{O_2} = k c_{O_2,\infty} = A \exp(-E/RT) c_{O_2,\infty}$，也就是说燃烧速率几乎只取决于化学反应的能力，即燃烧的温度条件及燃料的性质(燃料的活化能)，而与氧气向碳表面的扩散情况无关。

在动力燃烧状态下，增大燃烧速率、强化燃烧过程的最有效、最直接的办法是提高燃烧的温度T。显然，对于反应能力高、活化能小的燃料，可以在较低的温度区域内实现燃烧强

化;而对于反应能力低、活化能大的燃料,必须在更高的温度条件下实现燃烧的强化。

(2)扩散控制区:$R_{kin}/R_{diff} \ll 1$,即 $k \gg \alpha_{zl}$,此时,燃烧在扩散控制下进行,$\omega_{O_2} = \alpha_{zl} c_{O_2,\infty}$,燃烧速率只取决于氧气向碳表面的扩散能力,而与燃料的性质、温度条件几乎无关。在扩散控制区,$c_{O_2,s}=0$,说明此时化学反应的能力大大超过扩散的能力,使得所有扩散到碳表面的氧气立即被消耗掉,从而导致碳表面的氧气浓度为 0,因此碳的总燃烧速率取决于氧气扩散到碳表面的速率。

一般扩散燃烧发生在温度很高或化学反应进行得比较快的区域。在扩散燃烧状态下,增大燃烧速率、强化燃烧过程的最有效、最直接的办法是强化气流湍动、增大空气流与碳颗粒间的相对速度、提高供氧能力。

(3)过渡区:$R_{kin}/R_{diff} \approx 1$,$\alpha_{zl}$ 与 k 的大小差不多,化学反应能力与扩散能力处于同一数量级,这种燃烧状态称为过渡燃烧状态,碳表面的氧气浓度也介于 0 与 $c_{O_2,\infty}$ 之间,即 $0 < c_{O_2,s} < c_{O_2,\infty}$。此时,燃烧的强化同 k 和 α_{zl} 均有关,无论是增大 k,还是增大 α_{zl},都可以获得强化燃烧的效果。

图 8-4 所示为多相燃烧中的扩散、动力燃烧的分区。从图 8-4 中可以看出,当温度比较低时,化学反应速率小,燃烧属于动力燃烧;随着温度的升高,表面化学反应速率系数 k 服从阿伦尼乌斯定律,以指数形式急剧增大(区域 1);在高温区,由于燃烧属于扩散燃烧,碳

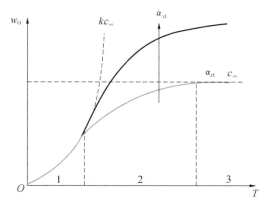

图 8-4　多相燃烧中的扩散、动力燃烧的分区
(箭头方向表示 α_{zl} 增大的结果)
1—动力控制区;2—过渡区;3—扩散控制区

燃烧速率与温度无关,只有增大氧气扩散到碳表面的湍流质量交换系数 α_{zl},才能增大碳燃烧速率(区域 3)。在区域 1 和区域 3 之间的温度范围内的区域 2,属于过渡区。

8.1.3　多相燃烧中的 Stefan 流

在多相燃烧中,必须向碳的反应表面供给氧化剂,并且自碳的反应表面导出气态反应产物。在前面的讨论中,碳燃烧过程所需要的氧化剂由基于浓度差驱动的分子扩散来提供。实际上固体碳燃烧时,纯粹的分子扩散流是无法满足要求的,固体表面既有扩散过程存在,又有物理和化学过程存在,Stefan 流是由扩散过程、物理和化学过程共同作用产生的,下面将作详细讨论。

假设固体碳在纯氧环境中燃烧,固体碳表面的碳原子直接和氧气分子中的氧原子发生反应。为简单起见,假设固体碳表面只有一个反应发生,即碳与氧气生成 CO_2

$$C + O_2 \longrightarrow CO_2 \tag{8-10}$$

碳周围空间中的混合气则由 O_2、CO_2 组成,二者的扩散质量通量分别为

$$m''_{O_2,s} = -\rho_{O_2} D_{O_2} \left(\frac{dY_{O_2}}{dy}\right)_s \tag{8-11}$$

$$m''_{CO_2,s} = -\rho_{CO_2} D_{CO_2} \left(\frac{dY_{CO_2}}{dy}\right)_s \tag{8-12}$$

式中:$m''_{O_2,s}$、$m''_{CO_2,s}$ 分别为碳表面的 O_2、CO_2 的扩散质量通量,kg/(s·m²);D_{O_2}、D_{CO_2} 分别为

O_2、CO_2 的扩散系数，m^2/s；ρ_{O_2}、ρ_{CO_2} 分别为 O_2、CO_2 的密度，kg/m^3，Y_{O_2}、Y_{CO_2} 分别为混合气中 O_2、CO_2 的质量分数。对于二元组分扩散体系，应有

$$Y_{O_2} + Y_{CO_2} = 1 \tag{8-13}$$

在无穷远处，O_2 浓度最大，CO_2 浓度最小；在碳表面，O_2 浓度最小，CO_2 浓度最大。对于仅由 O_2 与 CO_2 组成的混合气体系，显然，在碳表面，O_2 与 CO_2 的浓度梯度方向相反，而扩散质量通量大小应相等，即

$$m''_{O_2,s} = - m''_{CO_2,s} \tag{8-14}$$

或者

$$\rho_{O_2} D_{O_2} \left(\frac{dY_{O_2}}{dy} \right)_s + \rho_{CO_2} D_{CO_2} \left(\frac{dY_{CO_2}}{dy} \right)_s = 0 \tag{8-15}$$

另一方面，在碳表面发生的化学反应要求 O_2 与 CO_2 两个组分的质量流之间满足化学反应当量比，则有如下比例关系

$$m''_{O_2,s} = -\frac{32}{44} m''_{CO_2,s} \tag{8-16}$$

由于分子扩散产生的 O_2 与 CO_2 的质量流大小相等，如式(8-15)所示，显然该反应体系中纯粹的分子扩散过程无法满足式(8-16)的要求，此时，由于部分碳经燃烧消耗而呈气相，类似第 7 章中液滴蒸发时产生的向外净质量流动，碳表面出现了向外的净质量流，即 Stefan 流，因此，O_2 及 CO_2 不仅来源于由浓度差驱动的扩散流，还来源于 Stefan 流。在考虑 Stefan 流影响后，碳表面的 O_2 及 CO_2 的质量通量应为扩散质量通量与宏观流动通量之和

$$m''_{O_2,s} = - \rho_{O_2} D_{O_2} \left(\frac{dY_{O_2}}{dy} \right)_s + Y_{O_2} \rho_{O_2} v_{O_2} \tag{8-17}$$

$$m''_{CO_2,s} = - \rho_{CO_2} D_{CO_2} \left(\frac{dY_{CO_2}}{dy} \right)_s + Y_{CO_2} \rho_{CO_2} v_{CO_2} \tag{8-18}$$

式中：v_{O_2}、v_{CO_2} 分别为碳表面的 O_2、CO_2 的宏观流动速度，m/s。

由于碳表面的 O_2、CO_2 的分子扩散流大小相等、方向相反，将式(8-15)同式(8-17)和式(8-18)联立可得

$$m''_{O_2,s} + m''_{CO_2,s} = Y_{O_2} \rho_{O_2} v_{O_2} + Y_{CO_2} \rho_{CO_2} v_{CO_2} = \rho_0 v_0 \tag{8-19}$$

式中：ρ_0 为 O_2 与 CO_2 混合气的密度，kg/m^3；v_0 为 O_2 与 CO_2 混合气的流速，m/s。碳表面的 O_2 与 CO_2 的质量流之和为 Stefan 流，即 $\rho_0 v_0$。式(8-19)表明，当碳与氧反应时，任意气体组分的物质流都不为零，也不等于 Stefan 流；而体系内各物质流的总和（如 $m''_{O_2,s}$ 与 $m''_{CO_2,s}$）为 Stefan 流，即碳燃烧掉的量。

以上分析表明，在多相燃烧问题中，相分界面既有扩散过程存在，又有物理和化学反应过程存在，由此产生 Stefan 流。Stefan 流会减少边界层至颗粒表面的热量及质量的传递，因此其对多相燃烧过程的影响不容忽略，正确运用 Stefan 流概念来分析相分界面的边界条件是十分重要的。

8.2　碳的燃烧化学反应

碳的燃烧化学反应可能包含 C 与 O_2、CO_2、H_2O、H_2 的反应，以及反应产物在空间中的

二次反应,这些反应的动力学参数往往是不同的,会使碳燃烧的总包反应活化能产生较大差异。

8.2.1　碳与氧气的反应

碳与氧气的反应过程是固体燃料燃烧的最基本的过程。因为碳有两种不同的氧化态,即 CO 和 CO_2,当碳表面被氧化时,CO 和 CO_2 都可能会出现,相应的反应为

$$C(s) + O_2 \longrightarrow CO_2 \qquad (\Delta H = -394 \text{ kJ/mol C}) \qquad (8\text{-}20)$$

$$2C(s) + O_2 \longrightarrow 2CO \qquad (\Delta H = -110 \text{ kJ/mol C}) \qquad (8\text{-}21)$$

其中,式(8-20)中碳的化学计量系数是 1,式(8-21)中碳的化学计量系数是 2。然而,式(8-20)和式(8-21)的放热量存在巨大差异,加上氧气与碳反应生成 CO_2[式(8-20)]和生成 CO[式(8-21)]的反应速率相差 2 倍,因此,准确理解碳的燃烧化学反应显得非常必要。

实际上,碳的燃烧过程是一个复杂的气固多相化学反应过程。实际过程中碳与氧气的反应机理要比式(8-20)和式(8-21)描述的复杂得多,产物的生成与整个反应步骤均有关系,因此碳氧化的化学计量系数并不能很容易地确定。

对于碳与氧气的反应机理,普遍认可的观点是:碳与氧气反应首先生成不稳定的碳氧络合物 C_xO_y,然后碳氧络合物或因分子碰撞而分解,或因热分解而同时生成 CO_2 和 CO,二者的比例随着反应温度的变化而变化。

图 8-5 给出了几种可能的碳的燃烧化学反应过程。在最简单的情况下,碳表面的 CO_2 或 CO 从表面扩散开来,没有进一步发生反应[见图 8-5(a)、(b)],碳与氧气的反应在固相表面完成,这种模型是本章即将介绍的单膜模型。

在实际过程中,碳表面在与氧气发生反应后可能会被部分氧化成 CO_2 和 CO[见图 8-5(c)],而生成的 CO_2 和 CO 可能又分别同碳表面和氧气进一步发生二次反应,即碳的气化反应[见式(8-22)]和 CO 的氧化反应[见式(8-23)]

$$C(s) + CO_2 \longrightarrow 2CO \qquad (\Delta H = +172 \text{ kJ/mol C}) \qquad (8\text{-}22)$$

$$2CO + O_2 \longrightarrow 2CO_2 \qquad (\Delta H = -566 \text{ kJ/mol}) \qquad (8\text{-}23)$$

当温度足够高(通常大于 1 000 K)及颗粒足够大时,可能会出现氧气无法到达碳表面的情况,即氧气在扩散至碳表面的过程中,与从碳表面扩散过来的 CO 发生反应[见式(8-23)],氧气被完全消耗[见图 8-5(d)]。这种情况下,碳表面的氧通量被切断,碳表面只有从气相扩散过来的 CO_2,根据 Boudouard 反应,CO_2 成为碳表面的相关气化剂,CO 在碳颗粒周围的火焰面内发生氧化反应,此时,碳的燃烧化学反应不仅包括碳表面进行的气化反应,还包括距离碳表面一定距离处火焰面中进行的 CO 氧化反应,这种碳颗粒的燃烧模型称为双膜模型。

通常在燃烧温度下,CO_2 与 C 的反应速率远远小于 C 与 O_2 的反应速率,因此,碳的燃烧模式从单膜模式向双膜模式的转变意味着碳的氧化速率会大幅度减小。

式(8-20)～式(8-23)是碳燃烧的基本反应过程,这 4 个反应在碳的燃烧过程中,通常是交叉和平行同时进行的。由于这些反应的放热量差异巨大,其中 CO_2 的气化反应[见式(8-22)]还是吸热反应,且不同反应的反应速率也不一样,因此许多试验研究试图阐明碳与氧气的反应途径。比较有意思的是,试验研究发现,高温下,CO 通常会被氧化成 CO_2,C 被直接氧化生成 CO_2 的反应通常发生在较低温度范围内,因此在燃烧的高温条件下,假设 C 直接氧化生成的产物只有 CO[见式(8-21)]是具有一定合理性的。这时,碳与氧气反应的质

量当量化学计量系数为 0.75。

在普通燃烧温度下,占优势的氧化物似乎还是 CO,CO 在气相中进一步氧化生成 CO_2,这一反应比较迅速,并且水蒸气的存在将进一步加速 CO 的氧化。

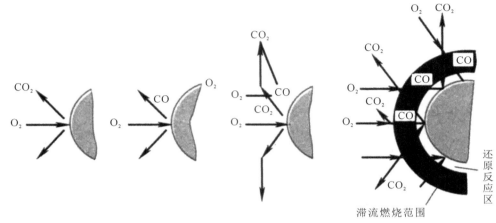

(a) CO_2 从表面扩散　(b) CO 从表面扩散　(c) 碳表面被氧化成 CO_2 和 CO　(d) O_2 和 CO 反应并被完全消耗

图 8-5　几种可能的碳的燃烧化学反应过程

C 与 O_2 或 CO_2 反应生成 CO,1 mol 气体反应物会生成 2 mol 的气体燃烧产物,导致碳颗粒表面出现净气流流出现象,即出现 Stefan 流。这种 Stefan 流类似于在一个平坦的表面上通过主动吹气来减小阻力,因此会减少边界层至颗粒表面的热量及质量的传递。在碳氧化的精确建模中,必须考虑 Stefan 流对氧气扩散至碳颗粒表面过程的削减作用。

8.2.2　碳与二氧化碳的反应

碳与二氧化碳的反应[见式(8-22)]是一个吸热反应。在该反应中,碳晶体吸附 CO_2,形成络合物,然后络合物分解生成 CO,CO 通过解吸逸出。

研究表明,当温度低于 400 ℃时,CO_2 仅以物理吸附的形式吸附在碳表面;当温度超过400 ℃时,CO_2 的固溶络合和化学吸附络合开始变得活跃,但还不能发现有 CO 气体生成;当温度超过 700 ℃时,少量的络合物开始发生热分解反应而生成 CO 分子,此时反应属于零级反应。

当温度超过 700 ℃时,虽然 CO_2 的物理吸附几乎完全不存在,但是有相当数量的 CO_2 分子进入碳晶格基面间形成固溶络合物,其溶解量是与 CO_2 的浓度成正比关系的。固溶络合物扭曲了原来碳的晶格结构,减弱了原来原子间的结合,使晶界上的络合物变得易于分解。

当温度继续升高时,固溶络合物的分解作用和高能分子的碰撞作用变得更为显著,此时反应速率和 CO_2 的浓度的关系更为紧密。当温度超过 950 ℃时,反应就从零级反应转为一级反应。当温度更高时,碳和二氧化碳的反应速率完全取决于化学吸附及解吸的能力,反应仍为一级反应。

8.2.3　碳与水蒸气的反应

含碳固体燃料通常含有一定量的水分,因此燃烧后的烟气中肯定有水蒸气存在。碳与水蒸气可能会发生下列反应

$$C + 2H_2O \longrightarrow CO_2 + 2H_2 \tag{8-24}$$

$$C + H_2O \longrightarrow CO + H_2 \tag{8-25}$$

碳与水蒸气的反应是水煤气发生炉中的主要反应。高温下碳与水蒸气发生的主要反应见式(8-24)和式(8-25)。一般情况下,碳与水蒸气的反应是一级反应,活化能为 376 kJ/mol,其反应机理几乎同碳和二氧化碳的反应机理平行。当反应温度升高时,正向反应进行得比较完全。在 1 000 ℃以上,反应则可视为不可逆反应,生成 CO 的反应速率明显地大于生成 CO_2 的反应速率。水蒸气分解反应的速率比二氧化碳还原反应的速率大些,但它们处于同一数量级。

对于活性极高的煤,在 1 100 ℃以上,水蒸气分解反应进入扩散区。对于活性低的煤,在 1 100 ℃下,水蒸气分解反应仍处于动力区,其反应速率主要受温度的影响。

有研究人员认为,碳遇到水蒸气时要比碳遇到二氧化碳时燃烧得更迅速,这关键不在于化学反应速率,而在于扩散速率。CO_2、H_2O、CO 和 H_2 的相对分子质量分别是 44、18、28 和 2,由分子物理学可知,在同样温度下,气体分子相对分子质量越小,气体分子平均速度越大,气体分子扩散系数就越大。气相水分子的扩散系数比二氧化碳分子的扩散系数大,氢气分子的扩散系数远远大于一氧化碳分子的扩散系数,因此式(8-25)中的反应物扩散到碳表面的迁移作用比式(8-22)所示的强,反应产物扩散离开碳表面的迁移作用也比式(8-22)所示的强。碳与水蒸气发生反应而被烧掉的速率比与 CO_2 发生反应而被烧掉的速率约大 3 倍。

在气化条件下,C 与 H_2O 的反应是由化学动力学控制的,容积扩散不是重要的因素。使水蒸气-碳系统反应模型复杂化的另一个因素可能是所谓的"水-气交替"反应

$$CO + H_2O \longrightarrow CO_2 + H_2 \tag{8-26}$$

当温度高于 1 100 ℃时,可假设该反应达到了平衡态,碳与水蒸气的总反应速率对浓度偏差不是太敏感。但对于含碳燃料与 H_2O 的反应速率,最可靠的处理方法还是从实验中直接测量反应速率的数据。

碳与水蒸气反应的产物,还可与碳或产物继续发生反应

$$C + 2H_2 \longrightarrow CH_4 \tag{8-27}$$

$$2H_2 + O_2 \longrightarrow 2H_2O \tag{8-28}$$

在实际燃烧过程中,这些反应哪些是主要的,哪些是次要(可以略去)的,与燃烧过程的具体条件密切相关,如温度、压力及气体组分。例如,在常压高温反应条件下,CH_4 很容易受热分解为 H_2 和 C,式(8-26)的化学平衡向左移动,因此该反应的正反应速率很小,可以忽略不计;但在压力增大后,如果混合气中的 H_2 很多,式(8-26)的正反应则会加速,生成更多的 CH_4,例如,在增压煤气发生炉的煤气中,CH_4 的浓度可达 1.8%。

8.3　碳的燃烧模型

由于煤燃烧的重要性,很早就有人寻找碳燃烧和煤燃烧的联系,也相继发展了很多物理模型。在煤燃烧中,焦炭是煤在挥发分析出和燃烧后的产物,而焦炭的燃尽要求焦炭在燃烧室中有一定的停留时间。此外,煤的大部分热量是通过燃烧焦炭产生的辐射进行传递的。虽然焦炭的燃烧反应远比纯碳颗粒的燃烧反应复杂,但对碳燃烧简化模型的分析,能使我们比较深入地理解焦炭燃烧的真实过程。

在碳燃烧的简单模型中,不考虑碳表面的孔隙结构,且扩散不能通过碳表面。基于上述讨论,碳的简化燃烧模型可分为单膜模型、双膜模型及介于二者之间的连续膜模型。在单膜模型中,不存在气体火焰,最高温度出现在碳表面。在双膜模型中,气体火焰面离碳表面有一定距离,在火焰面中来自碳表面的 CO 与从外界扩散来的 O_2 发生反应。在连续膜模型中,火焰区域分布在整个边界层,而不是某一层。

单膜模型非常简单,可以非常清晰地阐明非均相化学反应动力学和气相扩散的共同作用。双膜模型虽然也相当简单,但是更接近实际燃烧,能反映产物 CO 先后产生和氧化的过程。使用这些模型可估算出焦炭的燃烧时间。

8.3.1　单膜模型

碳燃烧问题的处理方法可以类比第 7 章中的液滴蒸发处理方法,唯一不同的是,用碳的表面化学反应代替了液滴的蒸发过程。对单个球形碳颗粒的燃烧作如下假设。

（1）燃烧过程为准稳态。

（2）球形碳颗粒在无限大的空间中静态燃烧,周围介质为氧气和惰性气体（如氮气）。忽略碳颗粒之间的反应和相互影响,忽略对流的影响。通常在煤粉炉中,较细的煤粉颗粒被气流携带进炉膛燃烧,煤粉颗粒与气流间的相对速度很小,因此忽略对流的影响是合理的。

（3）在碳颗粒表面,碳与氧气反应生成二氧化碳,在一般情况下该反应在一定温度下还会生成 CO。但是这个假设避免了求解 CO 怎样生成和在哪里氧化成 CO_2 的问题。

（4）只有 O_2、CO_2 和惰性气体呈气态,氧气向内扩散,在碳颗粒表面生成 CO_2,然后向外扩散,惰性气体由于不参加反应且不能穿透碳颗粒,在碳颗粒表面形成滞止层。

（5）气体导热率、比热、产物密度和质量扩散率等物性参数为常量,并假设刘易斯数 Le 为 1,即 $Le = \dfrac{k}{\rho c_p D} = 1$。

（6）气相组分不可穿透碳颗粒,因此可忽略其在碳颗粒内部的扩散。

（7）碳颗粒温度均匀,并视为灰体辐射,周围无其他介质干扰。

图 8-6 所示为基于上述假设的碳燃烧的单膜模型（燃烧产物为 CO_2）,以及质量分数和温度的变化曲线。从图 8-6 中可以看出,碳表面的 CO_2 的质量分数最大,而远离表面的 CO_2 的质量分数几乎为零。相反,碳表面的 O_2 的质量分数最小。如果碳表面的 O_2 消耗率很大,则碳表面的 O_2 的质量分数将接近零;如果反应较慢,则碳表面会存在一定浓度的 O_2。因为假设气相不发生反应,所有的热量都在碳表面释放,温度从碳表面的最高温度 T_s 单调下降到远离碳表面处的温度 T_∞。

在单模模型中,碳的质量燃烧速率 $\dot{m}_C$、表面温度 T_s 及碳表面的 O_2、CO_2 变化可通过物质守恒方程和能量守恒方程确定。由上文对 Stefan 流的介绍可知,Stefan 流实为体系内各物质流的总和,即碳燃烧掉的量。基于式(8-10),可建立碳的质量燃烧速率 $\dot{m}_C$、氧气的质量流率 $\dot{m}_{O_2}$ 和二氧化碳的质量流率 $\dot{m}_{CO_2}$ 之间的关系

$$12.01 \text{ kg C} + 31.999 \text{ kg } O_2 \longrightarrow 44.01 \text{ kg } CO_2 \tag{8-29a}$$

对于 1 kg 碳,有

$$1 \text{ kg C} + \nu_1 \text{ kg } O_2 \longrightarrow (\nu_1 + 1) \text{ kg } CO_2 \tag{8-29b}$$

其中,质量化学当量系数 ν_1 可通过计算得到

$$\nu_1 = \frac{31.999 \text{ kg } O_2}{12.01 \text{ kg C}} = 2.664 \tag{8-30}$$

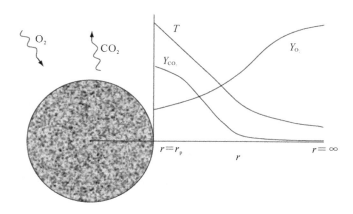

图 8-6　碳燃烧的单膜模型(燃烧产物为 CO_2)，以及质量分数和温度的变化曲线

由此也可以看出，若所选用的碳氧化化学反应不同，计算得到的质量化学当量系数也是不同的。

基于计算得到的质量化学当量系数 ν_1 ，可得到各气体的质量流率与碳的质量燃烧速率的关系

$$\dot{m}_{O_2} = \nu_1 \dot{m}_C \qquad (8\text{-}31a)$$

和

$$\dot{m}_{CO_2} = (\nu_1 + 1)\dot{m}_C \qquad (8\text{-}31b)$$

在球形坐标任一径向位置 r 上，任一组分 i 的质量流率 $\dot{m}_i$ 和质量通量 m''_i 之间存在如下关系

$$\dot{m}_i = 4\pi r^2 m''_i \qquad (8\text{-}32)$$

而在单模模型中，C、 CO_2 和 O_2 的质量通量 m''_C 、 m''_{CO_2} 及 m''_{O_2} 之间的关系如图 8-7 所示。

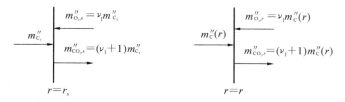

图 8-7　在碳表面 r_s 和任意径向位置 r 上组分的质量流关系

在碳表面，C 的质量通量 m''_{C_s} 等于流出的 CO_2 的质量通量减去流入的 O_2 的质量通量，即

$$m''_{C_s} = m''_{CO_2,s} - m''_{O_2,s} \qquad (8\text{-}33a)$$

类似地，任一径向位置 r 处的净质量通量 $m''_{net}(r)$ 等于 CO_2 的质量通量减去 O_2 的质量通量，即

$$m''_{net}(r) = m''_{CO_2} - m''_{O_2} \qquad (8\text{-}33b)$$

在稳态、不考虑二次气相反应的条件下，不同时间或不同径向位置处，基于质量守恒定律，可知各组分的质量流率是不变的，因此各组分的质量通量乘以对应的流通面积所得的值，即质量流率，将保持不变，有

$$m''_{C_s} 4\pi r_s^2 = m''_{net} 4\pi r^2 \qquad (8\text{-}34)$$

式中：m''_{net}表示从碳表面向外流动的净质量通量，为CO_2和O_2的质量通量的差值，正是碳的燃烧质量流，因此在任一径向位置r，有

$$m''_C = m''_{net} = m''_{CO_2} - m''_{O_2} \qquad (8\text{-}35)$$

碳的质量燃烧速率则可通过式(8-32)计算得到。

剩下的问题是如何建立描述组分质量通量的方程。对于任意截面上气体的质量通量，由菲克定律可知，单位面积上组分的质量流量，即质量通量，为由该组分宏观流动引起的质量流量和由分子扩散引起的质量流量之和。对于单膜模型中的双组分扩散情况，以质量为基准的菲克定律可表示为

$$m''_{O_2} = Y_{O_2}(m''_{CO_2} + m''_{O_2}) - \rho D_{O_2}\frac{dY_{O_2}}{dr}ir \qquad (8\text{-}36)$$

其中，要注意对流动方向的处理，指向碳表面的流动方向为负方向，从碳表面流出的方向为正方向。

考虑质量流率与质量通量的关系[见式(8-32)]，结合式(8-31a)和式(8-31b)中的质量流率和质量化学当量系数的关系，综合式(8-35)及流动方向，化简式(8-36)，可得包含碳的质量燃烧速率$\dot{m}_C$的表达式

$$-\nu_1\dot{m}_C = Y_{O_2}\dot{m}_C - 4\pi r^2\rho D_{O_2}\frac{dY_{O_2}}{dr} \qquad (8\text{-}37a)$$

式(8-37a)可进一步整理为

$$\dot{m}_C = \frac{4\pi r^2\rho D_{O_2}}{(1+Y_{O_2}/\nu_1)}\times\frac{d(Y_{O_2}/\nu_1)}{dr} \qquad (8\text{-}37b)$$

单膜模型的边界条件为

$$Y_{O_2}(r_s) = Y_{O_2,s} \qquad (8\text{-}38a)$$
$$Y_{O_2}(r\to\infty) = Y_{O_2,\infty} \qquad (8\text{-}38b)$$

应用这两个边界条件，对式(8-37b)进行积分，可得

$$\dot{m}_C = 4\pi r_s\rho D_{O_2}\ln\left(\frac{1+Y_{O_2,\infty}/\nu_1}{1+Y_{O_2,s}/\nu_1}\right) \qquad (8\text{-}39)$$

由于无穷远处O_2的质量分数$Y_{O_2,\infty}$是一定的，如空气燃烧时$Y_{O_2,\infty}$为0.233。因此如果知道碳表面O_2的质量分数$Y_{O_2,s}$，便可求解碳的质量燃烧速率。

碳的燃烧实质上为碳表面的碳与氧气发生化学反应，因此碳表面的O_2的质量分数$Y_{O_2,s}$可通过表面化学动力学模型求解。通常将碳颗粒的表面化学反应近似按一级反应来处理，基于$C+O_2\longrightarrow CO_2$[见式(8-10)]，碳的表面化学反应速率$R_C$可表示为

$$R_C = m''_{C_s} = k_c MW_C[O_2]_s \qquad (8\text{-}40)$$

这里需要注意的是，$[O_2]_s$是碳表面O_2的摩尔浓度，$kmol/m^3$，求解碳的质量燃烧速率时需要将摩尔浓度转换成质量浓度；MW_C为碳的分子量；k_c为化学反应速率系数，通常可用阿伦尼乌斯形式表示[见式(8-3)]，即$k_c = A\exp(-E_a/R_uT_s)$。$Y_{O_2,s}$与$[O_2]_s$的换算关系为

$$[O_2]_s = \frac{MW_{mix}}{MW_{O_2}}\frac{P}{R_uT_s}Y_{O_2,s} \qquad (8\text{-}41)$$

式中：MW_{O_2}和MW_{mix}分别为O_2的分子量和混合气的分子量；P为O_2的分压；R_u为通用气体常数。将碳的质量燃烧速率与碳表面$(r=r_s)$的质量通量关联起来，式(8-40)则变为

$$\dot{m}_C = 4\pi r_s^2 k_c\frac{MW_C MW_{mix}}{MW_{O_2}}\frac{P}{R_uT_s}Y_{O_2,s} \qquad (8\text{-}42)$$

或简写为

$$\dot{m}_C = K_{kin} Y_{O_2,s} \tag{8-43a}$$

式中：K_{kin}为化学动力学系数。这里需要注意的是，式(8-42)中除了$Y_{O_2,s}$以外的所有动力学参数都包含在K_{kin}中，因此K_{kin}与压力、碳表面温度和碳颗粒直径等参数均有关。

联立式(8-43a)和式(8-39)，理论上即可求解出碳的质量燃烧速率$\dot{m}_C$。然而由于要求解的$\dot{m}_C$也出现在指数项，这类超越方程的求解通常比较复杂，通常会采用类比电路的方法进行求解，使用这种方法还可以清楚地了解该过程的物理意义。

参考式(8-7)，式(8-43a)可改成

$$\dot{m}_C = \frac{Y_{O_2,s}}{\frac{1}{K_{kin}}} = \frac{Y_{O_2,s}}{R_{kin}} \tag{8-43b}$$

其中，R_{kin}的表达式为

$$R_{kin} = \frac{1}{K_{kin}} = \frac{MW_{O_2} R_u T_s}{4\pi r_s^2 k_c MW_C MW_{mix} P} \tag{8-44}$$

改写式(8-39)需要进行一些数学变换，整理公式中的对数项后可得

$$\dot{m}_C = 4\pi r_s \rho D_{O_2} \ln\left(1 + \frac{Y_{O_2,\infty} - Y_{O_2,s}}{\nu_1 + Y_{O_2,s}}\right) \tag{8-45}$$

氧的质量传递数$B_{O,m}$定义为

$$B_{O,m} = \frac{Y_{O_2,\infty} - Y_{O_2,s}}{\nu_1 + Y_{O_2,s}} \tag{8-46}$$

则式(8-45)变为

$$\dot{m}_C = 4\pi r_s \rho D_{O_2} \ln(1 + B_{O,m}) \tag{8-47}$$

该方程与液滴的蒸发燃烧方程具有类似的表达形式。对于单膜模型，$\nu_1 = 2.664$，空气中$Y_{O_2,\infty} = 0.233$，$Y_{O_2,s}$则介于0与$Y_{O_2,\infty}$之间，此时$B_{O,m}$比较小，不超过0.0875，则式(8-47)中的对数项可以按级数展开

$$\ln(1 + B_{O,m}) = B_{O,m} - \frac{1}{2}B_{O,m}^2 + \frac{1}{3}B_{O,m}^3 - \cdots \tag{8-48a}$$

因为$B_{O,m}$比较小，所以可以忽略指数项，式(8-48a)可近似为

$$\ln(1 + B_{O,m}) \approx B_{O,m} \tag{8-48b}$$

此时式(8-47)可写成

$$\dot{m}_C = 4\pi r_s \rho D_{O_2} \frac{Y_{O_2,\infty} - Y_{O_2,s}}{\nu_1 + Y_{O_2,s}} \tag{8-49a}$$

参考式(8-8)，式(8-49a)可改写为

$$\dot{m}_C = \frac{Y_{O_2,\infty} - Y_{O_2,s}}{\dfrac{\nu_1 + Y_{O_2,s}}{4\pi r_s \rho D_{O_2}}} = \frac{\Delta Y}{R_{diff}} \tag{8-49b}$$

可得R_{diff}的表达式，为

$$R_{diff} = \frac{\nu_1 + Y_{O_2,s}}{4\pi r_s \rho D_{O_2}} \tag{8-50}$$

值得注意的是，扩散阻力R_{diff}随着$Y_{O_2,s}$的变化而变化，因此$\dot{m}_C$与ΔY的关系是非线性的。

由图 8-3 可知,碳的燃烧过程为化学反应过程和质量传输过程的串联,所以,仅考虑化学反应阻力 R_{kin} 得到的碳的质量燃烧速率表达式(8-43b)应该与仅考虑扩散阻力 R_{diff} 得到的碳的质量燃烧速率表达式(8-49b)一致。通过图 8-3 类比电路,碳的质量燃烧速率 $\dot{m}_C$ 可表示成

$$\dot{m}_C = \frac{Y_{O_2,\infty} - 0}{R_{kin} + R_{diff}} \tag{8-51}$$

需要注意的是,由于势差为氧气的质量分数,O_2 从高势区流向低势区,而碳从低势区流向高势区,在碳的质量流和 O_2 的质量流之间存在当量关系($\dot{m}_C = \dot{m}_{O_2}/\nu_1$),则基于式(8-40)和式(8-41),有

$$\dot{m}_C = \frac{Y_{O_2,s} - 0}{R_{kin}} = \dot{m}_{O_2}/\nu_1 = 4\pi r_s^2 k_c MW_{O_2} [O_2]_s/\nu_1$$

$$= 4\pi r_s^2 k_c MW_{O_2} \frac{MW_{mix}}{MW_{O_2}} \frac{P}{\nu_1 R_u T_s} Y_{O_2,s} \tag{8-52}$$

则可推出

$$R_{kin} = \frac{1}{K_{kin}} = \frac{\nu_1 R_u T_s}{P 4\pi r_s^2 k_c MW_{mix}} \tag{8-53}$$

R_{diff} 的表达式为式(8-50)。由于 R_{diff} 中含有未知量 $Y_{O_2,s}$,通常采用迭代方法来求解式(8-51)。

碳的质量燃烧速率 $\dot{m}_C$ 取决于燃烧过程中的阻抗,即化学反应阻力 R_{kin} 和扩散阻力 R_{diff},谁大谁就对碳的燃烧过程阻碍大。上文根据 R_{kin} 和 R_{diff} 的相对大小,讨论了碳燃烧的控制模式。在此可根据 R_{kin} 与 R_{diff} 的具体表达式,进一步详细分析不同碳燃烧的控制模式的影响因素。

对化学反应阻力[见式(8-53)]与扩散阻力[式(8-50)]进行比较,可得

$$\frac{R_{kin}}{R_{diff}} = \left(\frac{\nu_1}{\nu_1 + Y_{O_2,s}}\right) \left(\frac{R_u T_s}{MW_{mix} P}\right) \left(\frac{\rho D_{O_2}}{k_c}\right) \left(\frac{1}{r_s}\right) \tag{8-54}$$

当碳燃烧的控制模式为扩散控制模式时,燃烧速率主要由扩散过程决定,此时 R_{kin}/R_{diff} ≪1,由式(8-54)可知,当 R_{kin}/R_{diff} ≪1 时,有以下几种可能情况:k_c 很大;碳颗粒尺寸很大;压力很大。值得注意的是,虽然式(8-54)显示 R_{kin}/R_{diff} 与碳颗粒表面温度 T_s 成正比,但在高温时,由公式 $k_c = A\exp[-E/(R_u T_s)]$ 可知,k_c 与 T_s 为指数关系,因此在高温下 k_c 很大,这意味着碳表面的化学反应很快,碳表面的氧气浓度接近零,此时化学反应阻力对燃烧速率的影响可以忽略,燃烧处在扩散控制区。

当 R_{kin}/R_{diff} ≫1 时,碳燃烧的控制模式为动力控制模式。这种控制模式通常出现在碳颗粒尺寸很小、压力较小及温度较低的情况下。由于温度与 k_c 的指数关系,温度低时 k_c 会比较小,则化学反应阻力 R_{kin} 比扩散阻力 R_{diff} 大很多,碳表面的 O_2 浓度与环境中的 O_2 浓度十分接近,也就是说碳表面的 $Y_{O_2,s}$ 很大,燃烧速率主要由化学反应阻力控制,而扩散阻力对燃烧速率的影响不大。

从以上分析中可以看出,在不同碳燃烧的控制模式下,碳燃烧的强化策略是不一样的。例如,在扩散控制模式下,燃烧速率与温度关系不大,只有增大氧气至碳表面的扩散速率,才能增大燃烧速率。而在动力控制模式下,强化碳燃烧最有效、最直接的办法就是提高燃烧温度。另一方面,基于式(8-54)显示的碳燃烧的控制模式的影响因素,也可以通过调整碳颗粒粒尺寸或燃烧系统的压力,使碳燃烧在期望的模式下进行。表 8-1 汇总了不同控制模式下

的碳燃烧特点。

表 8-1　不同控制模式下的碳燃烧特点

控制模式	R_{kin}/R_{diff}	碳的质量燃烧速率公式	发生条件
扩散控制	$\ll 1$	$\dot{m}_C = \dfrac{Y_{O_2,\infty}}{R_{diff}}$	r_s 大,T_s 高,P 大
过渡状态	≈ 1	$\dot{m}_C = \dfrac{Y_{O_2,\infty}}{R_{diff}+R_{kin}}$	—
动力控制	$\gg 1$	$\dot{m}_C = \dfrac{Y_{O_2,\infty}}{R_{kin}}$	r_s 小,T_s 低,P 小

例 8-1　估算直径为 250 μm 的碳颗粒在压力为 1 atm 的空气中($Y_{O_2,\infty}=0.233$)的质量燃烧速率,该燃烧属于哪种控制燃烧? 碳颗粒的温度为 1 800 K,碳表面的化学反应速率系数 $k_c=13.9$ m/s,假设碳表面的分子的平均摩尔质量为 30 kg/kmol。

解　可采用电路比拟的方法求解碳的质量燃烧速率 $\dot{m}_C$。扩散阻力可以通过式(8-50)来计算,其中碳表面的空气密度可以用碳表面温度下的理想气体状态方程来计算

$$\rho = \frac{P}{R_u T_s} MW_{mix} = \frac{101\,325}{8\,314 \times 1\,800} \times 30 = 0.20\ (kg/m^3)$$

质量扩散系数选取 N_2 中的 CO_2 值,293 K 时 N_2 中 CO_2 的扩散系数为 $D_{293}=1.63 \times 10^{-5}$ m²/s,根据温度和压力对二元扩散系数的影响关系 $D \propto T^{\frac{3}{2}}/P$,计算温度为 1 800 K 时的质量扩散系数,得

$$D_{1\,800} = \left(\frac{1\,800}{293}\right)^{\frac{3}{2}} \times 1.63 \times 10^{-5} = 2.48 \times 10^{-4}\ (m^2/s)$$

假设 $Y_{O_2,s} \approx 0$,则扩散阻力 R_{diff} 为

$$R_{diff} = \frac{\nu_1 + Y_{O_2,s}}{4\pi r_s \rho D} = \frac{2.664 + 0}{4\pi \times (250/2) \times 10^{-6} \times 0.20 \times 2.48 \times 10^{-4}} = 3.42 \times 10^7\ (s/kg)$$

化学反应阻力 R_{kin} 根据式(8-53)计算,得

$$R_{kin} = \frac{\nu_1 R_u T_s}{P 4\pi r_s^2 k_c MW_{mix}} = \frac{2.664 \times 8\,314 \times 1\,800}{101\,325 \times 4\pi \times \left[(250/2) \times 10^{-6}\right]^2 \times 13.9 \times 30}$$
$$= 4.81 \times 10^6\ (s/kg)$$

从以上计算结果可以看出,R_{diff} 约为 R_{kin} 的 7 倍,因此燃烧基本上属于扩散控制。此时可以基于式(8-51)初步计算碳的质量燃烧速率 $\dot{m}_C$,再依据 $\dot{m}_C$ 的值,通过式(8-52)反算碳表面的 $Y_{O_2,s}$,通过式(8-53)计算修正后的 R_{diff},与上一步的结果进行比较,如果相差较大,则继续进行迭代计算,直至满足精度要求。

$$\dot{m}_C = \frac{Y_{O_2,\infty} - 0}{R_{kin} + R_{diff}} = \frac{0.233}{4.81 \times 10^6 + 3.42 \times 10^7} = 5.97 \times 10^{-9}\ (kg/s)$$

$$Y_{O_2,s} - 0 = \dot{m}_C R_{kin} = 5.97 \times 10^{-9} \times 4.81 \times 10^6 = 0.029$$

$$(R_{diff})_1 = \frac{(\nu_1 + Y_{O_2,s})_1}{(\nu_1 + Y_{O_2,s})_0}(R_{diff})_0 = \frac{2.664 + 0.029}{2.664} \times (R_{diff})_0 = 3.42 \times 10^7\ (s/kg)$$

$(R_{diff})_1$ 与 $(R_{diff})_0$ 相比,变化很小,相差仅约为 1%,可以认为已满足精度要求,无须进一步迭代。这个例题给出了基于电路比拟原则,采用简单迭代法来求解碳的质量燃烧速率的步骤。同时需要注意的是,由于考虑了化学反应阻力,可以看到,即使在扩散控制的燃烧模

式下,碳表面仍有一定浓度的氧气存在。应该强调的是,单膜模型还不能正确地反映实际化学过程,它只能作为一种教学工具,用来理解固体燃料燃烧中的重要概念。

在单模模型中,碳表面的温度 T_s 被视作一个已知参数,实际上 T_s 应是一个定值,可以基于碳表面的能量平衡来求解。由前面的讨论可知,表面能量守恒方程与碳的质量燃烧速率密切相关,即燃烧过程本质上是能量传递和质量传递的耦合过程。

8.3.2　双膜模型

单膜模型帮助我们认识碳燃烧过程中的质量及能量传递,而双膜模型能揭示碳燃烧的物理化学过程。在双膜模型中,碳被氧化成一氧化碳,而不是二氧化碳,更接近真实的碳燃烧情况。双膜模型与单膜模型的推导思路基本类似,在此仅作简单介绍。

图 8-8 所示为双膜模型中物质浓度和温度分布示意图。图 8-8 中存在有两层气膜,以火焰面为分界层,一层气膜在火焰内层,另一层气膜在火焰外层。在双膜模型中,在碳表面与碳发生反应的不再是 O_2,而是 CO_2,CO_2 冲击碳表面发生反应,生成 CO（$C+CO_2 \longrightarrow 2CO$）;生成的 CO 向外扩散,在火焰面中与向内扩散的 O_2 发生反应,被氧化成 CO_2。通常反应火焰面中 CO 的氧化反应（$1/2O_2+CO \longrightarrow CO_2$）的速率很大,所以在火焰面 CO 和 O_2 的浓度基本为零;由于 CO_2 的气化反应[见式(8-22)]为吸热反应,而 CO 的氧化反应[见式(8-23)]放出大量热量,因此双膜模型的温度峰值也出现在火焰面。对于双膜模型,除了碳表面的反应及火焰面中的反应同单膜模型的不同以外,单膜模型中的其他基本假设仍适用于双膜模型。

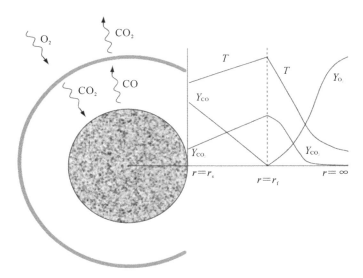

图 8-8　双膜模型中物质浓度和温度分布示意图

从图 8-8 中可以看出,碳燃烧的双膜模型与液滴的燃烧模型是非常相似的,所以除了碳表面的反应以外,其他的处理方法与第 7 章的液滴燃烧模型中的处理方法是一样的。

对于碳的燃烧,首先关注的依然是碳的质量燃烧速率 $\dot{m}_C$。由于双膜模型具有碳表面和火焰面两个特征反应面,根据各反应面的化学反应[见式(8-22)和式(8-23)],可确定各组分的质量流率计量关系,如图 8-9 所示。

在碳表面,碳的质量燃烧速率 $\dot{m}_C$、CO_2 的质量流率 $\dot{m}_{CO_2}$ 和 CO 的质量流率 $\dot{m}_{CO}$ 之间的

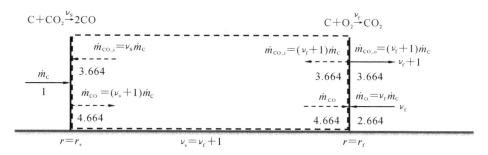

图 8-9 　双膜模型中碳表面 r_s 和火焰面 r_f 上各组分的质量流率计量关系

关系为

$$1 \ \mathrm{kg} \ C + \nu_s \ \mathrm{kg} \ CO_2 \longrightarrow (\nu_s + 1) \ \mathrm{kg} \ CO \tag{8-55a}$$

其中碳表面的质量化学当量系数 ν_s 可通过计算得到

$$\nu_s = \frac{44.01 \ \mathrm{kg} \ CO_2}{12.01 \ \mathrm{kg} \ C} = 3.664 \tag{8-55b}$$

将碳表面与火焰面视为一个整体,如图 8-9 中的虚线所示,则双膜模型的总包反应仍与单模模型的相同,即碳被氧化成 CO_2,此时碳的质量燃烧速率 $\dot{m}_C$、O_2 的质量流率 $\dot{m}_{O_2}$ 和 CO_2 的质量流率 $\dot{m}_{CO_2}$ 之间的关系为

$$1 \ \mathrm{kg} \ C + \nu_f \ \mathrm{kg} \ O_2 \longrightarrow (\nu_f + 1) \ \mathrm{kg} \ CO_2 \tag{8-55c}$$

其中,碳燃烧总的质量化学当量系数 ν_f 为

$$\nu_f = \frac{31.999 \ \mathrm{kg} \ O_2}{12.01 \ \mathrm{kg} \ C} = 2.664 \tag{8-55d}$$

基于式(8-55a),碳表面流入的 CO_2 的质量流率 $\dot{m}_{CO_2,i}$ 与碳的质量燃烧速率 $\dot{m}_C$ 之间的关系为

$$\dot{m}_{CO_2,i} = \nu_s \dot{m}_C \tag{8-56a}$$

基于式(8-55c),火焰面向外流出的 CO_2 的质量流率 $\dot{m}_{CO_2,o}$ 与碳的质量燃烧速率 $\dot{m}_C$ 之间的关系为

$$\dot{m}_{CO_2,o} = (\nu_f + 1) \dot{m}_C \tag{8-56b}$$

在双膜模型中,在碳表面,1 mol 的 C 将被 1 mol CO_2 氧化成 2 mol CO,在火焰面,2 mol CO 将被 O_2 氧化为 2 mol CO_2。由于向内扩散至碳表面参与反应的 CO_2 为 1 mol,因此剩余的向外扩散的 CO_2 也为 1 mol。从扩散的驱动力(浓度差)也可以推出,在火焰面向内和向外扩散的 CO_2 的量应该是相等的。因此碳表面的质量化学当量系数 ν_s 与碳燃烧总的质量化学当量系数 ν_f 之间存在如下关系

$$\nu_s = \nu_f + 1 \tag{8-56c}$$

这类似于单模模型,利用菲克定律分别对内部区域和外部区域的 CO_2 浓度分布进行描述,列出相应的微分方程,求解碳的质量燃烧速率 $\dot{m}_C$。

对于碳表面至火焰面内的内层区域,CO_2 可类比于单模模型中流向碳表面参与反应的 O_2,因此以 Y_{CO_2} 及 ν_s 代替单模模型中式(8-37b)的 Y_{O_2} 与 ν_1,可得双膜模型的碳的质量燃烧速率 $\dot{m}_C$ 的表达式

$$\dot{m}_C = \frac{4\pi r^2 \rho D_{CO_2}}{(1 + Y_{CO_2}/\nu_s)} \times \frac{\mathrm{d}\,(Y_{CO_2}/\nu_s)}{\mathrm{d}r} \tag{8-57a}$$

内层区域的边界条件为

$$Y_{CO_2}(r_s) = Y_{CO_2,s} \tag{8-57b}$$

$$Y_{CO_2}(r_f) = Y_{CO_2,f} \tag{8-57c}$$

对于火焰面至无穷远的外层区域,可参考式(8-36)来列出外层区域的 CO_2 浓度分布的菲克定律表达式

$$\boldsymbol{m}''_{CO_2} = Y_{CO_2}(\boldsymbol{m}''_{CO_2} + \boldsymbol{m}''_{O_2}) - \rho D_{CO_2}\frac{dY_{CO_2}}{dr}i_r \tag{8-58a}$$

其中,CO_2 与 O_2 的质量通量之和为碳的质量通量。将式(8-56b)与式(8-57c)代入式(8-58a),注意各质量流的方向,向外为正,向内为负,可得

$$\nu_s \dot{m}_C = Y_{CO_2}\dot{m}_C - 4\pi r^2 \rho D_{CO_2}\frac{dY_{CO_2}}{dr} \tag{8-58b}$$

通过进一步整理合并,可得碳的质量燃烧速率 $\dot{m}_C$ 的表达式,为

$$\dot{m}_C = \frac{-4\pi r^2 \rho D_{CO_2}}{(1 - Y_{CO_2}/\nu_s)} \times \frac{d(Y_{CO_2}/\nu_s)}{dr} \tag{8-58c}$$

外层区域的边界条件为

$$Y_{CO_2}(r_f) = Y_{CO_2,f} \tag{8-58d}$$

$$Y_{CO_2}(r \rightarrow \infty) = 0 \tag{8-58e}$$

此时将式(8-57a)和式(8-58c)代入相应的边界条件式(8-57b)、式(8-57c)、式(8-58d)和式(8-58e)中求解,将包含 $\dot{m}_C$、$Y_{CO_2,s}$、$Y_{CO_2,f}$ 与 r_f 四个未知数。为实现方程组的求解,除了表面反应方程以外,对于内部不参加反应的惰性气体组分(如 N_2),也可以基于菲克定律列出其分布的微分方程。

由于惰性气体组分不参加碳的燃烧反应,且假设碳颗粒为实心球体,气体不能穿透碳颗粒,因此惰性气体组分在碳的燃烧过程中无宏观流动,其扩散通量应为零,其菲克定律的描述公式为

$$0 = Y_{N_2}(\boldsymbol{m}''_{CO_2} + \boldsymbol{m}''_{O_2}) - \rho D_{N_2}\frac{dY_{N_2}}{dr}i_r \tag{8-59a}$$

如上文所述,CO_2 与 O_2 的质量通量之和为碳的质量通量,则对式(8-59a)进一步整理可得到碳的质量燃烧速率 $\dot{m}_C$ 的表达式,为

$$\dot{m}_C = \frac{4\pi r^2 \rho D_{N_2}}{Y_{N_2}} \times \frac{dY_{N_2}}{dr} \tag{8-59b}$$

惰性气体组分的边界条件为

$$Y_{N_2}(r_f) = Y_{N_2,f} \tag{8-59c}$$

$$Y_{N_2}(r \rightarrow \infty) = Y_{N_2,\infty} \tag{8-59d}$$

基于给定的边界条件,对式(8-57a)、式(8-58c)和式(8-59b)进行积分,可以得到以下 3 个公式

$$\dot{m}_C = 4\pi \left(\frac{r_s r_f}{r_f - r_s}\right)\rho D_{CO_2}\ln\left(\frac{1 + Y_{CO_2,f}/\nu_s}{1 + Y_{CO_2,s}/\nu_s}\right) \tag{8-60}$$

$$\dot{m}_C = 4\pi r_f \rho D_{CO_2}\ln(1 - Y_{CO_2,f}/\nu_s) \tag{8-61}$$

$$Y_{N_2,f} = Y_{N_2,\infty}\exp[-\dot{m}_C/(4\pi r_f \rho D_{CO_2})] \tag{8-62}$$

由各组分质量分数之和 $\sum_i Y_i = 1$,火焰面的氧浓度为零,可得

$$Y_{CO_2,f} = 1 - Y_{N_2,f} \tag{8-63}$$

此时式(8-60)、式(8-61)、式(8-62)和式(8-63)中含有 5 个未知量 $\dot{m}_C$、$Y_{CO_2,s}$、$Y_{CO_2,f}$、

$Y_{N_2,t}$ 与 r_f,要使方程封闭,还需要基于表面反应写出含有 $\dot{m}_C$ 和 $Y_{CO_2,s}$ 的表面化学动力学表达式。

对于 C 与 CO_2 的反应[见式(8-22)],其反应机理类似于 C 与 O_2 的反应机理,均可视为一级反应,其反应速率与 CO_2 浓度的一次方成比例。类似单膜模型中基于表面反应的碳的质量燃烧速率表达式[见式(8-42)],将其中与 O_2 相关的参数替换为与 CO_2 相关的参数,则双膜模型中基于表面反应的碳的质量燃烧速率表达式为

$$\dot{m}_C = 4\pi r_s^2 k_c \frac{MW_C MW_{mix}}{MW_{CO_2}} \frac{P}{R_u T_s} Y_{CO_2,s} \tag{8-64}$$

类似单膜模型,可以将式(8-64)改写成更紧凑的形式

$$\dot{m}_C = K_{kin} Y_{CO_2,s} \tag{8-65}$$

其中

$$K_{kin} = 4\pi r_s^2 k_c \frac{MW_C MW_{mix}}{MW_{CO_2}} \frac{P}{R_u T_s} \tag{8-66}$$

对于双膜模型的求解,可先联立式(8-60)～式(8-63),消除除了 $\dot{m}_C$ 和 $Y_{CO_2,s}$ 以外的所有变量,得到

$$\dot{m}_C = 4\pi r_s \rho D_{CO_2} \ln(1 + B_{CO_2,m}) \tag{8-67}$$

其中,类似单模模型中的氧的质量传递数 $B_{O,m}$,定义 $B_{CO_2,m}$ 为二氧化碳的质量传递数,表达式为

$$B_{CO_2,m} = \frac{2Y_{O_2,\infty} - [(\nu_s-1)/\nu_s]Y_{CO_2,s}}{\nu_s - 1 + [(\nu_s-1)/\nu_s]Y_{CO_2,s}} \tag{8-68}$$

至此,已得出与单膜模型类似的式(8-65)和式(8-67)。对于这类公式,仍可采用与上文类似的迭代方法来求解 $\dot{m}_C$。当燃烧处于扩散控制时,$Y_{CO_2,s} = 0$,此时 $\dot{m}_C$ 可直接通过式(8-67)计算得到。

同样地,双膜模型中的表面温度求解也基于能量守恒方程,需同时求解碳表面和火焰面的能量平衡方程,步骤与单膜模型的求解过程类似。

例 8-2　假设碳燃烧的控制模式为扩散控制模式,在相同条件下($Y_{O_2,\infty} = 0.233$),比较单膜模型与双膜模型的碳的质量燃烧速率差别。

解　在单膜模型与双膜模型中,碳的质量燃烧速率均可表达为

$$\dot{m}_C = 4\pi r_s \rho D_{CO_2} \ln(1 + B_m)$$

因此,在相同条件下,碳的质量燃烧速率的差别只与 B_m 有关,则双膜模型与单膜模型的碳的质量燃烧速率之比为

$$\frac{\dot{m}_C(双膜)}{\dot{m}_C(单膜)} = \frac{\ln(1 + B_{CO_2,m})}{\ln(1 + B_{O,m})}$$

$B_{O,m}$ 和 $B_{CO_2,m}$ 可分别通过式(8-46)和式(8-68)计算得到。对于扩散控制的燃烧,双膜模型中碳表面的 $Y_{CO_2,s}$、单膜模型中碳表面的 $Y_{O_2,s}$ 都近似为零。因此通过式(8-46)和式(8-68)可以很容易地计算出质量传递数 $B_{O,m}$ 和 $B_{CO_2,m}$

$$B_{O,m} = \frac{Y_{O_2,\infty} - Y_{O_2,s}}{\nu_1 + Y_{O_2,s}} = \frac{0.233 - 0}{2.664 + 0} = 0.087\ 5$$

$$B_{CO_2,m} = \frac{2Y_{O_2,\infty} - [(\nu_s-1)/\nu_s]Y_{CO_2,s}}{\nu_s - 1 + [(\nu_s-1)/\nu_s]Y_{CO_2,s}} = \frac{2 \times 0.233}{3.664 - 1} = 0.175$$

由此得到双膜模型与单膜模型的碳的质量燃烧速率之比,为

$$\frac{\dot{m}_C(双膜)}{\dot{m}_C(单膜)} = \frac{\ln(1+0.175)}{\ln(1+0.087\,5)} = 1.92$$

值得注意的是,双膜模型与单膜模型的碳的质量燃烧速率的差别,并不是这两种模型本质上的差别。从使碳的质量燃烧速率产生差别的唯一变量(质量传递数 $B_{O,m}$ 和 $B_{CO_2,m}$)的表达式中也可以看出,在外部条件相同的情况下,质量传递数 $B_{O,m}$ 和 $B_{CO_2,m}$ 的差别源于化学反应的质量化学当量系数 ν_1 和 ν_s。在单膜模型中,如果假设反应产物是 CO 而不是 CO_2,这时 $\nu_1 = \frac{31.999}{24.01} = 1.333$,则 $B_{O,m} = 0.175$,与双膜模型的质量传递数 $B_{CO_2,m}$ 的数值一样。因此,在扩散控制模式下,无论与碳表面碰撞的气体组分是 O_2 还是 CO_2,只要反应产物是 CO,则碳的表面反应中,单位氧所消耗的碳是相同的,即碳的质量燃烧速率相同。而生成的 CO 无论进一步如何反应,都不会对碳的质量燃烧速率产生影响。

8.3.3　碳颗粒燃烧时间

对于球形碳颗粒,其质量 m 的表达式为

$$m = \frac{1}{6}\rho_c \pi d^3 \tag{8-69}$$

式中:ρ_c、V 和 d 分别为碳颗粒的密度、体积和直径。

由于碳颗粒的直径 d 随着表面反应的进行会逐渐减小,因此碳的质量燃烧速率又称为碳颗粒的质量减小速率,可以类比液滴蒸发过程中的液滴寿命,由质量平衡及式(8-69)得到碳颗粒的直径随时间的变化规律

$$\frac{dm}{dt} = -\dot{m}_C = \frac{1}{2}\rho_c \pi d^2 \frac{d(d)}{dt} \tag{8-70a}$$

类似于第 7 章液滴燃烧中的 D^2 规律,可改写成 d^2 的形式,有

$$\frac{dm}{dt} = \frac{1}{4}\rho_c \pi d \frac{d(d^2)}{dt} \tag{8-70b}$$

对于扩散燃烧,根据单膜模型和双膜模型的碳的质量燃烧速率表达式[见式(8-47)和式(8-67)],有

$$\frac{dm}{dt} = -\dot{m}_C = -4\pi r_s \rho D_{CO_2} \ln(1+B_m) \tag{8-71}$$

比较式(8-70b)和式(8-71),整理得到类似于液滴蒸发时的 d^2 定律

$$\frac{d(d^2)}{dt} = -\frac{8\rho D_{CO_2}}{\rho_c}\ln(1+B_m) \tag{8-72}$$

在扩散控制模式下,式(8-72)等式右边的项为常数,其中 ρ 和 ρ_c 分别为气相和固体碳的密度。对上式分离变量并进行积分,整理可得

$$d^2 = d_0^2 - K_k \tau \tag{8-73}$$

式中:d_0 为碳颗粒的初始直径;K_k 为燃烧速率常数,表达式为

$$K_k = \frac{8\rho D_{CO_2}}{\rho_c}\ln(1+B_m) \tag{8-74}$$

在式(8-73)中,令 $d=0$,则可得到扩散燃烧时碳颗粒的燃尽时间 τ_k

$$\tau_k = d_0^2/K_k \tag{8-75}$$

其中,计算 K_k 时,可根据单膜模型的式(8-46)和双膜模型的式(8-68)来决定质量传递数 B_m

是选用 $B_{O,m}$ 还是选用 $B_{CO_2,m}$。

可见在扩散燃烧时,碳颗粒的燃尽时间与碳颗粒直径的平方成正比。因此在煤粉燃烧中,过粗的煤粉会因燃烧时间长而导致飞灰含碳量高,通常会采用增大煤粉细度的方法来提高燃烧效率、减小飞灰含碳量。

例 8-3　估算扩散控制模式下直径为 70 μm 的碳颗粒的燃尽时间,其他条件与例 8-1 相同,假设碳密度为 1 900 kg/m³。

解　碳颗粒的燃尽时间可直接用式(8-75)来计算。燃烧速率常数用式(8-74)来计算,直接使用例 8-1 中计算得到的碳表面的空气密度值($\rho = 0.20$ kg/m³),1 800 K 下的 CO_2 的扩散系数为 $D_{1\,800} = 2.48 \times 10^{-4}$ m²/s,质量传递数 B_m 选用双膜模型的,取例 8-2 中计算的 $B_{CO_2,m} = 0.175$。

$$K_k = \frac{8\rho D_{CO_2}}{\rho_c} \ln(1 + B_m)$$

$$K_k = \frac{8 \times 0.2 \times 2.48 \times 10^{-4}}{1\,900} \ln(1 + 0.175) = 3.37 \times 10^{-8} \text{ (m}^2/\text{s)}$$

燃尽时间 τ_k 为

$$\tau_k = \frac{d_0^2}{K_k} = \frac{(70 \times 10^{-6})^2}{3.37 \times 10^{-8}} = 0.15 \text{ (s)}$$

在燃煤锅炉的设计中,煤粉平均粒径为 70 μm 左右,煤粉颗粒在锅炉内的停留时间在秒的量级,因此上述计算结果看起来是合理的。值得注意的是,在实际锅炉中随着燃烧反应的进行,$Y_{O_2,\infty}$ 是逐渐减小的,这将会延长煤粉颗粒的燃烧时间。与之相反的是,锅炉内存在的对流现象会加快气体扩散,增大燃烧速率。从上文对于碳燃烧的控制模式的学习中也可以知道,在碳颗粒直径逐渐减小至最后燃尽这一阶段,碳燃烧的控制模式通常从扩散控制模式逐渐转变为动力控制模式,表面化学反应动力学在碳燃烧中的影响权重逐渐增大。此时碳颗粒的表面温度变得非常重要,而炉内的辐射场对碳颗粒表面温度又有重要影响。

在温度不很高而又不考虑内部孔隙的条件下,碳颗粒的燃烧为化学动力学控制模式,此时碳的质量燃烧速率可利用式(8-42)或式(8-64)来计算。

碳的质量燃烧速率应该等于单位时间内碳颗粒因燃烧而半径减小引起的质量变化 $\dfrac{dm}{dt}$,

联立式(8-70a),将 $k_c = A \exp\left(-\dfrac{E}{R_u T_s}\right)$ 代入式(8-42)可得

$$\frac{1}{2}\rho_c \pi d^2 \frac{d(d)}{dt} = -4\pi r_s^2 \frac{MW_C MW_{mix}}{MW_{O_2}} \frac{P}{R_u T_s} Y_{O_2,s} A \exp\left(-\frac{E}{R_u T_s}\right) \tag{8-76}$$

消去 d,可得

$$\frac{d(d)}{dt} = -\frac{2}{\rho_c} \frac{MW_C MW_{mix}}{MW_{O_2}} \frac{P}{R_u T_s} Y_{O_2,s} A \exp\left(-\frac{E}{R_u T_s}\right) \tag{8-77}$$

对式(8-77)进行积分,得

$$\int_{d_0}^{d} d(d) = \int_0^{\tau} \left[-\frac{2}{\rho_c} \frac{MW_C MW_{mix}}{MW_{O_2}} \frac{P}{R_u T_s} Y_{O_2,s} A \exp\left(-\frac{E}{R_u T_s}\right)\right] dt \tag{8-78}$$

在动力控制模式下,$Y_{O_2,s}$ 趋近 $Y_{O_2,\infty}$,化学反应速率常数视为定值。可以看出,碳颗粒的燃尽时间 τ_k 是与碳颗粒的直径 d 的一次方成正比。式(8-78)积分后可得

$$d - d_0 = -K_d \tau \tag{8-79}$$

式中:K_d 为动力控制模式下的燃烧速率常数,表达式为

$$K_{d} = \frac{2}{\rho_{c}} \frac{MW_{C} MW_{mix}}{MW_{O_{2}}} \frac{P}{R_{u} T_{s}} Y_{O_{2},s} A \exp\left(-\frac{E}{R_{u} T_{s}}\right) \tag{8-80}$$

当碳颗粒完全燃烧时,$d=0$,则动力控制燃烧时的燃尽时间τ_{d}为

$$\tau_{d} = d_{0}/K_{d} \tag{8-81}$$

在过渡状态燃烧时,由式(8-51)可以得到以下关系

$$\frac{1}{2} \rho_{c} \pi d^{2} \frac{d(d)}{dt} = -\frac{Y_{O_{2},\infty} - 0}{R_{kin} + R_{diff}} \tag{8-82}$$

将式(8-82)进一步整理为

$$\frac{1}{2} \rho_{c} \pi d^{2} \left(\frac{R_{kin}}{Y_{O_{2},\infty}}\right) d(d) + \frac{1}{4} \rho_{c} \pi d \left(\frac{R_{diff}}{Y_{O_{2},\infty}}\right) d(d^{2}) = -dt \tag{8-83}$$

将式(8-44)与式(8-50)代入式(8-83)中,消去碳颗粒的直径d,并对其积分,可得

$$\int_{0}^{\tau} dt = -\left[\int_{d_{0}}^{d} \frac{1}{K_{d}} d(d) + \int_{d_{p}}^{d} \frac{1}{K_{k}} d(d^{2})\right] = \tau_{d} + \tau_{k} \tag{8-84}$$

即在过渡状态燃烧时,燃烧时间为扩散燃烧时间τ_{k}和动力燃烧时间τ_{d}之和。

8.4　煤 的 燃 烧

固体燃料加热时释放气体燃料组分的过程,即挥发分的释放,是固体燃料燃烧的一个关键特征。煤是一种复杂的固体碳氢燃料,除了水分和矿物质等惰性杂质以外,主要由含有碳、氢、氧、氮和硫的有机混合物组成,即煤中的可燃质。

煤在加热过程中,会不断地释放出挥发分。挥发分释放出去后剩余的固体物质称为焦炭。在煤燃烧过程中,先释放出的挥发分将在碳颗粒外围空间中燃烧,形成空间气相火焰,剩余焦炭则与气相氧化剂发生气固两相燃烧反应。挥发分的燃烧速率远远大于剩余的焦炭颗粒的燃烧速率,这对煤的着火和稳定性非常重要,并在氮氧化物(NO$_x$)的形成中起着重要作用。此外,挥发分的释放过程决定了需要燃烧焦炭的量及产生的焦炭的物理特性,从而影响焦炭的燃烧特性。

8.4.1　挥发分的燃烧

挥发分的着火对组织煤的燃烧是十分重要的。挥发分含量的大小对煤的着火和稳定燃烧有显著影响。普遍认为,挥发分含量大的煤的着火和燃烧比挥发分含量小的煤的要好。与焦炭相比,挥发分的活性比较高,所以着火也容易。挥发分的燃烧过程可分为挥发分与氧气的混合阶段和发生化学反应的阶段,挥发分的燃烧类似于预混燃烧。

不同类型的煤在挥发分含量上有很大的差异,中低等级的煤中最大挥发分含量约为50%(按质量计算),无烟煤的最小挥发分含量与石墨的相似。生物质总是有很大的挥发分含量,一般在80%左右(用标准的 ASTM 测试方法测定)。

煤的化学结构非常复杂,对此,人们进行了大量的研究工作,试图以煤的结构模型来阐明煤的化学结构。煤的结构模型是根据煤的各种结构参数进行推断和假想而建立的,用以表示煤的特性和行为的平均化学结构。但是,各种模型只能代表统计平均概念,而不能看作煤中客观存在的真实分子形式。典型的分子结构模型有 Fuchs 模型、Given 模型、Wiser 模型、本田模型、Shinn 模型和 Takanohashi 模型等。索罗曼(Solomon)等人以通过红外测量、核磁共振、元素分析和热解数据所得的信息为基础,提出了一个煤的化学有机结构模型,如图 8-10 所示。

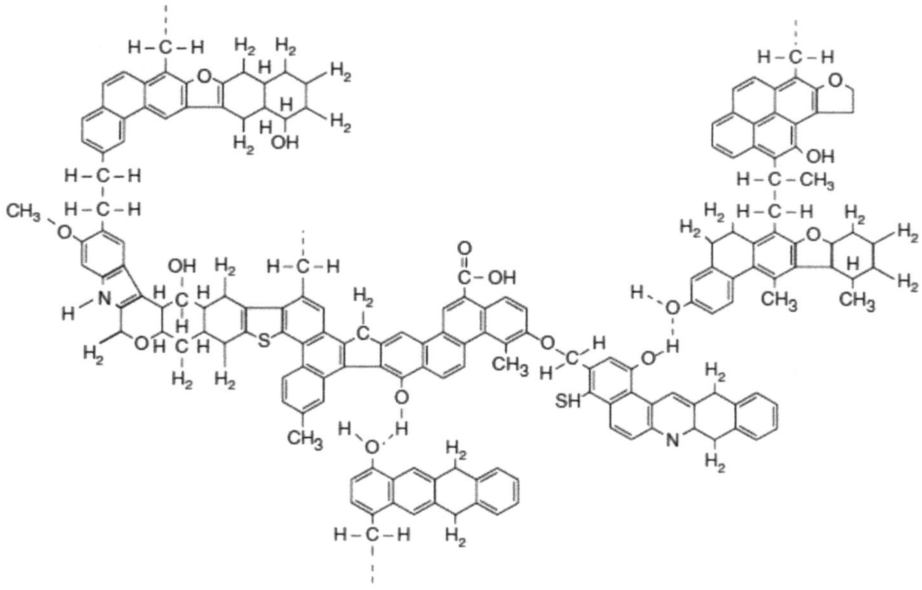

图 8-10　Solomon 展示的假想煤分子

尽管人们目前对煤中有机质大分子的确切结构尚不完全了解,从图 8-10 中可以看出,煤分子的基本结构单元以缩合芳环为主体,并带有许多侧链、杂环和官能团等,结构单元之间又由各种桥键相连。其中,结构单元的芳环数分布范围较宽,有多有少,有的芳环上还有 O、N、S 等原子。芳环之间的交联桥键也有不同形式,有直接连接两个芳环的碳碳共价键 Ar—Ar′(Ar 和 Ar′ 表示两个不同的缩合芳环),也有芳环之间含有—CH₂—、—CH₂—CH₂—、—CH₂—CH₂—CH₂—、—O—CH₂—、—O—和—S—等短烷、碳氧、碳硫等的桥键。其中,构成芳环骨骼的共价键相当强,因此芳环的热稳定性很高,而许多连接煤中结构单元的桥键为弱键,受热易断裂。

在受热后煤的温度升高到一定程度时,其结构中相应的化学桥键会断裂生成自由基碎片,自由基的浓度随温度升高而增大。脂肪侧链受热易裂解,生成气态烃,如 CH_4、C_2H_6、C_2H_4 等。含氧官能团的热稳定性顺序为—OH>C=O>—COOH>—OCH₃。羧基热稳定性低,在 200 ℃ 就开始裂解,生成 CO_2 和 H_2O。羰基在 400 ℃ 左右裂解生成 CO,羟基不易脱除,在 700~800 ℃,可以氢化生成 H_2O。含氧杂环在 500 ℃ 以上也可能断裂生成 CO。以脂肪结构为主的低分子化合物受热后,可裂解生成气态烃。此外,煤中还含有相当数量的以细分散组分形式存在的无机矿物质、吸附水、碱金属和微量元素,其中无机矿物质在煤燃烧后可以残渣的形式分离出来。

由于煤热解的复杂性,要从微观的角度来分析煤热解过程是比较困难的。目前大部分研究人员从试验入手来获得各种参数对挥发分产量与成分的影响的数据,从而建立描述煤热解过程的数学模型。对煤热解除了广泛的试验研究以外,人们也十分重视对煤热解过程的模拟,并提出了许多动力学模型。

最简单的煤热解反应动力学模型是 Badzioch 于 1970 年提出的单方程模型,他认为煤热解是在整个煤粉颗粒中均匀发生的,其全过程可近似为一组分解反应,煤热解速度可以表达为

$$\frac{\mathrm{d}V}{\mathrm{d}t} = k(V_\infty - V) \tag{8-85}$$

式中:V 为时间 t 以前所产生挥发分的累积质量,以原始煤的质量分数表示;k 为速率常数,当 $t \to \infty$ 时,$V \to V_\infty$;V_∞ 为煤的有效挥发分质量。式中速率常数 k 与温度的关联可用阿伦尼乌斯表达式表示

$$k = k_0 \exp\left(\frac{-E}{RT}\right) \tag{8-86}$$

单方程模型仅可用于粗略的估算和比较,要进行准确地计算,用该模型是不合适的。

Stickler 等人于 1975 年提出的煤热解双平行反应模型是目前应用较广的模型。他们认为煤粉颗粒的快速热分解是由 2 个平行的一级反应控制的,如图 8-11 所示,图中,V_1 和 V_2 分别为两个反应生成的挥发分的质量(kg),C_1 和 C_2 分别为两个反应中挥发分逸出后残留固体炭的质量(kg)。

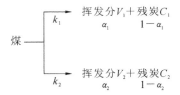

图 8-11　煤热解双平行反应模型

其中,α_1、α_2 分别为挥发分在两个反应中所占的当量百分数,反应常数 k_1 和 k_2 也服从阿伦尼乌斯定律,可用下式计算

$$k_i = k_{0i} \exp\left(\frac{-E_i}{RT}\right) (i = 1,2) \tag{8-87}$$

在该模型中,$E_2 > E_1$,$k_{02} > k_{01}$,在较低温度下,第一个反应起主要作用;在较高温度下,第二个反应起主要作用。总的挥发分析出速率为

$$\frac{\mathrm{d}V}{\mathrm{d}\tau} = \frac{\mathrm{d}V_1}{\mathrm{d}\tau} + \frac{\mathrm{d}V_2}{\mathrm{d}\tau} = (\alpha_1 k_1 + \alpha_2 k_2)W \tag{8-88}$$

式中:V 为挥发分析出量;W 为挥发分析出时的煤质量。

煤的反应速率为

$$\frac{\mathrm{d}W}{\mathrm{d}\tau} = -W(k_1 + k_2) \tag{8-89}$$

则生成的挥发分质量分数为

$$\overline{m} = \frac{V}{W_0} = \frac{1}{W_0} \int_0^\tau (\alpha_1 k_1 + \alpha_2 k_2)W \mathrm{d}\tau \tag{8-90}$$

设 W_0 为初始煤质量,对式(8-89)进行积分,将求得的 W 代入式(8-90)中以消去 W,从而得到

$$\overline{m} = \int_0^\tau \{(\alpha_1 k_1 + \alpha_2 k_2)\exp[-(k_1 + k_2)\tau]\}\mathrm{d}\tau \tag{8-91}$$

双平行反应模型在实际数值模拟中应用极广,主要原因是数值模拟时计算比较简单,且计算结果又有一定的准确性,但当要专门进行热解产物的精确描述时,该模型误差仍太大。

在总挥发分析出模型基础上,研究人员提出了多方程热解模型。多方程热解模型假设煤热解遵循一系列平行而相互独立的一组反应模式,即假设煤热解是由许多独立的代表煤

分子内不同键的断裂的化学反应。因为单一的有机物组分的热分解可以典型地描述为一个不可逆反应,它是残留的未反应物料量的一级反应。用下标 i 代表一个特定的反应,则有

$$\frac{\mathrm{d}V_i}{\mathrm{d}t} = k_i(V_{i\infty} - V_i) \tag{8-92}$$

如果 k_i 可表达为阿伦尼乌斯形式,对式(8-92)以等温条件进行积分,则可求得已经释放出的挥发分的量,即

$$V_{i\infty} - V_i = V_{i\infty} \exp\left[-k_{0i} t \exp\left(\frac{-E_i}{RT}\right)\right] \tag{8-93}$$

其中,k_{0i}、E_i 和 $V_{i\infty}$ 的值不能事先预测,必须从试验数据中估算。如果假设 k_i 的不同仅在于活化能,则对于所有的 i,$k_{0i} = k_0$,而且假设反应的数目大到足以使 E 可用连续分布函数 $f(E)$ 来表示,用 $f(E)\mathrm{d}E$ 来表示在活化能 E 和 $E + \mathrm{d}E$ 之间释放的挥发分 V 占总挥发分的比例,则问题可以得到简化。于是 $V_{i\infty}$ 为总的 V_∞ 的微分部分,可用下式表示

$$V_{i\infty} = V_\infty f(E)\mathrm{d}E \tag{8-94}$$

而

$$\int_0^\infty f(E)\mathrm{d}E = 1 \tag{8-95}$$

尚未释放的挥发分总量是用每个反应提供的总和来求得的或用式(8-94)中求得的所有 E 值对式(8-93)进行积分求得的,由此可得

$$V(t) = V_\infty \int_0^\infty \left\{1 - \exp\left[-k_0 t \exp\left(\frac{-E}{RT}\right)\right]\right\} f(E)\mathrm{d}E \tag{8-96}$$

式中:当 $t \to \infty$ 时,$V(t) \to V_\infty$。

上述三种模型均考虑了总体的煤热解产物的析出过程。从另一种思路出发的一种煤热解模型化方法是将一级反应模型应用于许多单个化合物或几类化合物的释放过程。当一个组分的释放仅由少数几个步骤控制,或由累积产率或释放速率与温度关系图上简单形状的几个高峰控制时,其动力学机理可用 1~3 个平行反应来描述。这种机理的本质是在较为简单的范畴内,一个给定的化合物可通过几个不同的反应物或几个不同反应途径产生,而在一个比较复杂的范畴内,其可通过更多的反应物或途径产生,这就是煤热解产物的组分模型。

煤热解产物的组分模型采用许多独立的平行一阶反应来描述一种热解产物,即一种化合物的释放过程;为便于计算,也可将一类化合物合并在一起分析其释放过程,假设反应速率常数 k_i 的表述式为

$$k_i = k_{0i} \exp(-E_i/RT)$$

在等温条件下,反应对产物的释放速率在时间 τ 以前提供的产物释放量为

$$\frac{\mathrm{d}V_i}{\mathrm{d}\tau} = (V_{i\infty} - V_i) k_{0i} \exp\left(-\frac{E_i}{RT}\right) \tag{8-97}$$

积分后可得

$$V_i = V_{i\infty} \left\{1 - \exp\left[-k_{0i}\tau \exp\left(-\frac{E_i}{RT}\right)\right]\right\} \tag{8-98}$$

式中:V_i 为时间 τ 时从反应 i 释放出的产物量;$V_{i\infty}$ 为 $\tau \to \infty$ 时的 V_i 值,E_i 为反应 i 的活化能。

在实际应用中,动力学参数会随实际煤种的变化而变化,这使得模型的应用受到了极大的限制。

8.4.2　焦炭的燃烧

煤在挥发分逸出后剩下的固体物质就是焦炭,它由固定碳和一些矿物杂质组成。一般在煤的燃烧过程中,从水分蒸发到挥发分析出燃烧所需的时间约占总燃烧时间的 1/10,其余时间则用来使焦炭逐渐燃尽。实际上挥发分和焦炭的燃烧还有一些交叉平行,但一般交叉平行的时间不长。因此,在燃烧技术的近似计算中,一般就把煤颗粒的干燥、干馏,以及挥发分的燃烧和焦炭燃烧、燃尽在时间上划分开来。由于焦炭的燃烧是煤燃烧的核心,因此对它的研究也很多。

上文讨论碳的质量燃烧速率,假设了燃烧反应只在碳颗粒表面进行,这种假设只适用于碳颗粒内部很密实、表面很平滑且气体不渗入内部的情况。对于多孔碳颗粒,其化学反应表面积可以大致分为内表面积和外表面积。在一定温度条件下,碳的燃烧和气化不仅在碳颗粒外表面上进行,随着反应气体向碳颗粒内部孔隙的渗透与扩散,反应过程也逐渐扩展到碳颗粒内表面。据统计,单位体积碳材料的化学反应内表面积:木炭为 $(57\sim114)\times10^4$ m^2,电极碳为 $(70\sim500)\times10^4$ m^2,无烟煤约为 100×10^4 m^2。由此可见,碳颗粒的化学反应的内表面积远远大于外表面积,内表面对化学反应的影响在有些情况下是不可忽略的。

在固体燃料的挥发过程中,挥发分的析出使得残留的焦炭具有多孔特性。在焦炭燃烧过程中,焦炭表面的多孔性及参与氧化反应的表面特性随着氧化进程不断变化,导致焦炭颗粒的燃烧过程非常复杂。因此,在一定条件下焦炭颗粒内部的扩散过程在焦炭燃烧中起着重要作用。

焦炭颗粒中存在的孔洞允许反应物进入颗粒,因此反应的表面积比与颗粒的外表面有关的表面积大得多。焦炭颗粒的孔隙度或空隙率通常大于 0.3,这取决于原始颗粒中挥发分的量及焦炭颗粒在退化过程中膨胀或收缩的程度。焦炭颗粒的内表面积常常大于 100 m^2/g。典型的焦炭表观密度为 0.8 g/cm^2,可以得出,对于粒径为 1 μm 的粒子,内外表面积之比超过 10 倍;对于粒径为 100 μm 的粒子,内外表面积之比超过 1 000 倍;对于粒径为 1 mm 的粒子,内外表面积之比则超过 10 000 倍。

气固非均相燃烧取决于两个基本过程,即在两相分界面上进行的化学反应和湍流运动使氧气分子向两相分界面的迁移扩散。对于给定的反应物,如氧气,其能够在多大程度上利用这个额外的表面积取决于反应物通过粒子扩散到孔隙表面的难度,以及燃烧速率的扩散控制和动力控制之间的总体平衡。为了更广泛地描述这些竞争效应,类似于碳的燃烧,多孔焦炭的燃烧区域也可以划分成三个区域,如图 8-12 所示。

在 Ⅰ 区,由于氧扩散得很快(相对地)以至于整个焦炭颗粒和通过焦炭颗粒边界层的氧的浓度基本上等于主气流中氧的含量,燃烧速率完全由表面反应速率(动力控制)控制。低温(减小了表面反应速率)和小粒径(增大了扩散至颗粒的比表面积扩散量)有利于形成 Ⅰ 区燃烧。在试验中测量固体样品的表面反应的速率常数时,会希望燃烧反应尽可能在 Ⅰ 区发生,因此热分析技术中一般采用小样品量、小升温速率的测试条件。

在 Ⅱ 区,燃烧速率由表面反应速率和氧气的扩散(向颗粒表面和颗粒内部)的综合作用决定。大部分焦炭颗粒具有较大的内表面积孔径分布范围,可进入程度也不相同,因此该燃烧区域的适用范围是非常广的。

在 Ⅲ 区,表面燃烧反应进行非常快,以至于氧气在被消耗之前不能有效地穿透碳颗粒。这属于扩散燃烧。Ⅲ 区燃烧一般发生在高温(有利于增大表面燃烧速率)和大颗粒(有利于减小比表面积扩散量)燃烧的情况下。在某种意义上,Ⅰ区和Ⅲ区燃烧只是一般情况下发生的Ⅱ区燃烧的极端情况。

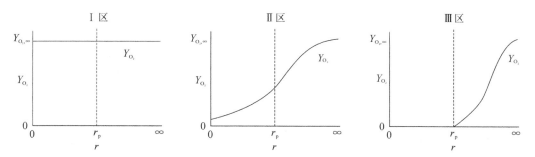

图 8-12　燃烧过程中,特征燃烧区域内,焦炭颗粒边界层及焦炭颗粒内的 O_2 浓度分布

Ⅰ区的总燃烧速率等于本征燃烧速率的乘积,即环境氧浓度和总内表面积的乘积。随着孔表面的颗粒质量被均匀地去除,焦炭直径保持不变,颗粒密度不断减小(等直径燃烧)。

在Ⅲ区,燃烧速率是由通过粒子边界层的氧扩散通量决定的。颗粒密度在燃尽过程中保持不变,随着颗粒表面的质量被逐渐消耗,颗粒尺寸不断减小(等密度燃烧)。

在Ⅱ区,燃烧过程中,氧气部分渗透入颗粒内部,随着接近颗粒表面的孔表面被氧化,颗粒的外表面积,以及颗粒的密度和直径均同时产生变化。当整个颗粒处于与颗粒外表面相同的氧分压条件下时,其燃烧速率为最大可能燃烧速率。颗粒实际的燃烧速率与最大可能燃烧速率之比为有效因子。

煤的粒度大小主要影响煤热解的传热和传质,小颗粒很容易达到加热的温度并使颗粒内外温度均匀,煤热解产物向外扩散的路径短而阻力小。

为了在计算中考虑多孔性对碳颗粒燃烧速率的影响,引入碳颗粒内部单位体积所含的内表面积 A_{Sn},单位为 m^{-1},则碳颗粒全部内表面积为 $\frac{1}{6}\pi d_p^3 A_{Sn}$,碳颗粒内外总表面积 S 为

$$S = A_s + \frac{1}{6}\pi d_p^3 A_{Sn} = A_s\left(1 + \frac{d_p}{6}A_{Sn}\right) \tag{8-99}$$

式中:A_s 为单位体积碳颗粒所含的外表面积,m^{-1};d_p 为碳颗粒直径,m。

在实际反应中,从低温到高温,由于反应条件不同,碳颗粒的内表面参与化学反应的面积也不同,这里引入渗入深度 ε,则实际参加燃烧反应的面积 S' 为

$$S' = A_s(1 + \varepsilon A_{Sn}) \tag{8-100}$$

在反应时,如果氧气能完全渗入碳颗粒内部,各处浓度均相同,通过比较式(8-99)与式(8-100)可得,氧气的实际渗入深度 $\varepsilon = d_p/6$;如果氧气不能渗入碳颗粒内部,即假设碳颗粒为实心球体时,实际渗入深度 $\varepsilon = 0$。

与 A_s 相比,由于碳颗粒内表面参加燃烧反应,反应总表面积相当于乘了一个因数 $1 + d_p A_{Sn}/6$。通常将反应表面积增加的这个因数折算到反应速率常数 k 上,等价于 k 扩大为原来的 $1 + d_p A_{Sn}/6$ 倍,将包括碳颗粒内外表面反应的速率常数用 k^* 来表示,则有

$$k^* = k\left(1 + \frac{d_p}{6}A_{Sn}\right) = k(1 + \varepsilon A_{Sn}) \tag{8-101}$$

或

$$\frac{k^*}{k} = 1 + \varepsilon A_{Sn} \geqslant 1 \tag{8-102}$$

k^* 为包括碳颗粒内外表面的总反应速率常数,或称为反应气体交换常数,用以表征折算后的化学反应速率。当氧气能完全渗入碳颗粒内表面,使内外表面的氧气浓度均等于周围环境中远处的氧浓度 $c_{O_2,\infty}$ 时,有效渗入深度 $\varepsilon = d_p/6$。

在用反应气体交换常数代替反应速率常数后,就可以用质量交换系数 α_{z1} 和反应气体交换常数 k^* 之比(α_{z1}/k^*)作为判断动力控制区或扩散控制区的特征值。α_{z1}/k^* 很大时,反应处于动力控制区;α_{z1}/k^* 很小时,反应处于扩散控制区。对于煤粉锅炉中的无烟煤粉,如果炉温为 1 427 ℃,煤粉颗粒直径为 1 000 μm,则 α_{z1}/k^* 为 0.6~0.7,反应处于动力控制区和扩散控制区之间的过渡区且接近扩散控制区。

根据上面的讨论,若同时存在内表面和外表面的扩散燃烧时,碳球内外表面总的反应速率为

$$A_s\omega_{O_2} = k^* A_s c_{O_2,\infty} \tag{8-103}$$

当温度很高时,碳和氧气的化学反应速率很大,以至于氧气向碳颗粒内部扩散的速率远远满足不了碳颗粒内部的化学反应的需要时,内表面的氧浓度几乎等于零。此时在碳颗粒内表面碳和氧气的一次反应停止,只有在碳颗粒外表面碳能和氧气发生反应,则氧气在碳表面的总反应速率为

$$A_s\omega_{O_2} = k A_s c_{O_2,\infty} \tag{8-104}$$

不同燃烧控制区中内表面积对燃烧速率的影响见表 8-2。

表 8-2　不同燃烧控制区中内表面积对燃烧速率的影响

燃烧控制区	ε	k^*/k
动力控制区	$d_p/6$	$1+\varepsilon A_{Sn}$
过渡区	$0 \sim d_p/6$	$1\sim(1+\varepsilon A_{Sn})$
扩散控制区	0	$\dfrac{1}{k} \ll \dfrac{1}{\alpha_{z1}}$

习　题

8-1　如果一个碳颗粒足够大,则燃烧速率是扩散控制的。在一种情况下,离开表面的一氧化碳氧化为二氧化碳;在另一种情况下,不再发生一氧化碳燃烧。这两种情况下碳颗粒的燃烧速率是否相同?如果相同,哪个更大?解释一下。

8-2　热重分析技术被广泛用于测量固体材料的反应活化能。现拟通过热重分析方法测量某碳颗粒的氧化反应活化能,请结合本章所学的固体燃料的燃烧理论,分析该如何使得所测活化能尽可能为碳与氧气反应的本征活化能,并设计相应的实验工况。

参 考 文 献

[1]　徐通模,惠世恩. 燃烧学[M]. 2 版. 北京:机械工业出版社,2017.

[2]　TURNS S R. 燃烧学导论:概念与应用[M]. 3 版. 姚强,李水清,王宇,译. 北京:清华大学出版社,2015.

[3]　GLASSMAN I,YETTER R A. Combustion[M]. 4th ed. San Diego:Elsevier,2008.

[4]　岑可法,姚强,骆仲泱,等. 高等燃烧学[M]. 杭州:浙江大学出版社,2002.

燃 烧 测 量

9.1　燃烧测量技术概述

9.1.1　燃烧测量目的

　　燃烧应用于交通、工业、国防等各个领域,是社会发展与科技进步的推动力之一。人们对燃烧的科学认识始于在实验室开展的燃烧火焰实验研究。18 世纪初,德国化学家斯塔尔将燃烧现象的本质归结于燃料含有"燃素";1772 年,法国化学家拉瓦锡通过实验发现了由燃烧引起的质量增大的现象,提出了燃烧氧化理论;19 世纪,苏联化学家赫斯等人发展了热化学和化学热力学,阐明了燃烧热、产物平衡组分及绝热燃烧温度的规律;20 世纪初,美国化学家刘易斯和苏联化学家谢苗诺夫等人将化学动力学的机理引入燃烧学的研究;20 世纪30 年代,刘易斯等人开始研究燃烧动态过程,阐明了燃烧反应动力学的链式反应机理,延伸出火焰传播概念;20 世纪 30 年代到 50 年代,建立了着火和火焰传播的经典燃烧理论,同时发展了湍流燃烧理论;20 世纪 50 年代到 60 年代,冯・卡门首先提出用连续介质力学来研究燃烧基本过程的方法,逐渐建立了反应流体力学;20 世纪 60 年代到 80 年代,燃烧理论得到迅速发展:斯波尔丁在 20 世纪 60 年代后期首先得到了层流边界层燃烧过程控制微分方程的数值解,随后,斯波尔丁和哈洛将湍流模型方法引入了燃烧学的研究,提出了湍流燃烧模型,并在 20 世纪 80 年代建立了计算燃烧学。此外,自 20 世纪 60 年代以来,光学测量等非接触式测量技术被引入燃烧学中,大大提高了对燃烧条件下各种测量参数的测量精度,现已成为燃烧实验的常用手段。从燃烧学发展简史中可见,燃烧的本质是流动、化学反应与传热传质三者之间的相互耦合、相互作用;运用物理化学理论、数学模型、燃烧测量实验这三种方法可对燃烧有更深入的认识,从而使燃烧学从描述性的、半经验性的科学成为本质性的、严谨性的科学。

　　广义上,燃烧测量面向的对象是高温或高温高压的气-固或者气-液两相的流体,甚至是气-液-固三相的流体,包括化学反应、流体力学、传热传质和其他物理现象间复杂的相互作用,它不同于一般的流体测量。其任务是利用光学、声学、热学等测试技术定量获得反映燃烧过程的各种信息,这些信息主要包括燃烧反应区的温度、速度、组分浓度、压力、颗粒尺寸及其随时间与空间的分布等,并结合数据处理方法,对燃烧过程进行在线或离线的分析,最终为燃烧理论的发展、新型燃烧技术的研发、燃烧数值模拟的验证及燃烧污染物的减排提供支持与服务。

9.1.2　燃烧测量技术分类

燃烧测量技术可以分为两大类：一类是接触式探针取样技术，另一类是非接触式测量诊断技术。接触式探针取样技术通常需要结合质谱、气相色谱或色-质联用等仪器。将该技术应用于燃烧研究时，一种方法是利用毛细管进行取样，这种方法对火焰结构的扰动较小，能探测到稳定的分子；另一种方法是利用复杂的超声分子束进行原位取样，取样后分子无任何碰撞，可以有效地冷却分子和自由基，因此能准确地探测燃烧过程中产生的各种稳定的和不稳定的中间产物，这种方法称为分子束质谱（molecular-beam mass spectrometry，MBMS）法，尤其是基于单光子技术发展起来的同步辐射-分子束质谱（SR-MBMS）克服了电子束轰击电离和激光光电离的缺点，能广泛探测燃烧产生的包括同分异构体在内的中间产物，从而为燃烧反应动力学研究提供重要且有价值的实验数据。

非接触式测量诊断技术可分为主动式测量诊断技术和被动式测量诊断技术。主动式测量诊断技术是一种对燃烧系统施加激光、声波、太赫兹波等外部信号，通过检测燃烧过程与所施加的外部信号的相互作用结果，对温度、速度、组分浓度等进行测量的技术。基于激光的燃烧测量技术已成为实验室开展燃烧研究的常用手段。所有形态（固、液、气）的物质和自由电子均可实现受激发射，产生从远红外线到 X 射线的相干辐射。基于激光的燃烧测量技术依赖于电磁辐射与火焰中原子、分子、簇、颗粒物及微滴的相互作用。可调激光应用和非线性光学技术的发展，极大地提高了燃烧光谱分析的可行性。基于激光的燃烧测量技术又可分为发射光谱法、散射光谱法、吸收光谱法和非光谱法，包括测量燃烧火焰速度的激光多普勒测速（LDV）、相位多普勒粒子分析仪（PDPA）和粒子成像测速（PIV）等，测量燃烧火焰密度的激光干涉测量和激光纹影测量等，测量燃烧火焰温度和组分浓度的拉曼散射、激光诱导荧光（LIF）、激光诱导炽光（LII）、激光诱导击穿光谱（LIBS）、相干反斯托克斯拉曼散射（CARS）和可调谐二极管激光吸收光谱（TDLAS）等。其特点是：在测量过程中对燃烧火焰几乎没有干扰，燃烧过程中原子和分子的光谱状态可用很长的时间、很高的光谱和空间分辨率加以观察，对单个被测参数选择性高、精度高，结合平面激光（planar laser）或层析成像（tomography）可实现二维场分布信息检测，多用于实验室燃烧检测研究，一般难以应用于强振动、高粉尘、大尺寸的工业燃烧装置中。声学法已用于测量燃烧火焰温度，其原理是基于声速与静态气体温度的热力学关系，通过测量在已知间距的一对声波传感器之间的声波传递时间来确定气体温度，结合层析技术可得到二维温度分布。若考虑燃烧火焰中的烟气具有一定速度，则测量的声速除了包括烟气温度信息以外还包括烟气流速信息，有研究者尝试通过声波传递时间的检测来获得燃烧气体速度场分布。但声学法受到声波传播速度和每条测量路径每次只能获得一个测量数据的限制，在提高空间分辨率和时间分辨率方面存在障碍。

在实际工业燃烧条件下，主动式测量诊断技术受到信号强度在燃烧过程中衰减、炉膛空间尺寸较大等因素的限制。由于燃烧过程释放出强烈的光、热辐射，基于火焰自发射辐射分析的被动式测量诊断技术在实际工业燃烧条件下受到更多的关注，其特点是：不采用任何外部信号，成本较低，易于实施；信息转换环节少，相对易于标定；易于用在工业燃烧装置中；对被测参数选择性不高，耦合因素较多，后续分析复杂，对数据处理要求很高。被动式测量诊断技术主要包括燃烧火焰多波长分析技术、燃烧火焰图像处理技术、基于热辐射成像的燃烧三维检测技术。燃烧火焰多波长分析技术已用于测量燃烧火焰温度和化学发光信号。

Reynolds 等人在 1964 年就提出了多波长高温计的概念和理论。但传统多波长分析技术的优势在于在检测波长的维数,其在空间维数上的不足使其无法发展到燃烧空间多维温度分布的检测。近年来出现的高光谱成像仪有望弥补这种不足。广义上,燃烧火焰图像处理技术包括对燃烧火焰的视频图像、高速摄影图像、红外热成像图像、紫外光图像等图像的处理,其优势在于提供物理量的全场分布,例如,红外热成像测温技术广泛用于工业过程的温度测量中,但由于火焰辐射率不易准确确定,红外高温计和热像仪很难定量、准确地检测燃烧火焰温度。必须强调的是,燃烧火焰多波长分析技术和图像处理技术都属于视线检测技术,每一个像素累积了视场范围内的所有发射源的辐射贡献,所得到的温度等测量值是一种沿视线的平均值。要想得到被测参数沿"视线"方向上的分布,就必须采用基于热辐射成像的三维检测技术,该技术可用于检测燃烧火焰温度场及介质辐射特性,通过获取来自不同方向的火焰热辐射信息,采用基于辐射传递方程建立的辐射成像模型和辐射逆求解方法,获得燃烧火焰中三维温度、组分浓度分布等信息。

9.1.3　燃烧测量的常用设备

1. 激光器

激光具有单色、相干、定向、高能量密度和线性偏振等特性。激光器是利用受激辐射原理使光在某些受激发的物质中放大或振荡发射的器件,也就是能发射激光的装置,是基于激光的燃烧测量技术的核心设备。激光器主要由工作物质、泵浦系统和光学谐振腔三部分组成。其中,工作物质是产生光的受激辐射放大作用的物质体系,泵浦系统为实现粒子数反转分布提供外界能量,光学谐振腔由两块反射镜组成,为建立激光振荡提供正反馈,对激光输出的模式、功率、光束发散角有较大影响。激光器的种类很多,可以根据激光工作物质、运转方式、激励方式、输出波长范围等进行分类。

根据工作物质物态的不同,激光器可分为以下几类。

(1)固体激光器。其工作物质是由掺入了能产生受激辐射作用的金属离子的晶体玻璃基质构成的发光中心。红宝石激光器是世界上第一台激光器,其发光中心内的红宝石(三氧化二铝)掺入了作为激活粒子的三价铬粒子,工作波长一般为 694.3 nm,工作状态是单次脉冲式。Nd:YAG(掺钕钇铝石榴石)激光器是最常用的固体激光器,工作波长一般为 1 064 nm,既可以连续、准连续方式工作,又可以脉冲方式工作,功率从微瓦到千瓦。

(2)气体激光器。其采用的工作物质是气体,还可进一步分为原子气体激光器、离子气体激光器、分子气体激光器、准分子气体激光器等。常用的气体激光器包括:氦-氖激光器,由 Ne 原子电子跃迁而形成激光输出,Ne 原子在 632.8 nm、1.15 μm 和 3.39 μm 处有三条最强的谱线,其中在 632.8 nm 处产生的激光是最为重要的红光激光;二氧化碳激光器,由 CO_2 分子振动在 10.6 μm 和 9.6 μm 产生谱线,由于产生这两条谱线的跃迁能级不同,最终只有 10.6 μm 的激光输出;氩离子激光器,由氩离子电子跃迁而产生激光发射,主要输出波长为 488 nm 和 514.5 nm 的蓝绿光。

(3)液体激光器。其采用的工作物质主要包括两类:一类为有机化合物液体(染料),另一类为无机化合物液体。其中,染料激光器是液体激光器的典型代表,为了激发染料并使其发射出激光,多采用光泵浦,用高速闪光灯作为激光源,或者由其他激光器发出很短的光脉冲。常用的染料包括中呫吨类染料、香豆素类激光染料、花菁类染料,由于每种染料可覆盖光谱范围约为几十纳米至一百纳米,采用多种染料即可覆盖 0.3~1.3 μm 的光谱区。染料激光器的工作方式有脉冲方式和连续方式两种,当以脉冲方式工作时,用各种脉冲激光器作为泵浦源,当以连续方式工作时,用氩离子激光器作为泵浦源。作为一种可调谐激光器,染料激光器在可见光光谱研究中应用非常广泛。

(4)半导体激光器。其又称为激光二极管(laser diode,LD),这类激光器以一定的半导体材料作为工作物质而产生光的受激发射作用,其原理是以一定的激励方式(电注入、光泵或高能电子束注入),在半导体物质的能带之间或能带与杂质能级之间,通过激发非平衡载流子实现粒子数反转,从而产生光的受激发射作用。作为一种可调谐激光器,半导体激光器在红外光谱研究中应用最为广泛,其可调谐波长在 $0.8 \sim 40 \ \mu m$ 范围内。

按运转方式的不同,激光器可分为以下几类。

(1)连续激光器。其工作特点是工作物质的激励和相应的激光输出,可以在一段较长的时间范围内以连续方式持续进行。以连续光源激励方式工作的固体激光器和以连续电激励方式工作的气体激光器及半导体激光器,均属此类。由于连续运转过程中往往不可避免地产生器件的过热效应,因此对大多数连续激光器而言需采取适当的冷却措施。

(2)单次脉冲激光器。对这类激光器而言,工作物质的激励和相应的激光输出,从时间上来说均是一个单次脉冲过程。一般的固体激光器、液体激光器及某些特殊的气体激光器,均采用此方式运转,此时器件的热效应可以忽略,因此不必采取特殊的冷却措施。

(3)重复脉冲激光器。这类激光器的输出为一系列重复激光脉冲,因此,这类激光器可相应以重复脉冲方式激励,或以连续方式激励,但需用一定方式调制激光振荡过程,以获得重复脉冲激光输出,通常要对这类激光器采取有效的冷却措施。

(4)可调谐激光器。一般情况下,激光器的输出激光波长是固定不变的,但采用特殊的调谐技术后,某些激光器的输出激光波长可在一定的范围内连续、可控地变化,这类激光器称为可调谐激光器。

此外,按输出激光波长范围不同,激光器又可分为固定波长激光器和可调谐激光器,前者是激活原子或分子在分立的能级上跃迁振荡的激光器,其中心频率由不同激活介质确定,不能进行调谐。

由于激光具有单色、相干、定向、高能量密度和线性偏振等特性,它在非接触式燃烧实验诊断中得到了广泛的应用。激光器的选择取决于待测特性和燃烧环境的尺寸与类型。这些因素决定了激光源的功率、波长,以及对激光直径、准直性、稳定性和偏振性的要求。具体选择时,还要考虑测量所需的时间与空间分辨率。对于稳定的燃烧或流场诊断过程,可用固定波长激光器。例如,氦-氖激光器和氩离子激光器常用于流场诊断,特别是速度测量;二氧化碳激光器用于燃料或推进剂点火研究。对于瞬态过程,可选用 Q 开关激光器(几纳秒的闪光持续时间),有时用简单的脉冲固体激光器(脉冲持续时间为毫秒级)。对于需瞬时高功率的场合,可用可调谐的脉冲激光器,以生产可见光与紫外线波段的光辐射,如红宝石激光器,最常用的是 Nd:YAG 激光器和有机染料激光器。此处,小尺寸、低能耗、高廉价的半导体激光二极管为微型激光测速仪的开发与应用创造了条件。以前,由于信号强度和监测仪器灵敏度的限制,激光诊断技术大多只能用于空间局部点测量。现在,强激光散射和微光检测技术的结合使这种技术更多地用于二维场测量。红外吸收测量中应用的各种二极管激光器也值得关注。表 9-1 给出了在燃烧测量中常见激光器的主要技术参数。

表 9-1　常见激光器的主要技术参数

激光器类型		工作波长/nm	输出功率/mW	脉冲能量/J	脉冲宽度/ns	脉冲频率/Hz
固体激光器	红宝石	694		0.02～20	30	500～200 000
	Nd:YAG	1 064		8	110	
气体激光器	CO₂	10 600		1.5	50～100	500
	氩离子	458～514	40/20			
	氦-氖	543～1 523	0.5～35			
液体激光器	染料	400～850				
半导体激光器		700～880	500			

2. 光谱仪

光谱仪(spectrometer)是将成分复杂的光分解为光谱的科学仪器,由棱镜或衍射光栅等构成。光谱仪可测量物体表面反射的光线。阳光中的七色光是肉眼能分辨的光谱(可见光),但若通过光谱仪将阳光分解,按波长排列,可见光谱只占光谱中很小的范围,其余都是肉眼无法分辨的光谱,如红外线、微波、紫外线、X 射线等。光谱仪抓取光信息,经照相底片显影或电脑化自动显示数值仪器的显示和分析,测知物品中含有的元素种类。这种技术在空气污染、水污染、食品卫生、金属工业等的检测中得到广泛的应用。

将复色光分解为光谱的光学仪器——光谱仪有多种类型,除了在可见光波段使用的光谱仪以外,还有红外光谱仪和紫外光谱仪。按色散元件的不同,光谱仪可分为棱镜光谱仪、光栅光谱仪和干涉光谱仪等。按探测方法的不同,光谱仪可分为直接用眼观察的分光镜、用感光片记录的摄谱仪、用光电或热电元件探测光谱的分光光度计等。单色仪是通过狭缝只输出单色谱线的光谱仪,常与其他分析仪器配合使用。

在燃烧火焰的光谱测量中,火焰自发射光谱的检测分析与一般光谱的检测分析有所不同,由于火焰本身就是一种等离子体,无须外加光源就能产生光谱,因此,可以用发射光谱仪对其进行直接测量。

一台典型的光谱仪主要由一个光学平台和一个检测系统组成,主要包括以下几个部分。

(1)入射狭缝:在入射光的照射下形成光谱仪成像系统的物点。

(2)准直元件:使狭缝发出的光线变为平行光。准直元件可以是独立的透镜、反射镜,也可以直接集成在色散元件上,如凹面光栅光谱仪中的凹面光栅。

(3)色散元件:通常采用光栅,使光信号在空间上按波长分散为多条光束。

(4)聚焦元件:聚焦色散后的光束,使其在焦平面上形成一系列入射狭缝的像,其中一个像点对应一个特定波长。

(5)探测器阵列:放置于焦平面,用于测量各波长像点的光强度。探测器阵列可以是电荷耦合器件(charge-coupled devices,CCD)阵列,也可以是其他种类的光探测器阵列。

20 世纪 90 年代,微电子领域中的多象元光电探测器得到迅猛发展,如电荷耦合器件(CCD)阵列、光电二极管阵列等面阵光电探测器,为光谱信号的探测提供了更多选择,使低成本光谱仪成为可能。与此同时,光导纤维(光纤)在光信号传输领域的大规模应用,使用户可以非常灵活地搭建光谱采集系统,也为光谱仪的模块化和小型化提供了技术变革。

3. 面阵传感器及摄像机

图像传感器,又称为感光元件,是一种将光学图像转换成电子信号的设备。早期的图像传感器采用模拟信号,如摄像管(video camera tube)。随着半导体制造技术的发展,目前图像传感器主要有电荷耦合器件(CCD)图像传感器和互补金属氧化物半导体(complementary metal-oxide semiconductor,CMOS)图像传感器。

CCD 图像传感器是 20 世纪 70 年代发展起来的半导体器件,其最大特点是以电荷为信号,而其他大多数器件以电流或电压为信号。它由集成在同一硅片上的数十万个等效的微型金属氧化物半导体(metal-oxide semiconductor,MOS)电容器构成,每一个 MOS 电容器相当于一个像素。在 P 型硅基片上用氧化法生成二氧化硅薄层以作为绝缘层,在绝缘层上用多晶硅制作电极,就构成了一个具有 MOS 结构的电容器。当在电极上加正电压时,P 型硅基片的电极下面就形成一个可以存储电荷的"电位阱"。当光照射到硅片上时,光电效应产生的电荷将存储在这个 MOS 电位阱中。光越强,加在 MOS 电容器电极上的电压就越大,电位阱也就越深。因此,当 CCD 图像传感器受到来自景物的光照时,其输出端可得到与光照强度成比例的电信号,这便是反映了景物内容的电信号。CCD 图像传感器按 MOS 电容器排列方式的不同可分为线阵 CCD 图像传感器和面阵 CCD 图像传感器。

CMOS 图像传感器与 CCD 图像传感器的光电转换原理相同,最主要的差别在于信号的读出过程不同。由于 CCD 仅有一个(或少数几个)输出节点统一读出,其信号输出的一致性非常高;而在 CMOS 芯片中,每个像元都有各自的信号放大器,独立进行电荷-电压的转换,其信号输出的一致性较低。但是 CCD 为了读出整幅图像信号,要求输出放大器的信号带宽较宽,而在 CMOS 芯片中,每个像元中的信号放大器的带宽要求较低,大大降低了芯片的功耗,这就是 CMOS 芯片功耗比 CCD 低的主要原因。尽管降低了功耗,但是数以百万的信号放大器的不一致性却导致了更高的固定噪声,这又是 CMOS 图像传感器相对 CCD 图像传感器的固有劣势。

无论是 CCD 图像传感器,还是 CMOS 图像传感器,主要参数包括尺寸、分辨率、光谱响应特性、性噪比、动态范围等。

(1)尺寸、分辨率。

图像传感器尺寸通常用对角线尺寸(in,1 in=25.4 mm)或有效面积(宽度×高度)表示,例如:1 in——靶面尺寸为宽 12.7 mm×高 9.6 mm,对角线 16 mm;2/3 in——靶面尺寸为宽 8.8 mm×高 6.6 mm,对角线 11 mm;1/2 in——靶面尺寸为宽 6.4 mm×高 4.8 mm,对角线 8 mm;1/3 in——靶面尺寸为宽 4.8 mm×高 3.6 mm,对角线 6 mm;1/4 in——靶面尺寸为宽 3.2 mm×高 2.4 mm,对角线 4 mm。

图像传感器分辨率通常用水平方向和垂直方向的有效像元数表示。像元尺寸是指图像传感器像元阵列上每个像元的实际面积。像元尺寸从某种程度上反映了图像传感器对光的响应能力,像元尺寸越大,能够接收到的光子越多,在同样的光照条件下和曝光时间内产生的电荷越多,当然,积累和存储的电荷越多,伴随产生的各类噪声越大。像元尺寸越小,单位面积内的像元越多,图像传感器的分辨率越高,越有利于检测细节和增大检测视场,但像元面积的减小,使满阱能力(每个像元能够储存的电荷数量)降低和图像传感器动态范围缩小。因此,在分辨率允许的情况下,选择像元尺寸大的相机,会有较大的图像传感器动态范围。

(2)光谱响应特性。

通常,图像由可见光照射而产生,来自景物的光线被成像系统捕捉到,在成像平面上得到这部分光线的二维分布,这种二维分布就是"图像"。可见光并不是唯一能形成图像的方式,也可以利用电磁波谱中的其他部分形成图像,如紫外线、红外线等。

光谱响应是指芯片对于不同波长光线的响应能力,通常由光谱响应曲线给出。图像传感器具有很大的感光光谱范围,感光光谱通常可延长至红外区域。根据光谱响应的波长范围不同,图像传感器可分为紫外图像传感器、可见光图像传感器和红外图像传感器,它们分别可以获取对象的紫外图像、可见光图像和红外图像。

(3)信噪比、动态范围。

信噪比是指测量到的信号与测量到的总噪声之比。动态范围用于描述每个像元能够分辨出的灰度等级,是饱和电压(最大的输出电平)摄像机输出的噪声之比。宽动态范围能够使场景中非常亮和非常暗部分的细节同时得到清晰的显示,例如,人背向站在非常亮的光线下,背景的细节和人脸上的细节都能够看得非常清晰。

上文介绍的都是面阵图像传感器,由其构成的摄像机称为面阵摄像机。根据图像传感器光谱响应的波长范围,面阵摄像机又可分为紫外摄像机、可见光摄像机和红外摄像机。其中,紫外摄像机和红外摄像机输出的是灰度图像(或称为亮度图像),而可见光摄像机不仅能输出灰度图像,还能输出彩色图像。根据色度学原理,一幅彩色图像由红色(R)、绿色(G)、蓝色(B)三基色组成。因此,可见光摄像机在输出彩色图像时,需要面阵图像传感器接收 R、G、B 三基色,常用单片图像传感器或三片图像传感器来实现。以 3CCD 彩色面阵摄像机为例,如图 9-1 所示,这种摄像机使用三片 CCD 图像传感器,每个像元点对应 R、G、B 三个感光元件,采用分光棱镜将入射光线分别折射到三个 CCD 靶面上,分别进行光电转换得到 R、G、B 三色的数值。这种摄像机得到的图像质量好、没有细节丢失,但这种摄像机由于结构复杂,一般较昂贵。此外,由于这种摄像机采用分光棱镜的方式,光线到达每个 CCD 靶面的光程是不一样的,需要镜头做针对性的设计才能获得比较好的图像效果,使用 3CCD 彩色面阵摄像机还需要配备专用的镜头。

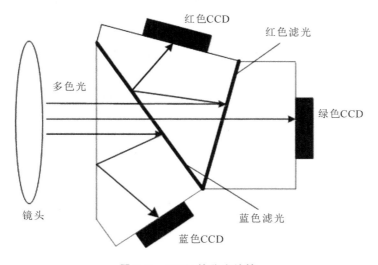

图 9-1　3CCD 的分光棱镜

由于 3CCD 彩色面阵摄像机结构复杂,价格昂贵,出现了单 CCD 彩色面阵摄像机,这种摄像机的传感器只有一片。传感器上每个像元点分别对应 R、G、B 三种颜色中的一种,R、G、B 三种像元按一定的规律排列,实际得到的每个像元点的 R、G、B 三基色的数值是根据该像元点及其周围若干点的像元值进行插值计算而来的,彩色图像效果与采用的差值算法密切相关,在颜色变化剧烈的边缘位置会出现较明显的色彩失真和细节丢失现象。目前常见的彩色面阵摄像机的价格和同档次的黑白摄像机的价格相近。

单 CCD 彩色面阵摄像机将彩色滤色器阵列(color filter array,CFA)加装在 CCD 上。每四个像元形成一个单元,其中,一个过滤红色,一个过滤蓝色,两个过滤绿色(因为人眼对绿色比较敏感)。从物理结构上看,CFA 相当于在 CCD 晶片表面覆盖数十万个像元般大小的三基色滤色片,而这些微小的滤色片是按一定规律排列的。图 9-2 所示为拜尔(Bayer)提出的 CFA 结构。从该结构中可以看出,绿色的滤色片占全部滤色片的一半,而红色和蓝色滤色片分别占全部滤色片的四分之一,这是因为人眼对绿色的敏感度比对红色、蓝色的敏感度高。

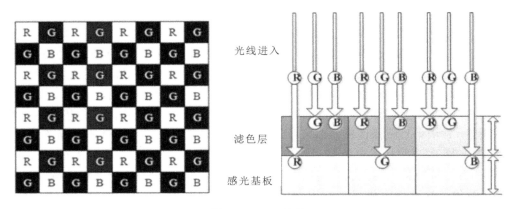

图 9-2　CFA 结构

9.2　基于激光的燃烧测量技术

基于激光的燃烧测量技术可以获取更多的燃烧信息,利用该技术,所有形态(固、液、气)的物质和自由电子均可实现受激发射,产生从远红外到 X 射线的相干辐射。基于激光的燃烧测量技术依赖于电磁辐射与火焰中原子、分子、簇、颗粒物及微滴的相互作用。可调激光应用和非线性光学技术的发展,极大地提高了燃烧光谱分析的可行性,基于激光的燃烧测量技术已是燃烧实验诊断研究的主要手段。利用该技术,可在很高的光谱、时间和空间分辨率下观察并分析燃烧过程中原子和分子的光谱状态,从而在线监测燃烧过程中温度、速度、浓度等热物理参数的多维分布。

9.2.1　基于激光干涉和折射的燃烧场密度测量

1. 激光干涉测量原理

激光干涉测量技术是一种非接触式测量技术。在光学领域中,该技术通过提取干涉条纹的相位分布定量诊断被测波面的畸变程度,进而从干涉条纹的相位分布反演出被测场的折射率分布。对于各向同性介质而言,折射率是密度场的直接反映,两者遵循 Lorentz-Lorenz 关系式。对于气体介质而言,使用理想气体状态方程可将密度进一步替换为温度与浓度的函数。折射率、温度、浓度相互关联,若浓度场已知,便可通过折射率分布求得温度场。

折射率表征光在真空中的传播速率与在介质中的传播速率之比,实际上介质的折射率都大于或者等于 1。由白光经过三棱镜时发生的色散现象可知,介质的折射率与波长有关,波长越大,折射率越小,例如,红光波长的折射率比紫光波长的折射率小。对于单一波长的光源(如激光)而言,需要考虑介质的密度对折射率的影响,例如,空气(气态)的折射率约为1,水(液态)的折射率为 4/3,玻璃(固态)的折射率约为 1.5。温度、压力等参数对介质的折射率的影响更多的是通过引发密度的变化来体现的。

气态介质在任意波长下的折射率 n 均可以表示为密度 ρ 的简单函数

$$n - 1 = \rho \cdot K_{\text{G-D}} \tag{9-1}$$

式中:$K_{\text{G-D}}$ 为介质的 Gladstone-Dale 常数,与波长有关。式(9-1)称为 Gladstone-Dale 关系式。混合物的等效 $K_{\text{G-D}}$ 值是由各个组分的 $K_{\text{G-D}}$ 值做加权计算得到的,例如,空气在 632.8 nm 波长下的等效 $K_{\text{G-D}}$ 值为 2.26×10^{-4} m³·kg⁻¹。正是因为 $K_{\text{G-D}}$ 值的数量级很小,所以气态介质的折射率在干涉测量领域外几乎都视为 1。

当光线在空间中传播时,折射率沿着传播路径的积分值称为光程。当光程增加一个波长 λ 时,其相位值必定增加 2π rad。假设激光器生成一束具有一定通光直径的平行光,平行光沿着空间路径 L 穿过了具有非均匀折射率分布(设为 n)的被测对象,那么原本具有统一相位值的平行波面就会因其各处的相位增量不一致而表现为畸变分布。如果该平行光经过相同的空间路径 L(或者经过相同长度的另一条路径),但是该路径上没有被测对象存在,那么平行波面各处相位值仍然保持一致,只是有一个统一的相位增量。在激光干涉检测系统中,上述第一类情况对应物光光路,第二类情况对应参考光光路。如果利用某种方法使物光光路的畸变波面与参考光光路的非畸变波面同时投射在同一个投影面上,那么在两种波面之间仅由被测对象引发的相位差分布 θ_{test} 可写为

$$\theta_{\text{test}} = w_{\text{obj}} - w_{\text{ref}} = \frac{2\pi}{\lambda} \int_L (n - n_0) \, \text{d}L \tag{9-2}$$

式中:w_{obj} 为折射率 n 沿着物光光路积分至投影面时的畸变波面相位值;w_{ref} 为环境折射率 n_0 沿着参考光光路积分至投影面时的非畸变波面相位值。

2. 双曝光全息干涉测量

激光干涉测量系统中最经典的系统是双曝光全息干涉测量系统。该系统仅能用于测量稳态对象,其光路分为独立的物光光路和参考光光路两段,这种非共光路的特点使该系统易受振动干扰,因此其必须安置在光学隔振平台上。此外,该系统还需要一个分光元件和两套扩束准直透镜组,外加一个大型暗房;实验时还需要全息干版、显影定影药剂等耗材。该系统的优点是各个元件之间的匹配调节没有严格的精度要求,但最重要的一点是双曝光全息干涉条纹分布直接对应着被测场的畸变波面,通过其他任何方法得到的干涉条纹从原理上看都不会比双曝光全息干涉条纹更简单。

图 9-3 所示为双曝光全息干涉测量系统的示意图。该系统不仅需要布置在光学隔振平台上,还要求整个实验环境符合暗室的标准。在该系统的组建过程中,氦-氖激光器发出的点状光束经过一个分光比可调的分束器后变为光强相当的两束光,它们经过同一个快门之后分别进入物光子光路和参考光子光路。两者的相同之处在于每一个子光路都由若干个反射镜及一套扩束准直透镜组构成,这使得点状光束最终扩束为大口径的平行光。两者的不

同之处在于,物光子光路上安置有被测对象(图中为燃烧器),而参考光子光路上不能有任何额外的物品。这两个子光路以一定的夹角(图中为 30°)同时投射到全息干版上,其中全息干版的平面法向一般要与物光子光路的传播方向一致。凸透镜和 CCD 相机则依次布置在物光子光路传播方向的延长线上。为了降低光学干涉系统对激光源的相干长度的要求,在光路设计上一般要使物光子光路和参考光子光路的沿程传播距离相当,即分束器到全息干版之间的物、参两条主光轴的折线总长度要近似相等。

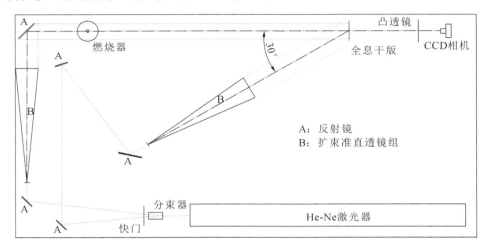

图 9-3　双曝光全息干涉测量系统的示意图

　　双曝光全息干涉测量的实验过程包括全息记录及全息再现两个环节。在全息记录环节中,整个系统必须始终处于暗室中。首先,在快门处于关断状态时完成全息干版的制备并将它安置在物光子光路和参考光子光路交会处的干版架上。准备工作就绪之后即可按下快门,激光在很短的时间内(一般不足 1 s)通过两个子光路投射在全息干版上。很显然,物光子光路和参考光子光路的波面之间产生了干涉现象,干涉光强分布随曝光时间的积分构成了全息干版上的第一次曝光量分布。然后,使用遮光匣子罩住全息干版,对燃烧器点火并等待被测火焰对象达到稳定状态。在这之后的步骤需要两人配合完成:一人迅速撤掉遮光匣子,另一人同步按下快门,使激光以同样的曝光时间第二次通过两个子光路并投射在全息干版上;一旦瞬时曝光完成,就再次用遮光匣子迅速罩住全息干版。此时,物光子光路和参考光子光路的波面之间产生干涉现象,干涉光强分布随曝光时间的积分构成了全息干版上的第二次曝光量分布。需要注意的是,两次曝光过程中参考光子光路上先、后两个波面完全一致,而物光子光路上先、后两个波面却不相同。接着熄灭火焰,在暗室中从干版架上卸下历经两次短时曝光的全息干版,将全息干版放入预先配置好的药剂里完成定影、显影,此时全息干版就变成了一个特殊的光栅。在全息再现环节中,首先将全息干版准确复位到干版架上,然后将快门卸下以使激光束贯通整个光学系统,调节分束器的分光比使物光子光路的光束消失,此时 CCD 相机可拍摄到双曝光全息干涉条纹。

　　从物理过程来看,CCD 相机在全息再现环节中拍摄到的双曝光全息干涉条纹是参考光投射在已完成全息记录的全息干版上所生成的衍射波面中在物光子光路传播方向上的两个衍射分量之间的干涉。虽然全息干版记录的是物光子光路上的不同曝光瞬间的两个波面分量,但在全息再现时这两个波面分量是同时被衍射出来的。这意味着 CCD 相机所拍摄到的双曝光全息干涉条纹分布在数学描述上等效于物光子光路上第一次曝光时所得波面相位分布与第二次曝光时所得波面相位分布之差。很显然,这两个波面的传播方向完全一致,即不存在空间载频附加相位差 θ_f;这两个波面经过了完全相同的光学元件,即两者的光学系统球差引发的附加相位差 θ_s 及光学元件表面质量引发的附加相位差 θ_q 完全相等。这意味着双曝光全息干涉条纹完全不受上述三类附加相位差的影响,其光程差直接对应着被测对象折射率 n 与环境折射率 n_0 之差 Δn 在空间路径 L 上的积分。

　　总之,双曝光全息干涉测量系统具有空间上分开的物光子路和参考光子光路,这导致系统在组建过程中所需的光学元件较多,当系统受到外加振动时,因为两个子光路的振动不同步,全息记录环节会受到严重干扰,该环节的输出条纹也会受到影响。全息记录环节中需要使用全息干版这个光敏耗材,这不但使得整套系统必须置于严格的暗室中,实验过程还需要人工干预以完成全息干版的制备、装夹、定影、显影及复位,即从被测对象的瞬时曝光到最终得到干涉条纹有可能需要数小时。双曝光全息干涉条纹完全不受实验过程中通常遇到的三类附加相位差的影响,这使得整套系统中的各个光学元件之间不存在苛刻的定位要求,仅凭手工装配和调试即可得到完美的条纹。在具备暗室条件的实验室环境中,针对稳态对象的干涉测量,双曝光全息干涉测量技术一直是众多研究者的首选。

3. 激光纹影测量

　　光速取决于光所经过的介质的折射率,而折射率又取决于介质的密度,所以,利用干涉法可直接测量气体密度的变化。光线穿过有密度梯度(折射率梯度)的气体如同穿过一个棱镜,然后发生偏转,纹影测量可以得到光线偏转角度与折射率之间的关系,从而进一步得到燃烧场气体密度的梯度。纹影测量系统由聚焦在缝隙上的光源、两个纹影透镜(或镜面)、锐缘(刀口)、聚焦透镜、成像系统及燃烧器组成,如图 9-4 所示。

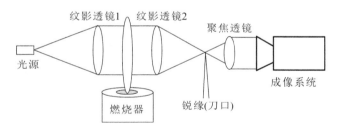

图 9-4　纹影测量系统示意图

　　源缝的像位于第二个纹影透镜的焦点处,该像的一半被实心的锐缘遮挡。垂直于锐缘的折射率梯度记录于成像系统中,调整锐缘以得到所需的灵敏度与反差。以固体推进剂燃烧测量为例,燃烧前平行光穿过燃烧器而不被偏转,试样均匀变黑的像聚焦在摄影机上;点燃推进剂后,气体中的局部密度梯度使光线偏转。朝下偏转的光线被锐缘遮挡,在成像系统上形成较暗区,朝上偏转的光线在成像系统上形成较明区,从而形成干涉条纹。普通的光源为连续弧光灯,功率可达 1 000 W。整个系统的灵敏性与第二个纹影透镜的焦距成正比,而同锐缘上面源像的尺寸及缝隙宽度成反比。典型缝隙的宽为 0.5 mm,长为 6～13 mm。但灵敏度过高会引起非线性效应。应用高速摄像需要增加光强,为此可增大缝隙宽度(会降低灵敏度)、增大缝隙长度(要求较大的透镜)或提高光源功率。在普通纹影中,近垂直锐缘的折射率的梯度被记录,可改用点光源(如激光器)连通圆孔的方式,以显示所有方向的光线偏转。

　　普通纹影法已经应用于燃烧火焰中,但火焰的自发射光常会使纹影消失。为压倒自发光,可以采用两种方法:一是根据火焰自发光的光谱特性采用单色光源,在火焰自发光较弱的波长区域中选择某一波长作为单色光源的波长,在成像系统前加装滤色片,以滤掉其他波段的光,这样自发光强度会明显小于光源强度;二是使成像系统远离燃烧场,随着距离增大,自发光的干扰会呈指数衰减,而对于纹影系统采用的平行光源,距离增大不会对纹影测量产生太大影响,此外,缩短曝光时间也可以减少自发光的干扰,在这种情况下,光源宜采用激光光源。激光纹影法利用激光的单色性,再加上合适的窄通滤光镜,既可以消除火焰自发光的干扰,又可以与激光全息技术联用。以往用单幅摄影记录激光纹影时,高温气体的垂直速度会使软片产生模糊的斑点。用高速摄影则可避免软片产生斑点。但由于其他因素,如固体边缘周围条纹、有斑点的背景及光学元件中由缺陷产生的衍射影响,用激光获得优质的纹影图还有待改进。

9.2.2　基于激光散射的燃烧流场速度测量

要想确定燃烧火焰的流场,就必须测得燃烧火焰中介质的速度分布。燃烧流场的非接触式光学测量方法主要基于光散射原理,能量为 $h\nu_0$ 的光照射燃烧火焰时,不考虑燃烧火焰中气体分子或粒子对光的吸收,若入射光子与火焰中气体分子或粒子无能量交换,则散射光相对初始入射光无频移,该过程称为一阶弹性散射过程,包括米氏(Mie)散射和瑞利(Rayleigh)散射。其中,当气体分子或粒子尺寸 d 远小于入射光波长 λ 时发生瑞利散射,两者相当时发生米氏散射。后者构成了激光测速和粒子尺寸分析的基本效应,从而衍生出激光多普勒测速仪(LDV)、相位多普勒粒子分析仪(PDPA)和粒子成像测速仪(PIV)三种主要的燃烧流场速度测量技术。对于燃烧流场中某点的速度的测量,主要用 LDV,也可用 PDPA 同时测量速度和颗粒物粒径;对于二维平面的速度分布的测量,则常用 PIV。下面详细介绍这三种燃烧流场速度测量技术的原理。

1. 激光多普勒测速仪

激光多普勒测速仪(laser doppler velocimetry,LDV)是应用多普勒效应,利用激光的高相干性和高能量测量流体流速的一种仪器,也称为激光多普勒风速仪(laser doppler anemometer,LDA)或激光测速仪(laser velocimetry,LV)。激光的多普勒效应是 LDV 的理论基础,当光源和运动物体发生相对运动时,从运动物体散射回来的光会产生多普勒频移,该频移量的大小与运动物体的速度、入射光和速度方向的夹角有关。LDV 利用运动粒子散射光与照射光之间的频差(或称频移)来获得速度信息。这里存在着光波从(静止)光源到(运动)粒子,再到(静止)光检测器三者之间的传播关系。

当一束具有单一频率的激光照射到一个运动粒子上时,粒子接收到的光波的频率与光源的频率会有差异,其增减的多少与粒子运动速度,以及照射光与速度方向之间的夹角有关。如果用一个静止的光检测器来接收运动粒子的散射光,那么观察到的光波频率就经历了两次多普勒效应。下面来推导多普勒总频移量的关系式。设静止光源 O、运动粒子 P 和静止光检测器 S 之间的相对位置如图 9-5 所示。入射光的频率为 f_0,粒子 P 的运动速度为 U。根据相对论变换公式,经一次多普勒效应后运动粒子 P 接收到的光波频率为

$$f' = f_0\left(1 - \frac{\boldsymbol{U} \cdot \boldsymbol{e}_0}{c}\right) \tag{9-3}$$

式中:$\boldsymbol{e}_0$ 为入射光单位向量;c 为介质中的光速。

式(9-3)就是在静止的光源和运动的粒子条件下,经过一次多普勒效应的频率关系式。运动的粒子被静止的光源照射,就如同一个新的光源一样向四周发出散射光。当静止的光

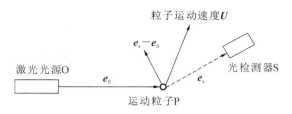

图 9-5 激光多普勒效应

检测器 S 从某个方向上观察粒子的散射光时,由于它们之间又有相对运动,又经过一次多普勒频移,静止的光检测器 S 所接收到的运动的粒子的散射光的频率为

$$f_s = f'\left(1 + \frac{\boldsymbol{U} \cdot \boldsymbol{e}_s}{c}\right) \tag{9-4}$$

式中:$\boldsymbol{e}_s$ 是散射光单位向量。

将式(9-3)和式(9-4)合并,可得到如下频率关系式

$$f_D = f_s - f_0 = \frac{1}{\lambda}\left|\boldsymbol{U} \cdot (\boldsymbol{e}_s - \boldsymbol{e}_0)\right| \tag{9-5}$$

式中:λ 为介质中激光的波长。由式(9-5)可知,如果已知光源、粒子和光检测器三者之间的相对位置,就能确定速度 $\boldsymbol{U}$ 在($\boldsymbol{e}_s - \boldsymbol{e}_0$)方向上投影的大小,但不能确定平面速度向量。

假设入射光方向与散射光方向的夹角为 γ,粒子运动方向与合成向量($\boldsymbol{e}_s - \boldsymbol{e}_0$)之间的夹角为 φ,那么可得到形式最简单的多普勒频移公式

$$f_D = \frac{2\sin(\gamma/2)}{\lambda}\left|\boldsymbol{U}\right|\cos\varphi \tag{9-6}$$

式中:$\left|\boldsymbol{U}\right|\cos\varphi$ 为粒子速度在($\boldsymbol{e}_s - \boldsymbol{e}_0$)方向上的大小;$\gamma/2$ 为入射光和散射光向量间的半角。显然,只要给定 γ 和波长,多普勒频移就与速度成正比。从理论上来说,该测量不需要标定,可以得到粒子速度向量在任何方向上的分量。

根据上述原理,LDV 有三种多普勒频移检测模式,即参考光模式、单光束-双散射模式和双光束-双散射模式。在实际应用中,LDV 多采用双光束-双散射模式,即将两束不同方向的入射光在同一方向上的散射光汇集到光检测器中进行光外差。在这种模式下多普勒频移只取决于入射光方向,而与散射或观测方向无关,光检测器可以放在空间中任意位置。如图 9-6 所示,LDV 通常由激光器、入射光学单元、接收光学单元、信号处理器和数据处理系统组成。

其中,激光器用于提供相干、单模式、线性偏振的光源,通常采用气体激光器,如氦-氖激光器、氩离子激光器;入射光学单元包括分束器和传输透镜,前者把激光分为两束等强度的平行光,后者则使这两束光聚焦,其相交区形成控制体(即采样区);接收光学单元用于采集来自测量体的粒子散射光,包括接收透镜和光检测器(常用光电倍增管),利用光外差和光电效应把散射光信号转换为与粒子速度有关的多普勒信号;信号处理器用于读入与时间有关的检测器电压信号、检测信号的有无、确定信号频率等;数据处理系统用于控制数据采集、计算粒子速度、显示测量结果等。

LDV 的优点主要有非接触测量、线性特性、较高的空间分辨率和快速动态响应,以及可以比较容易地实现二维、三维等流动的测量,并获得各种复杂流动结构的定量信息。

2. 相位多普勒粒子分析仪

相位多普勒粒子分析仪(phase doppler particle analyzer,PDPA)是由激光多普勒测速

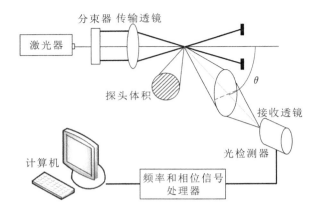

图 9-6　一维(测量一个速度分量)双光束 LDV 系统示意图

仪发展而来的,一方面,它通过运动粒子散射光的多普勒频移,可精确测量流场局部瞬时速度与湍流特性;另一方面,它通过不同接收方向上散射光的相位差,还可测量粒子的尺寸及其分布。

　　PDPA 的测量原理与光散射干涉法有关,当球形粒子穿过入射光束相交区时,散射光会在空间中形成干涉条纹,条纹图案会随着粒子的运动位置而变化,条纹间距又取决于球形粒子折射或反射散射光的相差。分析该干涉条纹,既可得到多普勒频移,又可得到两个检测器之间多普勒信号的相位差。这需要计算每一条光束散射场之间的干涉,因此要算出相应散射波的振幅、偏振态和相位。计算思路有两种:利用米氏理论,利用几何光学加上衍射理论。

　　在 PDPA 的测量原理中,任意尺寸均质绝缘球体的光散射可用 Lorenz-Mie 散射理论来描述,但对于尺寸大于光波长 λ 的颗粒,可用简化假设,即用几何光学来描述光的反射与折射。光线射入透明球体表面即产生反射和折射。折射光方向遵循斯涅尔(Snell)定律

$$\cos\tau = m\cos\tau' \tag{9-7}$$

式中:m 为该透明球体的折射率;τ 和 τ′分别为粒子表面切线与入射光、折射光之间的夹角。入射光与 P 级出射光之间的角度 β 为

$$\beta = 2(P\tau' - \tau) \tag{9-8}$$

式中:$P = 0,1,2$,分别表示 0、1、2 级出射光。如图 9-7 所示,入射光照射在球面 A 点时发生折射与反射,其反射光称为 0 级(P_0)出射光;而折射光在粒子球内传至球面 B 点,又发生折射与出射,折射光称为 1 级(P_1)出射光;反射光继续在球内传至 C 点,再次发生折射,折射光称为 2 级(P_2)出射光。

　　出射光所含入射光强度的分数与 β 角密切相关,可由弗雷斯耐尔(Fresnel)系数求得。为计算射线的相位,范德赫尔斯特(van de Hulst)用球体中心无相位滞后的假想散射光线作为实际射线的基准,忽略反射中 π 的相移及焦线上 π/2 的相移,相对球中心折射的参考光线,光线穿过球的光程长为

$$\eta = 2\,\frac{\pi d}{\lambda}(\sin\tau_1 - Pm\sin\tau'_1) \tag{9-9}$$

而两入射光间由光程差引起的相位差为

$$\Psi = 2\,\frac{\pi d}{\lambda}\big[(\sin\tau_1 - \sin\tau_2) - Pm(\sin\tau'_1 - \sin\tau'_2)\big] \tag{9-10}$$

式中:下标 1 和 2 表示光束 1 和光束 2。由此可以看出相移正比于无因次尺度 $\pi d/\lambda$。由于

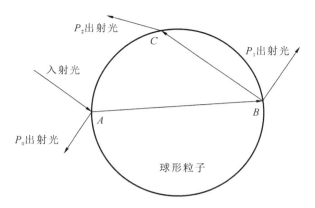

图 9-7 光在粒子上的反射与折射

角度 τ 由接收器光学参数确定,因此相位差与入射光强度或散射光振幅无关,仅随粒子直径 d 而变。分析由这些相位差产生的干涉条纹谱,即可求得粒子尺寸及其速度。

图 9-8 给出了双检测器 PDPA 的光路,激光器的光被分为入射光 1 和入射光 2,位于 xOy 平面,两者夹角为 γ,经过透镜聚焦后在原点(坐标 O)形成控制体。在 xOy 平面,从任意方向通过控制体的球形粒子散射入射光,所散射的光干涉形成随时间变化的空间条纹谱。用接收透镜接收散射光,并聚焦于多个针孔光阑,置于针孔光阑后的光电检测器用于检测不同位置的散射光。在图 9-8 中,f 为接收透镜焦距,θ 为接收器与 xOy 平面的偏轴角。双检测器 PDPA 不仅可以避免因入射光不均匀、粒子位于测试体边缘等因素对测试精度的影响,还可以提高粒子质量流量的测试精度。

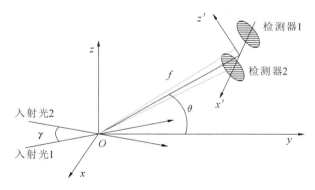

图 9-8 双检测器 PDPA 的光路

PDPA 一般包括激光器、入射光学单元、接收光学单元、信号处理器和数据处理系统等,图 9-9 所示为二维 PDPA 的结构示意图,二维 PDPA 可以同时测量粒子的二维速度和直径。入射激光分为两路,相位接收采用双检测器方式,两检测器置于同一个接收透镜后面,并与透镜组成一个整体。接收光路采用标准型,即两检测器的对称平面与两入射光的对称平面重合。两检测器输出的多普勒信号经滤波放大去除基座分量后,送到波形变换器进行二值化处理,得到的方波信号保留了信号的频率和相位信息。波群检测器用来检测多普勒信号的出现和结束,从而控制采样器对信号采样和贮存。控制器将合格的采样信号存入存贮器中,并将其送到计算机作进一步处理。系统的操作和运行全部通过计算机由软件完成,从而实现对信号的检验、各种光学参数设置、量程选择、数据采集和贮存,以及数据的统计处理。

三维 PDPA 则需要用三束不同角度的光来获取粒子的三维速度。三维 PDPA 可由一

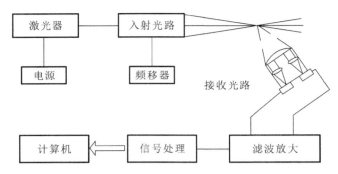

图 9-9　二维 PDPA 的结构示意图

台一维 PDPA 和一台二维 PDPA 系统组成,再结合可移动坐标架,就能实现测试区的全场扫描式测量。

3. 粒子成像测速仪

粒子成像测速法是 20 世纪 70 年代末期发展起来的一种瞬态、多点、无接触式的激光流体力学测速方法,其特点是突破了单点测速技术的局限性,能在同一瞬态记录大量空间点上的速度分布信息,并可提供丰富的流场空间结构及流动特性。该方法除向流场散布示踪粒子以外,其测量装置并不介入流场,同时具有较高的测量精度。

粒子成像测速仪(particle imaging velocimetry,PIV)的测量原理比较简单,在给定的时间间隔内,由微元流体中示踪粒子的位移即可计算速度向量。因此,用两次脉冲平面激光照射被测的流场,在被照射的薄层流体中,流动的示踪粒子就会散射光,同时用位于与平面激光成直角的图像检测装置记录两幅图像。先后拍摄的两幅激光脉冲图像分别显示了示踪粒子的初始位置与最终位置,通过相关性分析就可算出粒子的速度向量。如图 9-10 所示,物体平面上的粒子位移 Δx 与 Δy 由可记录介质成像平面上的位移 ΔX 与 ΔY 求得

$$\Delta x = \frac{1}{M}\Delta X, \Delta y = \frac{1}{M}\Delta Y \tag{9-11}$$

式中:M 为图像检测装置的光学放大倍数。若两次激光脉冲的时间间隔为 Δt,就可由下式求得物体平面上的速度投影

$$u = \Delta x/\Delta t, v = \Delta y/\Delta t \tag{9-12}$$

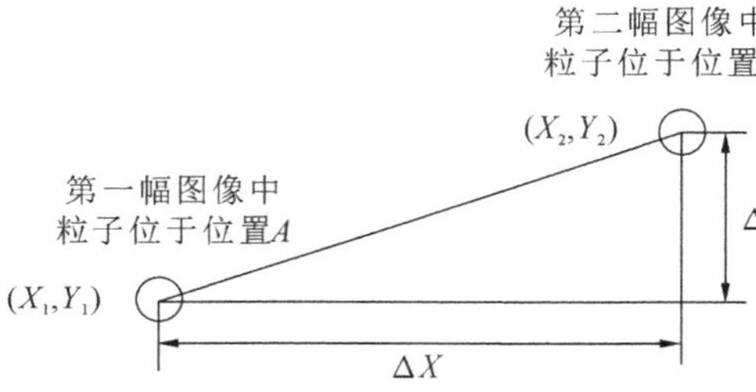

图 9-10　PIV 测量原理

对于每一询问区域重复这种计算,即可得到速度向量图。需要注意的是,连续采集的两幅数字化粒子图像被送往计算机中进行后续分析,利用互相关算法和拓扑图形学对图像进行实时处理,相应的图像处理软件系统包括图像增强、粒子图像的分隔、粒子识别与定位、粒子匹配等。

典型的 PIV 包括激光光源系统、图像记录系统和计算机图像处理系统,PIV 结构示意图

如图 9-11 所示。平面激光照射区与成像光学视场之间的相交体决定了待测的典型流动区，即测量区。测量区投射到检测器形成 PIV 图像。检测器最小的可分辨的区域称为询问面积。与此对应，在测量区内形成询问体，并构成单个速度向量。

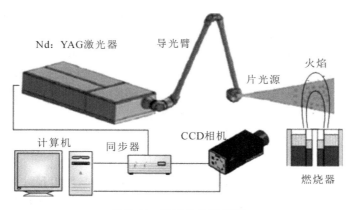

图 9-11　PIV 结构示意图

传统的 PIV 只能得到流场中速度在片光源所照亮的二维平面中的速度分布，随着计算的发展，基于立体成像原理，提出了三维 PIV，该技术采用两个相机从不同的角度拍摄被照亮的跟随流动的粒子，镜头布置可以使两个相机都能聚焦成像。用一台相机，只能测量垂直于其光轴方向粒子位移的投影，把两个相机拍摄到的投影图像合并起来，就能再现被测流体中粒子的真实位移。通过该方法可以得到包含三个速度分量的完整向量。这种系统也称为立体 PIV，它是基于人眼立体视觉原理发展起来的。

PIV 已成为流体及燃烧研究中的重要检测手段，速度测量依赖于散布在流场中的示踪粒子，若示踪粒子有足够高的流动跟随性，则其运动就能够真实地反映流场的运动状态，因此示踪粒子在 PIV 测速技术中非常重要。在 PIV 测速技术中，对高质量的示踪粒子的要求为：密度要尽可能与实验流体的一致；尺度要足够小；形状要尽可能圆，大小分布尽可能均匀；光散射效率要足够高。通常在液体实验中使用空心微珠或者金属氧化物颗粒，在空气实验中使用烟雾或者粉尘颗粒（超音速测量使用纳米颗粒），在微管道实验中使用荧光粒子等。

9.2.3　基于激光散射的燃烧场温度和组分浓度测量

基于激光散射的燃烧场温度和组分浓度测量大多源自光散射理论。能量为 $h\nu_0$ 的光照射燃烧火焰时，不仅会发生一阶弹性散射，还会发生一阶非弹性散射，即入射光子和燃烧场中气体分子或粒子有能量交换，散射光相对于初始入射光有频移 $\Delta\nu$，散射光中又包括自发拉曼散射（Raman scattering，RS）和激光诱导荧光（laser induced fluorescence，LIF）。两者的区别是，在拉曼散射中，入射光的频率可以为任何频率，故拉曼散射可用于 CO_2、O_2、CO、N_2、CH_4、H_2O 和 H_2 等主要组分的质量分数和温度的测量；而在激光诱导荧光中，先要吸收一个量子 $h\nu$，再发射一个量子 $h\nu_f$（ν_f 为荧光频率），所以入射光的频率必须等于吸收光的频率，此外，由于光吸收，两离散能态间发生谐振，原子或分子从低能级跃迁到高能级后所产生的自发光发射，即荧光，可用于检测 NO、OH、CH、CN、C_2、NH 等 10^{-6} 量级的微量组分。上述散射过程为一阶散射过程，散射光信号被辐射到 4π 立体角空间后彼此不相干，其信噪比较低。为了获得信噪比更高的散射光信号，在燃烧测量诊断中采用了相干光技术，相干过程涉及波混频过程和光束间的相互作用，特点是信号增强并有优良的信噪比。相干法主要包括相干反斯托克斯拉曼散射（coherent anti-Stokes Raman scattering，CARS）和简并四波混频（degenerate four-wave mixing，DFWM）技术。其中，以拉曼散射为基础的 CARS 信号强度比自发拉曼散射的要大几个数量级，CARS 适于测量温度与浓度大于 0.5% 的主要组分，而以电子谐振为基础的 DFWM 具有更高的灵敏度，适于测量火焰中自由基等微量组分。

进一步，如果入射光的能量足够大，那么火焰局部区域中碳烟颗粒会受激发出白炽光，从而衍生出测量碳烟颗粒浓度的激光诱导炽光（laser induced incandescence，LII）技术；若激光能量进一步增大，则火焰局部区域中所有气体介质及固体颗粒会被击碎为原子，根据获得的原子光谱信号可以分析火焰中的元素组成，甚至得到原子浓度，这就是激光诱导击穿光谱（laser induced breakdown spectroscopy，LIBS）技术。

下面主要介绍 RS、CARS、LIF、LII 和 LIBS 五种激光燃烧测量诊断方法的基本原理。

1. 拉曼散射

拉曼散射（RS）现象于 1928 年发现，当频率为 ν_0 的单色光照射尺寸远小于入射光波长的气体分子时，会产生频移为 $\nu_0 \pm \Delta\nu$ 的非弹性散射，即拉曼散射。在拉曼散射光谱中有三条谱线，频率 ν_0 处为瑞利弹性散射的瑞利谱线，无能量交换，在三条谱线中它的强度最大；频率 $\nu_0 - \Delta\nu$ 处为斯托克斯谱线，介质分子从入射光中得到能量，它的强度比瑞利谱线的强度小；而频率 $\nu_0 + \Delta\nu$ 处为反斯托克斯谱线，介质分子失去能量，它的强度又比斯托克斯谱线的强度小很多。

根据量子理论，当单色光照射气体分子时，由于分子和光子发生非弹性碰撞，光子的能量与分子的振动能量或转动能量进行了交换，光子失去能量产生斯托克斯拉曼散射，光子得到能量产生反斯托克斯拉曼散射。拉曼散射光的频移对应分子的振动和转动能级，当利用自发拉曼散射测量火焰中气体组分浓度时，散射光由分子振动引起，由于斯托克斯谱线的强度大于反斯托克斯谱线的强度，因此主要测量对象为斯托克斯谱线。

拉曼散射强度与入射光能量、拉曼频移、气体分子数密度成正比，由电磁波辐射可以得到第 i 种气体分子散射到立体角 Ω 的拉曼信号强度 I_i

$$I_i = \eta I_0 V \Omega N_i \left(\frac{\mathrm{d}\sigma}{\mathrm{d}\Omega} \right) \qquad (9\text{-}13)$$

式中：η 为系统的检测效率；I_0 为入射激光强度，$\mathrm{W/cm}^2$；V 为测量体容积，cm^3；N_i 为第 i 种气体分子数密度，cm^{-3}；Ω 为采集光学的立体角；$\left(\frac{\mathrm{d}\sigma}{\mathrm{d}\Omega} \right)$ 为拉曼散射横截面，$\mathrm{cm}^2/\mathrm{sr}$。

拉曼散射横截面与温度有关，气体温度越高，拉曼散射横截面越大。温度对拉曼信号的影响可用因子 $f(T)$ 来表示，则式（9-13）可写为

$$I_i = \eta' I_0 N_i f(T) \qquad (9\text{-}14)$$

式中：$\eta' = \eta V \Omega$。当测量条件一定时，η'、I_0、$f(T)$ 都可看作常数，则拉曼散射强度仅与气体分子数密度有关，两者成正比。因此，可以先通过已知样本的独立测量对拉曼散射强度进行标定，实际测量时，在得到散射光光谱后，可以通过软件来计算光谱峰面积，得到散射光强，再根据标定公式就可以计算出气体分子数密度，进而得到气体浓度。

通过拉曼散射测量还可以得到火焰温度，主要有两种方法：一是斯托克斯谱线和反斯托克斯谱线强度比较法，由式（9-14）可知，斯托克斯谱线和反斯托克斯谱线强度之比是温度的函数，但反斯托克斯谱线强度较小，因此这种方法多用于高温测量；二是谱线拟合法，把在各个温度下计算的谱带作归一化处理，得到不同温度下的谱带分布图，再将测量的谱带与之对

比,从而确定火焰温度,该方法要求有较高的光谱分辨力。

需要注意的是,自发拉曼散射的信号非常弱,所以测量时常用强度较大的激光器和高灵敏度、高精度的检测设备,这也是激光出现之前限制自发拉曼散射测量发展的原因之一。近年来,各种光学元件、激光器、光谱仪的迅速发展大大提高了自发拉曼散射测量的实用性。自发拉曼散射测量系统结构示意图如图 9-12 所示。激光光源常用 YAG 激光或氩离子激光,激光聚焦在火焰中某个局部区域,产生拉曼散射光;在与入射光垂直的方向上,用透镜将拉曼散射光聚焦到单色仪的入射狭缝,从而获得拉曼光谱。

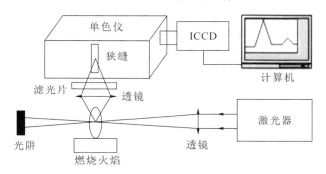

图 9-12　自发拉曼散射测量系统结构示意图

自发拉曼散射光信号很弱,信噪比太低,为了解决这个问题,衍生出多种受激拉曼散射技术,包括近共振拉曼散射、反向拉曼散射及相干拉曼散射。

2. 相干反斯托克斯拉曼散射

相干反斯托克斯拉曼散射(CARS)是一种基于三阶非线性拉曼散射的非线性光学效应。其产生的原理是:两束频率分别为 ω_1 和 ω_2 的激光($\omega_1 > \omega_2$)入射到气体介质上,ω_1 为固定频率(泵浦光束),ω_2 为可调谐(斯托克斯光束)。由于光子和气体分子的相互作用,可能产生四种相干拉曼散射效应,按频率从大到小顺序分别为:相干反斯托克斯拉曼散射,频率为 $2\omega_1 - \omega_2$;逆拉曼散射,频率为 ω_1;受激拉曼散射,频率为 ω_2;相干斯托克斯拉曼散射,频率为 $2\omega_2 - \omega_1$。CARS 信号的产生如图 9-13 所示,频率为 ν_p 的泵浦光束与气体分子相互作用,产生一束频率为 ν_s 的斯托克斯散射光(探测束),当频率为 ν_p 的泵浦光束的强度增大时,频率为 ν_s 的散射光的强度超过阈值,产生频率为 ν_R($\nu_R = \nu_p - \nu_s$)的受激斯托克斯辐射,其与入射光结合为频率为 ν_a($\nu_a = \nu_p + \nu_R = 2\nu_p - \nu_s$)的相干反斯托克斯谱线,即 CARS 谱线。

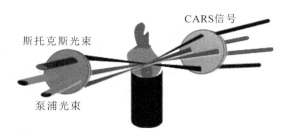

图 9-13　CARS 信号的产生

由 CARS 信号的产生原理可知,CARS 信号源于四波混频效应,为产生 CARS 信号,至少要有两种不同频率的激光,其频差为拉曼频移 $\Delta\nu = \nu_p - \nu_s$,两种波在介质中"混频",即两束光共同作用于介质,其频差正好等于散射分子的振动频率时,由于激光的相干作用,所有的分子都按特定相位关系一起振动。CARS 是泵浦束与探测束非简并的四波混频,在非线性光学效应中,入射光子与反射光子的动量守恒称为"相位匹配",由于波混频过程的相干性,为确保信号相长强度,两种激光必须满足相位匹配条件。

CARS 信号与介质温度和组分浓度都存在一定的对应关系,例如,燃烧气体浓度测量基于 CARS 信号的强度,温度信息来自 CARS 谱形状的特征分析。满足相位匹配条件的 CARS 信号的强度 I_a 可表示为

$$I_a = \frac{\nu_a^3}{c^4 \varepsilon_0^2} I_p^2 I_s \mid \chi^{(3)} \mid^2 l^2 \tag{9-15}$$

式中:ν_a 为信号频率;c 为光速;ε_0 为自由空间中介质的介电常数;l 为光束相交区长度;I_p 和 I_s 分别为泵浦光束和斯托克斯光束的强度;$\chi^{(3)} = \sum_j (\chi_j' + i\chi_j'') + \chi_{nr}$ 为三阶非线性极化率,是复数,χ_j' 和 χ_j'' 分别为组分第 j 阶跃迁谐振极化率的实部和虚部分量,χ_{nr} 为气体混合物中所有分子电子云变形引起的非谐振电子背景极化率。

$\chi^{(3)}$ 括号中的项可表示为

$$\chi_j' + i\chi_j'' = \frac{8\pi^2 \varepsilon_0 c^4}{h' \nu_s^4} N \Delta_j g_j \left(\frac{\partial \sigma}{\partial \Omega}\right)_j \frac{\nu_j}{\nu_j^2 - (\nu_p - \nu_s)^2 - i\Gamma_j(\nu_p - \nu_s)} \tag{9-16}$$

式中:N 为待测组分的数密度;Δ_j 为引起 j 阶跃迁能级间的相对布居差;g_j 为简并度;$(\partial \sigma / \partial \Omega)_j$ 为拉曼横截面;Γ_j 为拉曼谱宽;h' 为普朗克常数除以 2π。实部和虚部分量可分别写为

$$\chi_j' = K_j \frac{2\Delta\nu_j \Gamma_j}{4\Delta\nu_j^2 + \Gamma_j^2}, \quad \chi_j'' = K_j \frac{\Gamma_j^2}{4\Delta\nu_j^2 + \Gamma_j^2} \tag{9-17}$$

式中:$\Delta\nu_j = \nu_j - (\nu_p - \nu_s)$;$K_j$ 为极化率的振幅,由下式给出

$$K_j = \frac{(4\pi)^2 \varepsilon_0 c^4 N \Delta_j}{h' \nu_s^4 \Gamma_j} \left(\frac{\partial \sigma}{\partial \Omega}\right)_j \tag{9-18}$$

式(9-15)反映了 CARS 信号的强度与入射光强度、相干长度及介质的三阶非线性极化率之间的关系,这也是 CARS 技术研究的重要理论基础。从三阶非线性极化率的表达式可以知道,它的大小正比于 CARS 过程所涉及的能级间的粒子数密度差,而各能级粒子布居数在热力学平衡状态下,服从玻尔兹曼分布,与温度存在对应关系,这就是 CARS 测量温度的基础。

CARS 的典型实验系统图如图 9-14 所示。泵浦光源用 Nd:YAG 激光器,其发出 532 nm 的激光通过分束器分为两束,一束用于泵浦、染料激光器产生斯托克斯光束(ω_2),另一束(ω_1)通过分束器(调节能量)、反射镜(调整延迟时间)、环反射镜与斯托克斯光束形成相位匹配方式;然后,两束激光通过透镜聚焦在待测火焰中某处,出射的 CARS 信号光(ω_{CARS})及其他剩余的泵浦光和斯托克斯光通过滤光器,滤掉泵浦光和斯托克斯光,将 CARS 信号光输入单色仪中,最后在计算机中处理 CARS 信号,从而获得火焰温度或组分浓度等。

在同一时间,CARS 只能测量一组组分,为了突破该局限性,可采用多色 CARS 技术。多色 CARS 技术包括双斯托克斯 CARS、双泵浦 CARS、双宽带 CARS、双泵浦-斯托克斯 CARS、双泵浦-双宽带 CARS 等。

3. 激光诱导荧光

激光诱导荧光(LIF)是用频率可调的激光对被测样品共振激发而产生荧光信号,然后在与激光束垂直的方向对荧光进行探测分析。如图 9-15 所示,LIF 可分为单点 LIF 和平面

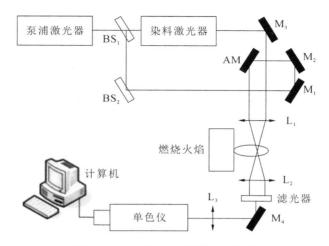

图 9-14 CARS 的典型实验系统图

LIF,分别用于实时测量火焰一维(空间点)或二维(平面)的组分浓度(或摩尔分数),甚至可以测量温度,具有空间分辨率。在单点 LIF 中,激光束聚焦到燃烧产物,采集光路成 90°的接收荧光,其与激光束一起决定了空间分辨率,所接收到的荧光通过色散器件(常为滤光镜、小型单色仪或光谱仪),然后荧光被检测器转换为电信号;若激光束以激光屏形式通过被测气体,即可形成平面激光诱导荧光,然后成像到二维光电探测器。

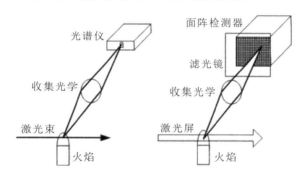

图 9-15 单点 LIF 与平面 LIF

火焰中组分受激发产生的原子荧光或分子荧光的光强与荧光量子效率、入射光强度、荧光衰减系数、原子总数等因素有关,如果保持入射光强度和单位体积内原子数目 N 不变,则可以通过荧光强度定量得到火焰中组分的含量。这需要了解激光诱导荧光信号的产生过程,如吸收谱线加宽、谱线中心频率偏移、吸收和碰撞猝熄等。通过分析,设法使影响激光诱导荧光信号的诸多和压力、温度有关的参数相互抵消,最终获得激光诱导荧光信号强度与组分摩尔分数的线性公式。

通常,平面 LIF 信号强度是温度、压力、摩尔分数和其他已知实验参数的函数,可表示为

$$I_f = \frac{E_p}{A_{las}} \frac{\Psi_a p}{kT} \sum_i [f_{j''} BG] \left(\frac{A}{A+Q}\right) C_{opt} \qquad (9-19)$$

式中:E_p 为每一个脉冲的能量;A_{las} 为激光屏的面积;Ψ_a 为吸收组分的摩尔浓度;p 为压力;k 为玻尔兹曼常数;T 为温度;$f_{j''}$ 为吸收态的玻尔兹曼分布;B 为爱因斯坦吸收系数;G 为谱线重叠积分;A 为爱因斯坦自发发射系数;Q 为电子受激态的碰撞猝熄率;$A/(A+Q)$ 项为荧光产率;C_{opt} 为增强型电荷耦合器件(ICCD)相机中气体发射分子转换为光电子的效率,与接收

光路配置、光谱滤光、时间快门、光阴极量子效率及增强器增益有关。

吸收态的玻尔兹曼分布表达式为

$$f_{J''} = (2J'' + 1)\exp\left(\frac{-E}{kT}\right) \tag{9-20}$$

式中：J''为较低转动能级的转动量子数；E为其能量。谱线重叠积分表达式为

$$G = \int_0^\infty G_z(\nu_z, \Delta\nu_z) G_a(\nu_a, \Delta\nu_a) d\nu \tag{9-21}$$

式中：G_z、ν_z、$\Delta\nu_z$分别为激光的谱型、波数和谱线宽度；G_a、ν_a、$\Delta\nu_a$分别为吸收谱的谱型、波数和谱线宽度。函数G_z和G_a已被归一化，对它们的积分都为1。电子受激态的碰撞猝熄率表达式为

$$Q = \sum_p \Psi_p \frac{p}{kT} \sigma_p \left[\frac{8kT(m_a + m_p)}{\pi m_a m_p}\right]^{1/2} \tag{9-22}$$

式中：m_a为被测组分的相对分子质量，Ψ_p、σ_p、m_p分别为扰动组分的摩尔分数、相对分子质量和猝熄横截面。

由上述公式可知，平面LIF信号强度方程含有温度和压力的显函数和隐函数，同时与温度和压力有隐式关系的有谱线重叠积分G和电子受激态的碰撞猝熄率Q，温度的隐函数有吸收态的玻尔兹曼分布$f_{J''}$。要直接测量组分的摩尔浓度，务必设计出一种方法把平面LIF信号强度与温度、压力的关联程度降到最低，产生一条只与组分浓度有关的信号，即$I_f \propto \Psi_a$。由式（9-19）可知，只要设法使项

$$K = \frac{E_p}{A_{las}} \frac{p}{kT} \sum_i [f_{J''} BG] \left(\frac{A}{A+Q}\right) C_{opt} \tag{9-23}$$

为常数，与压力及温度无关即可。

用LIF也可以测量温度，这里介绍LIF比色测温法。到达增强型电荷耦合器件（ICCD）检测器单个像素点的荧光光子数N_p为

$$N_p = N f_B B_{J'J''} EG\phi(\Omega/4\pi)\eta l \tag{9-24}$$

式中：N为吸收体的数密度，cm^{-3}；f_B为玻尔兹曼分布；$B_{J'J''}$为电子-转动-振动能级从J''跃迁到J'过程中爱因斯坦吸收系数，$s^{-1}[(W/cm^2)/cm^{-1}]^{-1}$；$E$为激光脉冲的能量；$G$为谱线重叠积分，$cm$；$\phi = A/(A+Q)$，为荧光产率；$\Omega$为检测器所对应的立体角；$\eta$为检测效率；$l$为沿视线方向光谱作用容积的长度（或深度），$cm$，作用容积定义为流动中荧光被单个检测器像素点所采集的那部分容积，作用容积的长度与宽度由像素点的尺寸决定，而深度与激光屏厚度有关。

玻尔兹曼分布可表示为

$$f_B = [(2J''+1)/Z_i]\exp(-F_{J''}/kT_r)\exp(-G_{v''}/kT_v) \tag{9-25}$$

式（9-25）反映了转动能与振动能对f_B所起作用的大小，并区分了转动温度T_r与振动温度T_v。该式中$F_{J''}$与$G_{v''}$分别为吸收能量中同转动与振动有关的部分，Z_i为总的配分函数。

经分析与简化处理，将式（9-24）简化为

$$N_p \propto EN(T) f_B(T, J) B(J) G(T, J)\phi(T, J) \tag{9-26}$$

式（9-26）显示了每一个物理量同温度、转动能级的关系。为了简化，这里，$B = B_{J'J''}$，$T = T_r$，$J = J''$。现采用双谱线技术，即通过激励两不同的转动能级（分别对应于数字1和2）来进行荧光测量，并假设参数G与ϕ同激励能级J无关，因此也和温度无关。此外，在两次

测量中,还认为示踪组分 NO 分子的数密度 $N(T)$ 保持不变,则可取信号比如下

$$N_{p1}/N_{p2} = C(E_1/E_2)(B_1/B_2)(f_{B1}/f_{B2}) \tag{9-27}$$

式中:C 为常数。而激光脉冲能量 E 虽然与 J 无关,但通常随脉冲而变,故保留了此项。式 (9-27) 表明,N_{p1}/N_{p2} 与温度的依从关系主要体现在玻尔兹曼分布中,这也是大多数 LIF 测温法的基础。将式 (9-26) 代入式 (9-27) 中,并假设每一跃迁发生在同样的振动带内,即 $G_{v''}$ 为常数,得

$$N_{p1}/N_{p2} = C \frac{E_1 B_1 (2J_1 + 1)}{E_2 B_2 (2J_2 + 1)} \exp\left[\frac{-(F_{J_1} - F_{J_2})}{kT_r}\right] \tag{9-28}$$

求解 T_r,得

$$T = \left[(F_{J_2} - F_{J_1})/k\right]/\ln\left[\frac{E_2 B_2 (2J_2 + 1) N_{p1}}{E_1 B_1 (2J_1 + 1) N_{p2}}\right] \tag{9-29}$$

在典型的温度测量中,针对每一转动能级测量荧光信号 N_p 和激光脉冲能量 E。然后,应用 $F_{J''}$ 与 $B_{J'J''}$ 的计算值,即可求得温度。这里认为 C 的值是已知的或可由经验确定。实验时若测量多条谱线,则参量 $\ln[N_p/EB_{J'J''}(2J''+1)]$ 与 $F_{J''}$ 的玻尔兹曼图为斜率为 $-1/(kT_r)$ 的直线,截距 y 为 $\ln C^*$,$C^* = NG\phi\Omega\eta l e^{[-G_{v''}/(kT_v)]}/Z_t$。

振动温度可用类似方式测量得到。针对两种或多种具有不同 v'' 值的跃迁测量荧光图像,画出 $\ln[N_p/(EB_{J'J''}(2J''+1))]$ 与 $G_{v''}$ 的关系曲线,得到斜率为 $-1/(kT_r)$ 的直线。当 $F_{J''}$ 尽可能保持不变时,可不考虑它的影响。因此振动温度可独立确定而与转动温度无关。

平面激光诱导荧光测量系统包括三个部分:一是光源,由激光器及其传输光路组成,包括片光源生成所需的球面镜或柱面镜等;二是信号光接收与处理系统,包括面阵数字图像探测器及成像光路等;三是数据采集与处理系统,以计算机图像分析处理为主。平面激光诱导荧光是一个功能强大的燃烧测量诊断工具,由于荧光的散射截面远大于拉曼散射截面,其灵敏度高,适于燃烧火焰中微量组分的定量检测,还能提供具有空间和时间分辨率的信息。平面 LIF 可用于紫外或可见光波长范围内激励电子跃迁,但不能用于测量波长位于真空紫外的分子,如 CH_4、H_2、N_2O、CO_2 等,它们可用拉曼散射测量。

4. 激光诱导炽光

在激光测量诊断技术出现之前,只能通过取样的方法对火焰中的颗粒进行离线分析,这种接触式测量方法对火焰有干扰。实际上,任何具有耐火或金属性质的颗粒在受到高能激光照射,被加热到 2 500 K 以上的高温后会出现黑体辐射现象,称为激光诱导炽光(LII),在激光结束后,颗粒会迅速冷却至环境温度,同时激光诱导炽光信号也会衰减直至消失,通常激光诱导炽光信号持续时间为几百纳秒至一微秒。1974 年,Weeks 在用二氧化碳激光器照射气溶胶粒子(包括碳烟和铝粉)时,最先发现了激光诱导炽光信号,并认为信号最强时刻与信号曲线形状同颗粒大小有关;1977 年,Eckbreth 在火焰的拉曼散射实验中注意到,火焰中的碳烟颗粒会在激光的照射下发出"干扰光",即 LII 信号,提出用 LII 法测量碳烟的可能性;1984 年,Melton 和 Dasch 建立了用 LII 测量碳烟颗粒浓度及粒径的理论模型,得出了 LII 信号与碳烟颗粒浓度的正比关系。随后,激光诱导白炽光技术由于原理简单、测量非接触、信号强、灵敏性高等特点广泛用于测量火焰中碳烟、二氧化钛等纳米颗粒的粒径、浓度。

与 LIF 类似,LII 分为点 LII 和平面 LII,基本原理是:用一束脉冲高能激光射入含有碳烟颗粒的火焰,碳烟颗粒会被入射的高能激光瞬间加热至 4 000 K 左右,并诱发出白炽光,该白炽光信号与碳烟颗粒的体积浓度成正比,碳烟颗粒在数百纳秒后逐渐冷却至火焰温度,

白炽光信号消失。在该过程中,用增强型电荷耦合器件接收带通滤光片过滤后(滤掉火焰自身的发射光谱)的白炽光信号,可以得到火焰中碳烟颗粒的体积浓度的相对值,经过与已知碳烟浓度的标准火焰校正,可将白炽光信号转化为绝对碳烟浓度。如果入射光为平面激光,则可以得到火焰截面上碳烟颗粒的体积浓度的二维分布。

激光诱发的白炽光信号只能描述火焰中碳烟体积浓度的相对值。如果想得到绝对值,就必须经过标定,即通过与已知碳烟体积浓度的火焰的对比,得到目标火焰真实的碳烟体积浓度,建立 LII 信号与碳烟颗粒体积分数的定量关系 $S_{LII} \propto f_v$。对于理论上碳烟均匀分布的一维平面火焰,用激光消光技术可检测出该火焰碳烟颗粒的体积浓度的绝对值。那么,在对目标火焰进行检测前,首先用 LII 检测 McKenna 火焰,并与激光消光法检测得到的碳烟体积浓度绝对值进行对比,则可知 LII 系统检测的信号相对值所对应的绝对值。再对目标火焰进行检测,则可以得到目标火焰碳烟体积浓度的绝对值。为了避开 LII 信号的标定问题,研究者提出了双色 LII 法,用两个增加型电荷耦合器件相机得到两个波长下的单色 LII 信号强度,通过双色 LII 法计算出被激光加热的碳烟颗粒温度,可以得到绝对的碳烟体积浓度。

LII 不仅可以测量碳烟颗粒的体积浓度,还可以根据 LII 信号的衰减时间测量碳烟颗粒的尺寸分布,这需要根据碳烟颗粒质量与能量平衡建立其激光诱导炽光物理模型,包括碳烟颗粒吸收的激光能量,以及高温颗粒与周围环境气体之间发生的热传导、升华、热辐射等热损失过程。单个碳烟颗粒在激光加热与冷却过程中的能量与质量守恒方程为

$$d(m_p c_p T_p)/dt = \dot{Q}_{abs} - \dot{Q}_{cond} - \dot{Q}_{evap} - \dot{Q}_{rad} \tag{9-30}$$

$$dm_p/dt = -\dot{U}_{evap} \tag{9-31}$$

式中:m_p、c_p、T_p 分别为碳烟颗粒的质量、热容及温度;$\dot{Q}_{abs}$ 为碳烟颗粒吸收的激光能量;$\dot{Q}_{cond}$、$\dot{Q}_{evap}$、$\dot{Q}_{rad}$ 分别为热传导、升华、热辐射所导致的热损失;$\dot{U}_{evap}$ 为升华速率。

通过数值方法求解微分方程(9-30)和(9-31),可以得到 LII 随时间发展的信号,进而获得碳烟颗粒的粒径。LII 模型还可能涉及碳烟颗粒相变、碳烟颗粒团聚体光化裂解、氧化、热电子发射等过程,非常复杂,不同的模型会得到不同的碳烟颗粒尺寸分布,还需要做进一步的研究。

5. 激光诱导击穿光谱

激光诱导击穿光谱(LIBS)是一种基于原子光谱的元素分析方法。碳氢火焰的激光诱导击穿光谱测量示意图如图 9-16 所示,经过透镜聚焦后的强激光脉冲照射到待测样品上,在高能量激光的作用下,当激光脉冲的能量密度大于样品的击穿阈值时,位于聚焦点处的分析对象就会电离产生高温、高密度的等离子体,即激光诱导等离子体。激光诱导等离子体作为一种光发射源辐射特定频率的光子,产生特征谱线,其波长和强度分布代表了分析对象所包含的元素种类和浓度信息。激光诱导等离子体发出的光经过光纤等光学元件传输到光谱仪中。根据光谱特征谱线波长得到分析元素的种类,这就是 LIBS 定性分析;通过定标,对应谱线的强度就表示分析元素的浓度,即可知道该元素的含量,这就是 LIBS 的定量分析。

LIBS 的形成从时间上看包括三步:第一步是形成激光等离子体,高能量的激光加热并蒸发少量的样品,形成一个等离子体态的包含原子、离子、电子、分子及其他粒子的高温区,瞬时温度可达 10 000 K;第二步产生连续光谱,在等离子体冷却过程中,因电子在运动中动

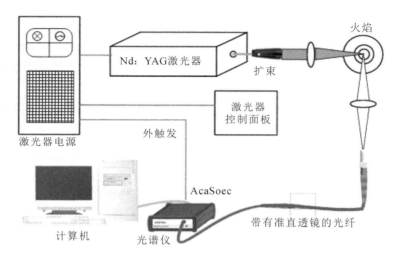

图 9-16　碳氢火焰的激光诱导击穿光谱测量示意图

能减小而产生的韧致辐射与因电子与离子复合而产生的复合辐射形成连续光谱,电子在自由态—自由态、自由态—束缚态跃迁,一般该过程需要几百纳秒;第三步产生代表原子(或离子)特性的线性光谱,激光作用一段时间后,电子在分立的束缚能级之间跃迁,产生原子(或离子)的特征谱线光谱,该过程通常持续几微秒,是进行元素定量分析的重要环节。

　　LIBS 的定性分析要与每个元素的特征谱线相对应,定性分析工作较易完成。但要实现 LIBS 的定量分析,必须要对谱线强度进行定标。在等离子体的局部热平衡已建立的情况下,根据发射光谱理论,某些元素的原子(或离子)的发射谱线强度为

$$I = KNe^{-E_i/(kT)}, \quad I^+ = K^+ N(kT)^{5/2} e^{-\epsilon/(kT)} e^{-E_i^+/(kT)} \tag{9-32}$$

式中:I 和 I^+ 分别为原子和离子发射谱线对应的强度;K 和 K^+ 分别为原子和离子发射谱线对应的统计常数;E_i 和 E_i^+ 分别为原子和离子发射谱线对应的激发电位;ϵ 为电离电位;k 为玻尔兹曼常数;T 为等离子体温度;N 为等离子体中粒子(包括中性原子和离子)的数密度。

　　当激发条件一定时,式(9-32)中 K、K^+、E_i、E_i^+、ϵ、k、T 均为常数,而等离子体中粒子的数密度与元素浓度成正比,故谱线强度与元素浓度成正比。但在实际光谱光源中,光子发射过程存在一定的自吸收现象,谱线的自吸收使得其强度降低,自吸收的程度与对应元素浓度有关,谱线的强度和元素在试样中的含量的关系可用 Lomakin-Scheibe 经验公式描述,即

$$I = aC^b \tag{9-33}$$

　　在固定的工作条件下,a、b 均为常数,前者取决于激发条件,如分析元素进入激发区的数量、干扰元素的影响等;后者称为自吸系数,是分析元素浓度的函数,$b=b(C)$。对式(9-33)左右两边同时取对数,得 $\lg I = b \lg C + \lg a$。由此可见,当分析元素浓度很小时,可以认为对应的谱线强度与分析元素浓度成正比。LIBS 在固体、液体、气体及悬浮微粒的元素分析中得到广泛应用,用于燃烧诊断时,可以得到预混火焰中 C、H、O、N 等的发射谱线。

9.2.4　基于激光吸收的燃烧场温度和组分浓度测量方法

1. 激光消光

　　激光消光(laser extinction,LE)是一种基于路径积分或视线的技术,其原理是:当一束光通过火焰时,火焰中的燃烧颗粒物会导致入射光衰减,入射光的衰减程度可用 Beer-Lambert 定律描述

$$\tau = I/I_0 = \exp\left(-\int_0^L \kappa_\lambda \mathrm{d}l\right) \tag{9-34}$$

式中：τ 为透射率；I 为透射光强度；I_0 为入射光强度；L 为光通过火焰的距离；κ_λ 为吸收系数。

在燃烧颗粒物（如碳烟）直径比入射波长小的 Rayleigh 极限范围内，可得到碳烟颗粒消光系数 κ_λ 与浓度 f_v 的关系

$$f_v = \kappa_\lambda \lambda / [6\pi E(m)] = \ln(\tau)\lambda / [6\pi L E(m)] \tag{9-35}$$

式中：$E(m)$ 为碳烟颗粒折射率函数；λ 为波长。

激光消光技术检测结果是沿视线方向的累积值，对于碳烟浓度均匀分布的火焰对象，利用全场激光消光技术可以直接得到火焰中碳烟浓度分布。而对于碳烟浓度非均匀分布的火焰对象，式（9-35）可改写为微分形式

$$f_v(r) = \frac{\mathrm{d}\ln(\tau)}{\mathrm{d}r}\lambda / [6\pi L E(m)] \tag{9-36}$$

对于碳烟浓度非均匀分布但具有明显规律的火焰对象（如 Santoro 燃烧器或 Gülder 燃烧器产生的轴对称层流扩散/预混火焰），此时必须结合反问题求解算法（如对轴对称火焰采用 Abel 逆变换）才能得到碳烟浓度分布的真实值。需要注意的是，激光消光测量时需要知道碳烟颗粒折射率函数 $E(m)$，如何确定其真实值，是一大挑战。

激光消光测量系统需要引入外加光源，外加光源可以是激光，也可以是弧光灯等其他光源。全场激光消光实验装置图如图 9-17 所示，激光器发出的激光通过扩束器、聚光镜、准直镜后形成平行光，平行光穿过火焰，再通过中继镜、带通滤光片、中性密度滤光片后被 CCD 相机接收，此时激光强度信号为 I'。关闭燃烧器后，CCD 相机接收的激光强度信号为 I'_0。需要注意的是，在测量过程中还要考虑火焰自身发射及背景光对测量的影响。因此，在测量前需要先关闭激光器，用 CCD 相机接收火焰辐射 I_f，再关闭燃烧器，检测背景光辐射 I_b。最终，透射率的计算公式为

$$\tau = I/I_0 = (I' - I_f)/(I'_0 - I_b) \tag{9-37}$$

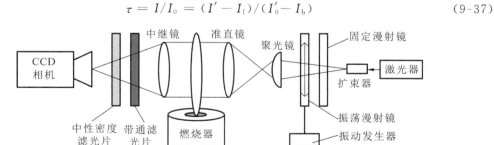

图 9-17　全场激光消光实验装置图

用分光镜得到一束参考光，用两个光电倍增管接收透射光和参考光信号，实现穿过火焰前的光信号与穿过火焰后的光信号的同时检测，并送入计算机中实时处理，这样可以简化测量过程。

火焰自身发射对激光消光测量有影响，但如果将火焰自身发射测量与消光测量结合，则可同时反演轴对称火焰的温度分布与碳烟浓度分布。考虑火焰自身发射时，激光穿过轴对称火焰后的出射辐射光谱强度为

$$I_{1,\lambda}(j) = \int \kappa_\lambda(l) I_{b\lambda}(l) \exp\left[-\int \kappa_\lambda(l') \mathrm{d}l'\right] \mathrm{d}l + I_{0,\lambda} \exp\left[-\int \kappa_\lambda(l') \mathrm{d}l'\right] \qquad (9\text{-}38)$$

式中：$I_{0,\lambda}$ 为激光的单色辐射强度。

关闭激光器后，火焰的出射辐射光谱强度为 $I_{2,\lambda}$。火焰的光谱透射率为

$$\tau = (I_{1,\lambda} - I_{2,\lambda})/I_{0,\lambda} \qquad (9\text{-}39)$$

碳烟浓度分布可以用 Abel 逆变换从透射率中得到。然后，利用实测的火焰的出射辐射光谱强度，即可反演轴对称火焰的温度分布。对于非对称湍流火焰，可用激光从多方向扫描火焰，从发射-透射信息中反演火焰的时均温度分布。

2. 可调谐二极管激光吸收光谱

可调谐二极管激光吸收光谱（tunable diode laser absorption spectroscopy，TDLAS）不仅可以用于获得温度，还可以用于分析火焰组分，原子吸收光谱主要用于分析金属元素，分子吸收光谱则用于分析分子化合物。可调谐二极管激光器由于具有经济耐用、信号强度高、数据处理简单等特点，已在吸收光谱测量中作为光源得到广泛应用。根据火焰中常见气体的光谱吸收特性，例如，H_2O 的吸收光谱位于 $1.34 \sim 1.4\ \mu m$ 之间，CO、CO_2、NO、NO_2、O_2、CH_4、NH_3 则分别在 $1.56\ \mu m$、$1.57\ \mu m$、$1.789\ \mu m$、$1.768\ \mu m$、$0.76\ \mu m$、$1.65\ \mu m$ 和 $1.98\ \mu m$ 有吸收光谱。TDLAS 技术可选用基于近红外连续波的可调谐二极管激光器，能覆盖$0.75 \sim 2\ \mu m$。TDLAS 利用可调谐二极管激光器的波长可调谐和窄带特性，通过电流控制波长扫描获得气体特征波长下的吸收光谱，通过对吸收光谱的分析处理获得燃烧温度和气体组分浓度。

温度测量是 TDLAS 技术用于燃烧诊断的关键，在温度确定后，就可以通过吸收光谱得到组分浓度。TDLAS 测温方法有两种：单谱线测温法与双谱线测温法。这两种方法假定温度均匀分布，得到的结果是沿视线（光程）的平均效应。单谱线测温法通过谱线的多普勒增宽计算温度 T

$$T = M\left(\frac{\Delta\nu_\mathrm{D}}{7.162\ 3 \times 10^{-7}\nu_0}\right)^2 \qquad (9\text{-}40)$$

式中：M 为吸收组分的分子质量；$\Delta\nu_\mathrm{D}$ 为多普勒线宽；ν_0 为入射光的中心频率，cm^{-1}。单谱线测温法只适用于压强较低的情况，此时多普勒增宽占主导地位。而在大气压或者更大的压强下，碰撞增宽不可忽略，很难通过实验方法获得多普勒线宽，因此无法获得精确温度。

双谱线测温法源于 Beer-Lambert 定律，该定律是吸收光谱技术的基础，描述了入射光光强和经过待测区域气体吸收后的激光光强间的关系。对于气体，光谱吸收系数 k 为

$$k = P \cdot X_\mathrm{abs} \cdot S(T) \cdot \phi \cdot L \qquad (9\text{-}41)$$

式中：$S(T)$ 为谱线强度；ϕ 为线型函数；T 为气体温度；P 为气体总压；X_abs 为吸收组分摩尔浓度。如果能找到两个波长下吸收系数之比的表达式，就可能推导出温度的表达式。这与 TDLAS 是采用直接吸收光谱技术还是调制光谱技术有关。

直接吸收光谱技术又可分为扫描波长直接吸收光谱技术和固定波长直接吸收光谱技术，前者是 TDLAS 最为简单常用的技术，即调制激光频率对被测物吸收波段进行扫描，根据物质吸收光谱线型获得物质的温度、组分浓度，具体过程是：将激光器的输出波长调谐至被测气体的最佳特征吸收波段处，通过函数发生器向激光器加载锯齿波电流，激光器输出波长随电流的变化呈线性变化，对整个吸收谱线线型进行扫描。同时，激光通过光纤分束器分成两束，一束通过被测区域，然后由探测器接收透射信号，用于计算吸收率；另一束通过法布里-珀罗标准具，透射光光强由另一探测器接收，用于推导激光器频率与时间的关系，即将光

谱图由时域转换至频域得到直接吸收光谱图。扫描波长直接吸收光谱技术通过积分整个吸收线型,利用积分吸收率得到温度与组分浓度。在扫描波长策略下,对于同一种分子,两条谱线包含着相同的压强和光程,两条谱线进行积分后的比值和两条谱线线强的比值相同,被测区域温度可通过两条谱线的吸收比值获得,即

$$T = \frac{(E_2'' - E_1'')hc/k}{\ln\dfrac{A_1}{A_2} + \ln\left[\dfrac{S_2(T_0)}{S_1(T_0)} + \dfrac{hc}{k}\dfrac{(E_2'' - E_1'')}{T_0}\right]} \tag{9-42}$$

式中:A 为积分吸收率;T_0 为参考温度;E'' 为低能级能量。得到温度后,可以根据积分吸收率计算吸收组分摩尔浓度 X_{abs},即

$$X_{abs} = A/[PS(T)L] \tag{9-43}$$

扫描波长直接吸收光谱技术受扫描速度和波长范围的限制,精度有限,尤其是对高压引起的谱线增宽难以完全扫描,此时,必须使用固定波长直接吸收光谱技术,该技术将激光器工作波长固定在吸收谱线中心,并通过增加一束参考激光获取零吸收基线,可以解决高压下吸收谱线加宽使扫描波长直接吸收光谱技术难以对零吸收基线进行精确拟合的问题。固定波长直接吸收光谱技术需要利用耦合器将两束激光耦合,耦合后的激光经同一待测气体后,利用复用技术将两束激光分离。

扫描波长直接吸收光谱技术操作简单,但是容易受背景噪声的干扰,检测灵敏度较低。调制光谱技术可减少背景噪声的干扰和提高检测灵敏度。调制光谱技术主要包括波长调制技术和频率调制技术,两者的区别在于:波长调制技术的调制频率远小于线宽;频率调制技术的调制频率一般在量级。其中,二次谐波探测波长调制光谱技术应用最为广泛。波长调制光谱测温技术的分析过程是:由函数发生器提供的低频锯齿波扫描信号和锁相放大器内部的高频正弦波信号叠加并加载至激光控制器驱动电流端,驱动可调谐半导体激光器的输出波长在被测气体最佳特征吸收波长附近发生扫描和调制。可调谐半导体激光器的输出激光经过准直进入被测区域,透射激光信号由探测器接收实现光电转换,转换后的电信号加载至锁相放大器的输入端进行解调得到吸收光谱的二次谐波信号,二次谐波信号输入计算机,以便采集数据,从而通过数据处理得到被测区域的温度信息。

TDLAS 由于具有响应快(可实现实时监测)、灵敏度高(探测极限低)、可测量组分多(多组分联合测量)等优点,逐渐在燃烧诊断中得到广泛的应用。图 9-18 所示为用 TDLAS 测量火焰温度的系统图,来自多个二极管激光器的光纤由一个多路传输器耦合到一根光纤中,激光束被透射到透镜准直,再穿过测量区域;另一个透镜将透射光聚焦到多模式光纤,通过多路分配器分别送到对应的检测器中。从每个通道的激光吸收光谱中可以得到温度。

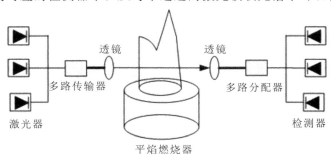

图 9-18　用 TDLAS 测量火焰温度的系统图

9.3　燃烧自发辐射测量技术

　　实际上,燃烧火焰自身的发光发热含有非常丰富的信息。被动检测方法基于火焰自身的发光发热及热声效应,基于对燃烧火焰自发射光谱(spontaneous emission spectra)和热辐射(thermal radiation)的精确定量认识,用传感器直接检测火焰的光信号、热信号和声信号。这种方法的优点是检测装置简单,易于在工程燃烧装置上实施,但火焰的光学特性、热辐射信息及声信号同火焰组分、温度、速度等特性之间的关系非常复杂,需要建立数学物理模型进行深入的分析。

9.3.1　燃烧火焰光谱分析技术

1.燃烧火焰光谱概述

　　光谱包括发射光谱和吸收光谱,物体发光直接产生的光谱叫作发射光谱,而高温物体发出的白光(其中包括连续分布的一切波长的光)通过物质时,某些波长的光被物质吸收后产生的光谱,叫作吸收光谱。研究不同物质的发射光和吸收光的情况,具有重要的理论和实际意义,并已成为一门学科——光谱学。相应地,光谱学也分为发射光谱学和吸收光谱学。光谱分析中也用波数 $\bar{\nu}$ 来表示谱线和谱带的位置,波数 $\bar{\nu}$ 表示一定距离的波长中所含波的数目,即

$$\bar{\nu} = \frac{1}{\lambda} = \frac{\nu}{c} \tag{9-44}$$

　　式(9-44)中,若频率 ν 的单位为 s^{-1},波长 λ 的单位为 cm,光速 c 的单位为 cm/s,则波数 $\bar{\nu}$ 的单位为 cm^{-1}。由波数的定义可知,光谱能量随波数的增加而呈线性增大。

　　根据光谱实验,无论是发射光谱,还是吸收光谱,它们都有三种不同类型:线状光谱、带状光谱和连续光谱。

　　线状光谱是由狭窄谱线组成的光谱。单原子气体或金属蒸气所发射的光波均有线状光谱,因此线状光谱又称为原子光谱。当原子从较高能级向较低能级跃迁时,辐射出波长单一的光波。严格地说,这种波长单一的单色光是不存在的,由于能级本身有一定宽度和多普勒效应等,原子辐射的光谱总会有一定宽度(谱线增宽),即在较窄的波长范围内仍包含不同的波长成分。实验证明,不同的原子发射的谱线不同,而且每种元素的原子只能发出具有本身特征的某些波长的谱线,这些谱线叫作原子的特征谱线。利用原子的特征谱线可以了解原子内部的结构,或对样品所含成分进行定性和定量分析。

　　带状光谱由一系列光谱带组成,由于其是由分子辐射的,因此又称为分子光谱。利用高分辨率光谱仪观察时,每条谱带实际上由许多紧挨着的谱线组成。带状光谱是分子在振动和转动能级间跃迁时辐射的,通常位于红外区或远红外区。通过研究分子光谱可了解分子的结构。

　　连续光谱是连续分布的包含从紫外光到可见光和红外光的光谱。炽热的固体、液体和高压气体的发射光谱是连续光谱。例如,电灯丝和炽热的钢水的发射光谱都是连续光谱。

　　在火焰中,燃料燃烧释放大量的能量,燃烧气相和固相介质的内能增大,处于激发态的原子或分子跃迁回到基态或较低激发态时会产生辐射,若将辐射强度按频率 ν 或波长 λ 的

大小依次排列就形成了火焰的自发射光谱。对火焰光谱的观测最早的是德国物理学家基尔霍夫与德国化学家本生,他们研制了一套分光计[用在本生自己发明的无色火焰燃烧器(本生灯)上],对金属火焰的光谱进行观察,成功地证明了金属火焰中的光谱不是由化合物而是由金属元素产生的。1856 年,苏格兰物理学家 William Swan 开展了本生灯火焰中 C_2 自由基的光谱分析工作。1974 年,法国物理学家 A. G. Gaydon 出版了 *Flame Spectroscopy*,对火焰中产生的光谱进行了较为详细的论述。燃烧火焰的发光覆盖了从紫外到红外的宽波长范围,主要包括三个部分:一是火焰中固体颗粒物(碳烟和焦炭等)的连续黑体辐射光谱,主要位于可见光和近红外波长范围中,图 9-19 所示为凝固汽油燃烧火焰发出的连续光谱;二是参与热辐射的气相燃烧产物的谱带辐射,主要位于近红外和红外波长范围中,这些气相产物又可称为辐射参与介质或辐射相干介质,如 NH_3、CO_2、H_2O(水蒸气)、O_3(臭氧)、烟气等,它不同于辐射透明介质,如 O_2、H_2、空气等;三是自由基(OH、CH、C_2 和 HCO 等)的化学发光,主要位于紫外和可见光波长范围中,图 9-20 给出了碳氢火焰中 OH 自由基的发射谱线。

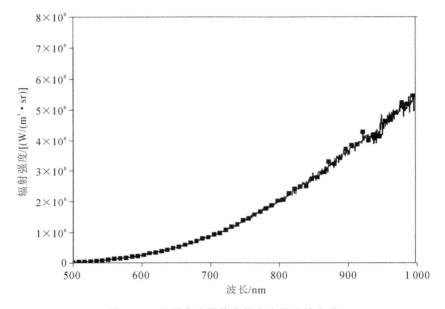

图 9-19　凝固汽油燃烧火焰发出的连续光谱

　　按波长区域不同,火焰发射光谱可分为红外光谱、可见光谱和紫外光谱。从不同光谱波段的发射机理来看,紫外和可见光范围的辐射一般取决于电子能量的变化,即分子或原子周围的电子能级跃迁,近红外范围的带状光谱则主要取决于分子的振动能和旋动能的变化,红外范围的光谱取决于旋动能的变化。因此不同的检测光谱范围所研究的燃烧过程对象也是有区别的,紫外波段更多地关注火焰前端的化学反应中激发的电子跃迁产生的离散光谱,如氢氧基(OH)辐射和碳氢组分(CH、C_2)辐射等,从而对化学发光进行分析;由于自由基源于燃烧过程中一些关键的化学反应步骤,因此,化学发光信号与当量比、放热率、火焰锋面等重要的火焰参数有着直接的联系,大量的试验结果也表明化学发光信号可用于诊断燃烧过程;可见光范围主要关注与碳烟颗粒生成和辐射相关的黑体辐射燃烧过程,基于黑体辐射,可以计算火焰的温度和辐射特性参数;近红外和红外范围则通过分析燃烧气体组分或产物,如 H_2O、CO_2 和 CO 等,产生的光谱反演温度和气体产物的浓度。

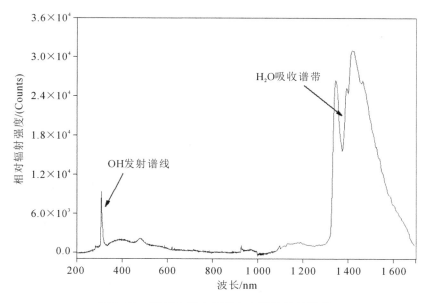

图 9-20　碳氢火焰中 OH 自由基的发射谱线

2. 燃烧火焰的可见光发射光谱检测

碳氢扩散火焰是燃烧研究的基本对象,会产生大量碳烟颗粒,并发出明亮的可见光。图 9-21 给出了 Gülder 伴流扩散火焰燃烧器及相应的乙烯-空气扩散火焰,该燃烧器由燃料管和氧化剂管构成,氧化剂管环绕着燃料管,两管为轴线相同的同心管。燃料气流(乙烯)从燃烧器中间的燃料管中流出,氧化剂气流(空气)从燃料管与氧化剂管之间的环形区域中流出,并经过两层直径为 2 mm 的小玻璃珠层和三层多孔金属滤板,使得气体流速均匀,保证火焰稳定。燃料气流与氧化剂气流的流动方向是同向的,在大气压下,两股气流燃烧生成同向流动轴对称层流扩散火焰。

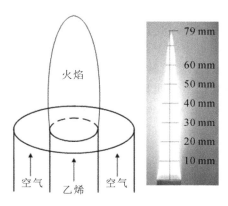

图 9-21　伴流乙烯扩散火焰

图 9-22 所示为火焰发射光谱检测系统示意图,该系统主要由光谱仪、光纤及准直透镜、计算机组成。测量波长范围覆盖了 200~1 120 nm 的可见光波段,光谱分辨率为 1.2 nm。带有准直透镜的光纤将来自火焰的光信号传输到光谱仪中,光谱仪得到的光谱数据通过 USB2.0 接口传输到计算机中,用光谱仪自带的软件可以获取火焰的发射光谱数据。

光谱仪直接测量到的数据是经过光电、数模转换之后的电压信号,不能真实反映火焰的

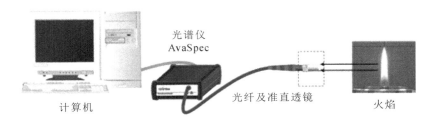

图 9-22　火焰发射光谱检测系统示意图

绝对辐射能量的大小,因此必须对光谱仪进行辐射标定。可以选用氘-卤钨灯和黑体炉作为标准辐射光源,用以获得光谱仪测量的电压值和单个波长辐射强度之间的对应关系。根据美国国家标准与技术研究院(NIST)光谱辐射标定方法,氘-卤钨灯在紫外和可见光波段的辐射强度 I_λ 是已知的,而黑体炉的发射率为 0.99,根据普朗克辐射定律得到其在任意可见光波长下的光谱辐射强度 $I_{b\lambda}$。因此,已知光谱仪直接检测的电压值 S_λ,则所求的标定系数 k_λ 可表示为

$$k_\lambda = \frac{S_\lambda - \text{Dark}_\lambda}{I_\lambda} \quad 或 \quad k_\lambda = \frac{S_\lambda - \text{Dark}_\lambda}{I_{b\lambda}} \tag{9-45}$$

式中:Dark_λ 为暗背景的光谱数据。得到标定系数后,可以将检测的火焰光谱数据转换为绝对光谱辐射强度。

　　光谱检测试验中测量了火焰距离燃料管底部 5 个不同高度(10 mm、20 mm、30 mm、40 mm 和 50 mm)处火焰横截面的发射光谱分布,在每个高度下,光谱仪的光纤探头对火焰横截面进行扫描检测,扫描的间隔为 0.1 mm。图 9-23 所示为三个高度下的光谱仪输出数据。

　　获得光谱仪输出数据分布后,利用式(9-45)中得到的光谱仪辐射标定结果对光谱仪输出数据进行处理,将其转化为绝对的光谱辐射强度分布。为了进一步了解不同高度处火焰辐射强度分布的差异,图 9-24 给出了 600 nm 和 800 nm 两个波长下五个高度处绝对光谱强度沿火焰径向的分布。在火焰距离燃料管底部 10 mm 处光谱强度分布呈现双峰分布,其中火焰中心为峰谷,其左右两侧对称分布一个峰值,这主要是因为峰值区域是燃烧反应较剧烈的区域,碳烟浓度较大,而越靠近火焰中心就越接近富燃料区,碳烟浓度减小,辐射强度也随之减小。随着高度的增大,由于火焰反应区域减小,两个峰值区域逐渐靠近,在火焰距离燃料管底部 50 mm 处,这种现象就不太明显了,而且整体的辐射强度也随着高度的增大而增大,在火焰距离燃料管底部 40 mm 处,辐射强度最大,这可能是因为在此高度处碳烟浓度最大。

3. 燃烧火焰的红外发射光谱检测

　　上文只给出了碳氢扩散火焰在可见光范围内的光谱分布,该光谱分布来自火焰中的固体颗粒物,而红外波长的热辐射取决于碳氢扩散火焰中的气相介质,用红外光谱仪可测量丙烷-空气层流扩散火焰的红外发射光谱分布,光谱仪测量的波数范围是 400~6 000 cm^{-1}(对应的波长范围是 1.67~25 μm),分辨率是 8 cm^{-1}。发射光谱的测量是针对一个层流轴对称扩散火焰燃烧器进行的,燃烧器燃料为丙烷,流量为 1.98 L/h。产生的火焰高约为 6 cm、直径约为 1.8 cm,火焰中有大量碳烟颗粒生成,但不会冒烟。燃烧器放置在两个微尺度测量平移台上面,便于进行沿火焰轴向和径向的二维研究,如图 9-25 所示。为了将光谱仪测量到的相对光谱强度转换为绝对辐射强度,需要对光谱仪进行辐射标定。高温黑体炉可用作标

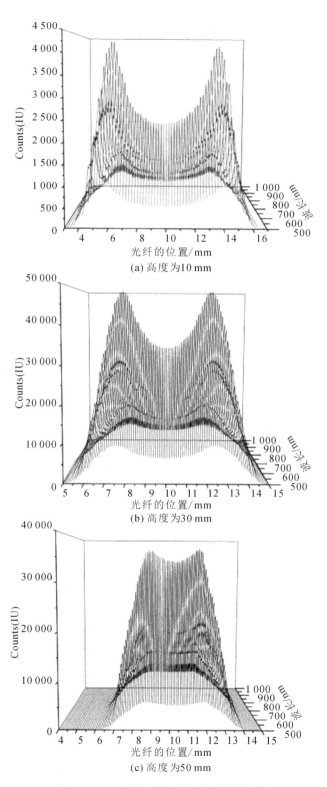

(a) 高度为 10 mm

(b) 高度为 30 mm

(c) 高度为 50 mm

图 9-23 三个高度下的光谱仪输出数据

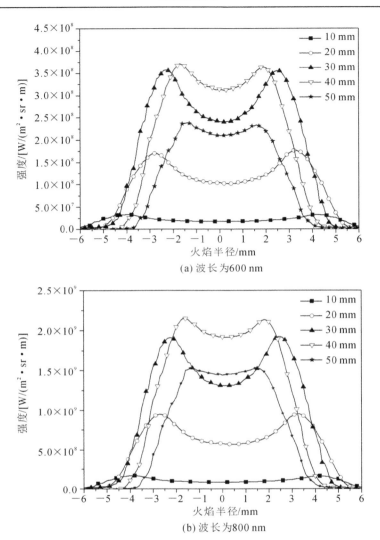

(a) 波长为600 nm

(b) 波长为800 nm

图 9-24　两个波长下的火焰辐射强度分布

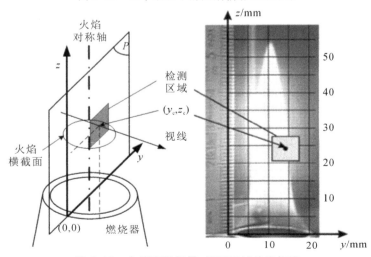

图 9-25　火焰空间扫描:探测区域的坐标系

准辐射热源,黑体炉的筒状加热管直径为 25 mm,它的温度是由一个误差为 ±5 ℃ 的 PID 调节器来控制的,其最高工作温度为 1 000 ℃。

图 9-26 所示为丙烷扩散火焰不同高度的测量结果。带状尖峰图样来源于热气体辐射,而一个连续的光谱显示出碳烟颗粒的存在。一个在 900 cm^{-1} 附近的小尖峰同一个在 2 950 cm^{-1} 附近的未加分析的尖峰表示热的可燃物和其他从原始燃料中裂解出的碳氢化合物分子。水蒸气的 6.3 μm 和 3.2 μm 波带分别分布在 1 200～2 000 cm^{-1} 和 3 200～4 200 cm^{-1} 光谱范围内。位于 2 200～2 400 cm^{-1} 波数范围内的很宽的峰值对应 CO_2 的 4.3 μm 波带。400～700 cm^{-1} 波段的辐射是由水蒸气和 CO_2(2.7 μm 波带)贡献的。

火焰辐射光谱中,最大的发射光谱能量是 CO_2 在 4.3 μm 波长的发射引起的,并且,根据 4.3 μm 波长的发射峰值沿对称轴的变化可以推断出,发射光谱能量的最大值出现在火焰高度 $z=35$ mm 处。同时,检测出火焰的连续发射光谱在 $z=35$ mm 处的值也是最大的,由此推测出这个高度的碳烟浓度也是最大的。在火焰的尖端($z=55$ mm),连续发射光谱消失了,表明碳烟已经完全燃烧。

光谱能量在水平方向上的变化给出了其他有价值的信息。在第一条水平线上($z_c=2$ mm),为了检查对称性是否通过测量得到了修正,做了一个完整的扫描。在 2 300 cm^{-1}(CO_2)附近和 3 000 cm^{-1} 附近的峰值是十分便于确定火焰的对称轴的($y=11$ mm)。在这个高度上,火焰中心是富燃料区域,因此与未燃烧碳氢化合物的浓聚物的最大值是一致的。对称轴也可以从 CO_2 的 4.3 μm 发射光谱剖面图中看到,在该区域,辐射最大值对应火焰的正面。随着高度的增大,这个辐射最大值剖面渐渐融入中心反应区。这个辐射峰值剖面图在 $z_c=12$ mm[见图 9-26(b)]处是单调的,并在火焰更高处向一个铃铛型曲线转变[见图 9-26(c)]。

一个碳烟量相当小的情况似乎出现在 $z_c=2$ mm 处,对应光谱上 5 000 cm^{-1} 以上的区域。然而,发射的能级太弱以至于与噪声混在一起,在该区域中,噪声是最大的。碳烟连续辐射在 $z_c=12$ mm 处开始明显出现,一个微小的极大值可能在 5 000 cm^{-1} 和 6 000 cm^{-1} 之间提取出来。辐射剖面图在火焰中心显示出极大值。

9.3.2　燃烧火焰图像处理技术

燃烧火焰释放的光和热在紫外、可见光和红外波长范围内以辐射的方式向外界传递,用单色仪或光谱仪对火焰的发射光谱进行检测分析,可以识别燃烧火焰中某些组分,并计算得到火焰温度、火焰发射率等信息。但需要注意的是,单色仪或光谱仪得到的是被测火焰中某一点或某一区域沿视线方向发出的光谱信息,无法对被测火焰沿空间分布的燃烧信息实施检测。近年来,随着计算机技术、图像处理技术的发展,机器视觉系统已经被用于工业生产中。它综合了光学、机械、电子、计算机软硬件等方面的技术,涉及计算机、图像处理、模式识别、人工智能、信号处理、光机电一体化等多个领域。在工程燃烧装置中,用机器视觉替代人工视觉,通过图像摄取装置将燃烧火焰转换成图像信号,传送给专用的火焰图像处理系统。根据火焰图像中像素亮度、颜色等信息,火焰图像处理系统对图像信号进行各种运算来抽取目标的特征,从而实现对燃烧火焰的定量测量。

1. 火焰图像几何参数检测

采用图像处理技术,可对煤粉火焰的几何形状和亮度参数进行定量测量。火焰图像处理实验装置示意图如图 9-27 所示。采用冷却水保证探测器在炉内高温环境的正常运行,同

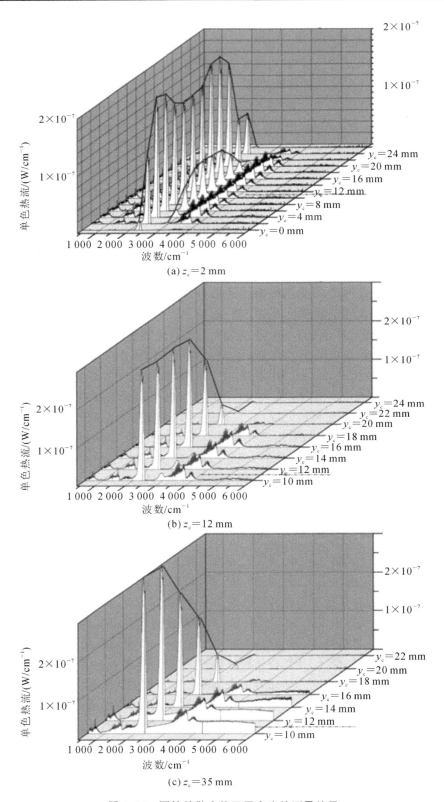

(a) $z_c = 2$ mm

(b) $z_c = 12$ mm

(c) $z_c = 35$ mm

图 9-26　丙烷扩散火焰不同高度的测量结果

时利用吹扫风清洁镜头表面。用一组滤色片使照相机在可见光波段(400～800 nm)成像,以避免炉壁辐射的影响。

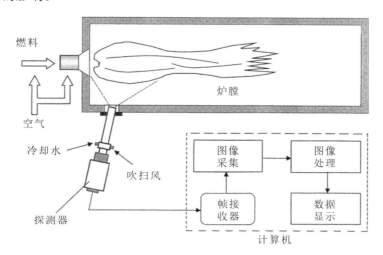

图 9-27　火焰图像处理实验装置示意图

如图 9-28 所示,从火焰图像中测得如下火焰几何形状参数。

(1)发光区域(R_f):火焰区域占整个图像观察区域的比率,数值取 0%～100%,其中 0% 表示失去火焰,100% 表示火焰充满整个图像。R_f 实际上表示图像中火焰的充满度。

(2)火焰中心位置(X_c,Y_c):发光区域(R_f)中火焰中心的位置。X_c 表示火焰中心离燃烧器喷口的水平绝对距离,单位为 mm;Y_c 表示火焰中心在垂直方向离燃烧器轴线的距离,单位为 mm。

(3)着火点(L_{ip}):着火点离燃烧器喷口的水平距离,单位为 mm。

(4)火焰扩张角(α_s):火焰外边界与燃烧器喷口之间形成的两条直线的夹角。

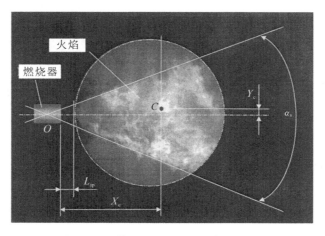

图 9-28　煤粉火焰几何形状参数定义

图 9-29 所示为三个不同负荷下煤粉火焰图像。火焰的几何形状和亮度参数随负荷的变化如图 9-30 所示,图 9-30 中每个点的数据都是在 250 s 内连续读数的平均值。火焰的发光区域(R_f)随负荷几乎呈线性增大;R_f 的不确定性(在图中以误差棒的形式表示)在 1.0 MW 时只有 0.6%,这表明火焰非常稳定;相反,较低负荷下火焰更易波动。在满负荷的情

况下,煤粉-空气混合物的着火点位于燃烧器出口中,根本看不到。但在较低负荷(≤0.75 MW)下,着火点却能看到,这表明煤粉射流在进入炉膛后才着火。同时,着火点的稳定性在较低负荷下也迅速下降。满负荷时,火焰中心距离燃烧器出口 500 mm 和燃烧器轴线下方 40 mm。相反,在较低负荷下,火焰中心距离燃烧器出口 600 mm 左右,在 X 和 Y 两个方向均显示更大的波动。特别地,在 0.75 MW 时,火焰中心距燃烧器轴线上方 80 mm,并且具有较强的脉动性,火焰中心的上移可能是较差的燃料-空气分布导致的。

图 9-29　三个不同负荷下煤粉火焰图像

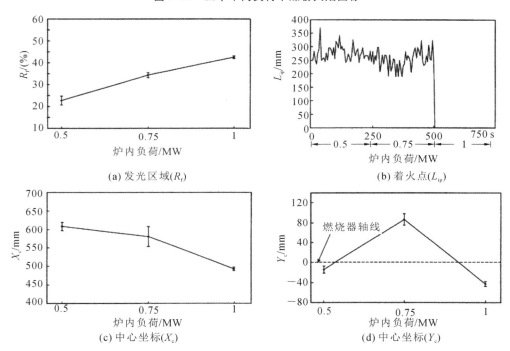

图 9-30　火焰几何形状和亮度参数随负荷的变化

2. 火焰温度图像计算

燃烧过程伴随着强烈的辐射传递过程,燃烧火焰的主要波长范围是 300~1 000 nm,温度范围是 800~2 000 K,在这个范围内普朗克辐射定律可以用维恩(Wien)辐射定律代替,火焰的光谱辐射力 $E(\lambda, T)$ 为

$$E(\lambda, T) = \varepsilon(\lambda) \frac{C_1}{\lambda^5} \exp\left(-\frac{C_2}{\lambda T}\right) \tag{9-46}$$

式中:T 为绝对温度;λ 为波长;C_1、C_2 分别为普朗克第一和第二常数;ε 为火焰的光谱辐射率。如果能同时得到火焰在两个波长下的单色辐射力 $E(\lambda_1, T)$ 和 $E(\lambda_2, T)$,并且忽略这两个波长下光谱辐射率的变化,即在这两个波长区间内火焰满足灰性假设,则可以用比色法

（又称为双色法）得到火焰温度 T。

由

$$\frac{E(\lambda_1,T)}{E(\lambda_2,T)}=\frac{\lambda_2^5}{\lambda_1^5}\exp\left[-\frac{C_2}{T}\left(\frac{1}{\lambda_1}-\frac{1}{\lambda_2}\right)\right]$$

可得到

$$T=-C_2\left(\frac{1}{\lambda_1}-\frac{1}{\lambda_2}\right)\Big/\ln\left(\frac{E_1}{E_2}\frac{\lambda_1^5}{\lambda_2^5}\right) \tag{9-47}$$

采用这种方法时,为了满足两个波长下光谱辐射率近似相等的条件,波长 λ_1 和 λ_2 需要较为接近,而由式(9-47)可知,两个波长又不能太接近,否则会带来较大的计算误差。而且,为了能同时获得火焰在两个波长下的单色辐射图像,需要复杂精密的光、机、电系统。

用彩色 CCD 相机拍摄来自炉内的火焰图像时,CCD 靶面接收到的是可见光光谱范围中红、绿、蓝三基色波长下的单色辐射图像,经过信号处理后,由红、绿、蓝三基色组成彩色图像。因此在 CCD 相机拍摄的彩色火焰图像中,每一像元的 RGB 值反映了火焰的单色辐射强度的大小。根据 CCD 相机的光谱响应曲线可以得到红、绿、蓝三基色的特征波长,虽然红、绿、蓝三基色各自的响应曲线有一定的波长范围,但是根据灰性介质假设及燃烧介质连续辐射假设,可以认为图像 RGB 数据和对应的单色辐射力之间是直接成比例的,两者之间可以建立如下关系

$$I_R=f(R)=a_0+a_1R+a_2R^2+\cdots+a_nR^n$$
$$I_G=f(G)=b_0+b_1G+b_2G^2+\cdots+b_nG^n \tag{9-48}$$
$$I_B=f(B)=c_0+c_1B+c_2B^2+\cdots+c_nB^n$$

式中:$a_0,a_1,a_2,\cdots,a_n,b_0,b_1,b_2,\cdots,b_n$ 和 $c_0,c_1,c_2,\cdots,c_n$ 为标定系数,可通过在黑体炉上做热辐射标定获得。

通过双色法可以从一幅彩色火焰图像的两种单色辐射强度(如 I_R 和 I_G)中计算出火焰辐射温度 T_m

$$T_m=-C_2\left(\frac{1}{\lambda_R}-\frac{1}{\lambda_G}\right)\Big/\ln\left(\frac{I_R\lambda_R^5}{I_G\lambda_G^5}\right) \tag{9-49}$$

基于彩色 CCD 相机接收的可见光波段的红(R)、绿(G)、蓝(B)三个色度信号之间的比值求解温度分布图像的方法,本质上仍然属于双色法的范畴。这种方法不仅具有普通双色法标定简单的特点,而且非常便于使用。

由于彩色 CCD 相机成像过程中要经过光电、数模转换等一系列中间过程,最后进入计算机的火焰图像中像元的三基色 RGB 值已不能完全反映相应的单色辐射强度的大小,为了得到准确的结果,必须对炉膛火焰图像探测器进行标定。标定的目的主要是校正三基色 RGB 值,使之正确反映辐射对象光谱特性在红、绿、蓝代表波长下的光谱辐射强度的大小。在标定中常将黑体炉作为标准辐射热源。

对于用于燃烧定量检测的图像探测器而言,为保持检测结果的稳定性,一般不能随意调整探测器的工作模式,其中主要是 CCD 相机的参数设置,如光圈、快门速度、自动增益。下面对燃烧检测中这些参数的设置逐一进行分析。

(1)光圈。光圈有自动光圈和手动光圈。自动光圈由电机带动,随着外界光线的变化,自动缩放。对于燃烧检测而言,由于温度检测采用比色法,采用自动光圈不会对温度计算有太大影响,但是对单色辐射强度的计算是不利的。

(2)快门速度。快门速度主要作用是调整曝光量,其范围一般为 1/50～1/10 000 s,有的 CCD 相机快门速度可达到 1/100 000 s。为了使在火焰温度最高时拍摄到的彩色火焰图像不饱和,需要设定一个适当的快门速度;当燃烧火焰温度降低时,图像亮度会下降很快,甚至低负荷下的图像很暗,这时需要减小快门速度。实际上,在燃烧检测中希望某一个固定的快门速度下 CCD 的动态响应范围尽可能得大,当机组负荷发生较大变化时,采集到的火焰图像既不会饱和又不会太暗。

(3)自动增益。普通的摄影中,在光圈最大、快门速度最慢、进光量仍然不足的情况下(即低照度时),可以打开手动或者自动增益开关,使得画面的亮度有所提高。在燃烧检测中,不允许使用增益开关,因为自动增益的存在会使低负荷工况下燃烧火焰的亮度升高,而高负荷工况下燃烧火焰的亮度降低,所检测到的火焰图像不能真实地反映炉内的火焰辐射能力。

9.3.3　基于热辐射成像的燃烧三维检测技术

火焰自发射光谱或图像是工程燃烧装置中三维燃烧火焰所发出的光或热在二维平面上的累积效应,对火焰自发射光谱或图像的直接分析处理是基于"视线"的燃烧诊断技术,而要想从火焰自发射光谱或图像中得到燃烧火焰在三维空间中热物理参数的分布特征,必须对火焰发光或热辐射传递过程进行反演,这本质上是辐射传递反问题。

1. 热辐射成像模型

将图像获取装置(如 CCD 相机)作为燃烧空间辐射能量分布成像在二维探测器靶面上辐射成像装置,从能量成像的角度研究辐射成像模型,在 CCD 成像的光学模型的基础上建立了辐射能量成像模型,将成像装置获得的辐射能量图像同炉内燃烧温度分布相关联。实际上,根据辐射强度的定义,当被除以每个像元的成像面积和立体角后,辐射成像装置获得的能量信息可以转化为辐射强度分布图像。其基础在于辐射强度反映的是不同方向的辐射能量的大小,而辐射成像装置检测到的恰好是不同方向辐射能量的差异。假设炉内燃烧介质为发射、吸收、散射的灰色介质,壁面为发射、吸收、漫反射的灰色壁面,如图 9-31 所示,位于炉膛边界 O 点的 CCD 相机在 s 方向接收到的辐射强度 $I(O,s)$ 可计算为

$$I(O,s) = I^{\mathrm{d}}(O,s) + I^{\mathrm{i}}(O,s) = I_{\mathrm{m}}^{\mathrm{d}}(O,s) + I_{\mathrm{w}}^{\mathrm{d}}(O,s) + I_{\mathrm{m}}^{\mathrm{i}}(O,s) + I_{\mathrm{w}}^{\mathrm{i}}(O,s) \quad (9\text{-}50)$$

式中:$I^{\mathrm{d}}(O,s)$ 表示 O 点在 s 方向接收到的总的直接辐射的部分;$I^{\mathrm{i}}(O,s)$ 表示 O 点在 s 方向接收到的总的间接辐射的部分;$I_{\mathrm{m}}^{\mathrm{d}}(O,s)$ 表示从空间介质单元发射的直接辐射的部分;$I_{\mathrm{w}}^{\mathrm{d}}(O,s)$ 表示从壁面单元发射的直接辐射的部分;$I_{\mathrm{m}}^{\mathrm{i}}(O,s)$ 表示从空间介质单元发射的间接辐射的部分;$I_{\mathrm{w}}^{\mathrm{i}}(O,s)$ 表示从壁面单元发射的间接辐射的部分。

根据求解辐射传递方程的 DRESOR 法,将式(9-50)展开,位于系统边界 O 点的 CCD 相机在 s 方向接收到的辐射强度为

$$I(O,s) = \int_0^{l_{\mathrm{w}}} \left[\frac{1}{\pi} \mathrm{e}^{-\int_l \beta(l')\mathrm{d}l'} \kappa_{\mathrm{a}}(l) n^2 \sigma \right] T^4(l) \mathrm{d}l + \left[\frac{1}{\pi} \mathrm{e}^{-\int_{l_{\mathrm{w}}} \beta(l')\mathrm{d}l'} \varepsilon\sigma \right] T^4(w) +$$

$$\int_V \left[\int_0^{l_{\mathrm{w}}} \frac{1}{4\pi} \mathrm{e}^{-\int_l \beta(l')\mathrm{d}l'} 4\kappa_{\mathrm{a}}(v) n^2 \sigma R_d^s(v,l,s)\mathrm{d}l + \frac{1}{\pi} \mathrm{e}^{-\int_{l_{\mathrm{w}}} \beta(l')\mathrm{d}l'} 4\kappa_{\mathrm{a}}(v) n^2 \sigma R_d^s(v,w,s) \right] T^4(v)\mathrm{d}v +$$

$$\int_W \left[\int_0^{l_{\mathrm{w}}} \frac{1}{4\pi} \mathrm{e}^{-\int_l \beta(l')\mathrm{d}l'} \varepsilon\sigma R_d^s(w',l,s)\mathrm{d}l + \frac{1}{\pi} \mathrm{e}^{-\int_{l_{\mathrm{w}}} \beta(l')\mathrm{d}l'} \varepsilon\sigma R_d^s(w',w,s) \right] T^4(w')\mathrm{d}w'$$

$$(9\text{-}51)$$

式中:$T(l)$ 表示经过 O 点的在 s 方向线上的空间介质的温度;$T(v)$ 表示所有位于空间体积

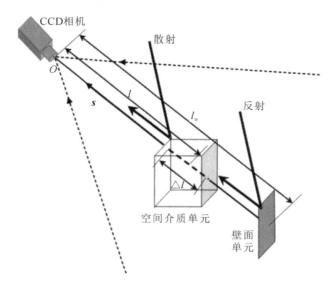

图 9-31　一条视线方向辐射强度的计算

空间区域的介质的温度,包括 $T(l)$;$T(w)$ 表示与经过 O 点的在 s 方向线上相交的壁面点的温度;$T(w')$ 表示所有壁面区域的温度,包括 $T(w)$;κ_a 为介质吸收系数;ε 为壁面发射率。

　　将三维系统离散化为 M 个空间体单元和 M' 个炉壁面单元,同时将每一个 CCD 相机靶面离散为 N 个像元单元。空间和壁面的温度分布为 $\{T(i),i=1,\cdots,M+M'\}$,CCD 相机靶面上各像元单元接收到的辐射强度为 $\{I(j),j=1,\cdots,N\}$,则离散化之后的辐射强度成像方程为

$$
\begin{aligned}
I_j = & \sum_{i_j=1}^{M_j}\left\{\frac{1}{\pi\beta_{i_j}}\kappa_{a,i_j}n^2\sigma\left[\mathrm{e}^{-\tau(l_{i_j-1})}-\mathrm{e}^{-\tau(l_{i_j})}\right]\right\}T_{i_j}^4+\left[\frac{1}{\pi}\mathrm{e}^{-\tau(l_{M_j'})}\varepsilon_{M_j'}\sigma\right]T_{M_j'}^4+\\
& \sum_{i=1}^{M}\left\{\frac{1}{\pi}\kappa_{a,i}n^2\sigma\Delta v_i\left[\frac{1}{\beta_{i_j}}\sum_{i_j=1}^{M_j}(\mathrm{e}^{-\tau(l_{i_j-1})}-\mathrm{e}^{-\tau(l_{i_j})})R_d^s(i,i_j,j)+4(1-\mathrm{e}^{-\tau(l_{M_j'})})R_d^s(i,M_j',j)\right]\right\}T_i^4+\\
& \sum_{i=M+1}^{M+M'}\left\{\frac{1}{\pi}\varepsilon_i\sigma\Delta w_i\left[\frac{1}{4\beta_{i_j}}\sum_{i_j=1}^{M_j}(\mathrm{e}^{-\tau(l_{i_j-1})}-\mathrm{e}^{-\tau(l_{i_j})})R_d^s(i,i_j,j)+(1-\mathrm{e}^{-\tau(l_{M_j'})})R_d^s(i,M_j',j)\right]\right\}T_i^4
\end{aligned}
$$

$$(9-52)$$

写为矩阵形式,有

$$
\begin{bmatrix} I(1) \\ \vdots \\ I(j) \\ \vdots \\ I(N) \end{bmatrix} = \begin{bmatrix} A(1,1) & \cdots & A(1,i) & \cdots & A(1,M+M') \\ \vdots & & \vdots & & \vdots \\ A(j,1) & \cdots & A(j,i) & \cdots & A(j,M+M') \\ \vdots & & \vdots & & \vdots \\ A(N,1) & \cdots & A(N,i) & \cdots & A(N,M+M') \end{bmatrix} \begin{bmatrix} T^4(1) \\ \vdots \\ T^4(i) \\ \vdots \\ T^4(M+M') \end{bmatrix}
$$

$$(9-53)$$

即

$$
\boldsymbol{A}_1\boldsymbol{T}_g + \boldsymbol{A}_2\boldsymbol{T}_w = \boldsymbol{A}\boldsymbol{T} = \boldsymbol{I} \tag{9-54}
$$

式中:$\boldsymbol{I}=\{I(j),j=1,\cdots,N\}$,为 CCD 相机靶面上各像元单元接收到的辐射强度分布;$\boldsymbol{T}_w=\{T_w^4(i),i=1,\cdots,M'\}$,为壁面单位温度的四次方;$\boldsymbol{T}_g=\{T_g^4(i),i=1,\cdots,M\}$,为空间单元温度的四次方;$\boldsymbol{A}$、$\boldsymbol{A}_1$、$\boldsymbol{A}_2$ 均为辐射强度成像矩阵,$\boldsymbol{A}=\{a(j,i),j=1,\cdots,N,i=1,\cdots,M+M'\}$,

$A_1 = \{a_1(j,i), j=1, \cdots, N, i=1, \cdots, M\}$ 表示空间单元的对成像装置的辐射贡献份额，$A_2 = \{a_2(j,i), j=1, \cdots, l, i=1, \cdots, n\}$ 表示壁面单元的对成像装置的辐射贡献份额。在给定空间尺寸、介质辐射参数、壁面辐射特性、CCD 相机的布置位置及其成像参数（视角中心线方向、视角范围、像素数等）后，就可通过 DRESOR 法计算得到空间与空间单元、空间与壁面单元、壁面与壁面单元之间的辐射散射份额的分布 R_d^{τ}，进而可以得到成像系数矩阵。

2. 热辐射反问题求解

根据已建立的辐射强度成像模型，在用 CCD 相机检测燃烧空间内的辐射强度分布后，采用热辐射反问题求解方法，即可重建燃烧空间内的温度分布。

上文所建立的热辐射成像模型为大型线性方程组，成像矩阵的规模为像元数 N 与单元数 M 的乘积 $N \times M$。很容易理解，随着单元数 N 的增加，必须通过增加像元数 M 获取更多的能量以求解离散单元的温度，所以成像矩阵的规模基本上是随单元数呈几何级数增长的。另一方面，距离镜头较远的单元抵达图像上的有效辐射信息已经很少，它的温度变化对整个图像的影响微乎其微，甚至可能被图像的背景噪声所淹没。因此，反过来，辐射图像的微小变化就会引起反演出的距离镜头较远的单元的温度的误差迅速扩大。这时，成像矩阵的条件数很大，是一个严重病态的矩阵。当由于各种原因不能在炉膛上布置更多的辐射图像探测器时，用普通迭代法、直接求逆法、最小二乘法等根本无法求解这样的问题，不是计算出的温度有负值，就是计算出的结果根本不符合实际情况。必须寻求其他求解性能更好的温度场重建方法。

一种改进的 Tikhonov 正则化方法可用于重建三维温度场 T_g。该方法的基本原理是找到一个 T_g 使得式（9-55）极小化

$$R(T) = \| I - AT \|^2 + \alpha \| DT \|^2 \tag{9-55}$$

式中：D 为正则化矩阵；α 为正则化参数。对于一个在空间内连续分布的重建参数来说，正则化矩阵是很有效的。其特点是：任何一个单元都依次作为中心与其相邻单元建立约束关系。同样在 D 中，所有对角线上的元素全为 1，并且同一行上所有元素之和为 0。在三维条件下，被重建参数（温度分布）之间的连续性约束在构成正则化矩阵 D 时需要仔细考虑。对于三维立方体炉膛，不同区域的单元处理不一样。正则化参数 α 同样在重建过程中扮演了很重要的角色，需要严格的推导。在式（9-55）极小化的情况下，式（9-54）的解为

$$T_g = (A_1'^{\mathrm{T}} A_1' + \alpha D^{\mathrm{T}} D)^{-1} A_1'^{\mathrm{T}} T_{\mathrm{CCD}}' = B T_{\mathrm{CCD}}' \tag{9-56}$$

从正则化算法中可以看出，在已知系统参数后系数矩阵 B 可以预先给出，因此在实际应用中，只需要检测燃烧空间的辐射强度图像后，用一步乘法即可求出炉内三维温度场，而不需要迭代计算，能满足工业生产中的在线监测的要求。

3. 炉内燃烧三维温度场检测

在一台 200 MW 机组燃煤锅炉上开展了基于热辐射成像的燃烧三维检测试验。该炉为四角切圆燃烧锅炉，混烧高炉煤气，燃烧器分上下两组布置，高炉煤气烧嘴在下组燃烧器下面。炉膛及实验装置示意图如图 9-32 所示。所监视的炉膛燃烧空间为最下层燃烧器以上到折焰角以下的区域，这部分炉膛区域的尺寸为 10.8 m×11.92 m×20.0 m，沿 i、j、k 坐标方向将该区域划分为 10×10×12 个网格，即空间单元为 1 200 个，壁面单元为 680 个。8 个装有 CCD 相机的探头分 4 层安装在炉膛角上，每层 2 支，对角布置，相邻两层交错布置。每个 CCD 相机靶面的像元单元划分为 30×30，总的成像单元为 7 200 个。

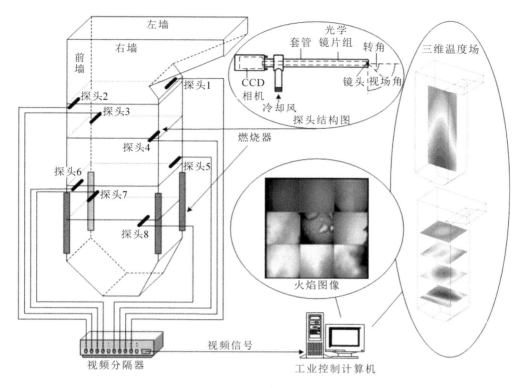

图 9-32　炉膛及实验装置示意图

图 9-33 所示为重建的三维温度场分布 **T** 显示一例。从图 9-33 中可以看到,炉膛上部的水平断面的温度场呈现明显的单峰分布,这是水冷壁的冷却作用造成的。炉膛中部出现了由上层煤粉燃烧器供给的煤粉的燃烧所形成的高温火焰区域。炉膛下部出现了另一个由高炉煤气的燃烧所形成的局部高温区域。

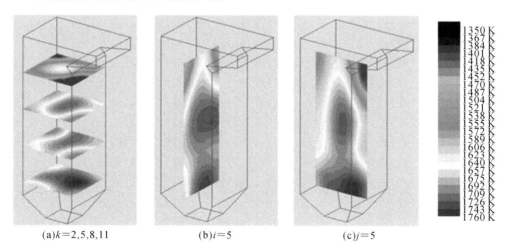

(a)$k=2,5,8,11$　　　　　(b)$i=5$　　　　　(c)$j=5$

图 9-33　重建的三维温度场分布 T 显示一例

图 9-34 所示为煤质不变的 9 h 内所检测的平均温度与机组负荷同时间的变化关系,机组负荷最小时为 150 MW,最大时为 205 MW,炉内平均温度与机组负荷的变化趋势是一致的。

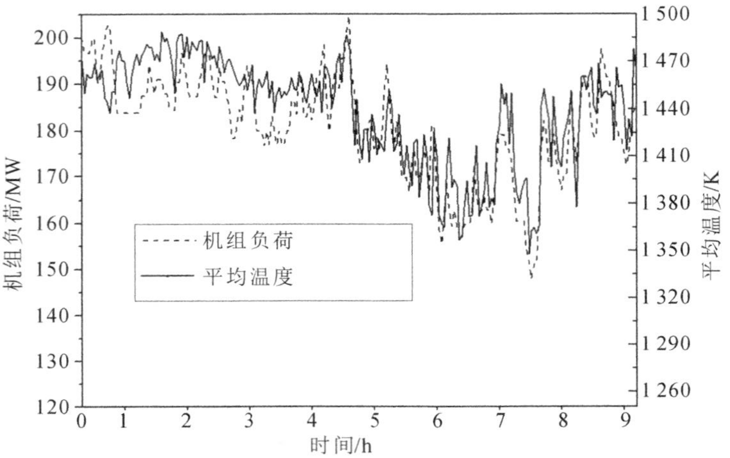

图 9-34　平均温度与机组负荷同时间的变化关系

参考文献

[1]　韩才元.燃烧测量技术[M].武汉:华中理工大学出版社,1991.

[2]　周怀春.炉内火焰可视化检测原理与技术[M].北京:科学出版社,2005.

[3]　汪亮.燃烧实验诊断学[M].2版.北京:国防工业出版社,2011.

[4]　熊姹,范玮.应用燃烧诊断学[M].西安:西北工业出版社,2014.

[5]　宋俊玲,洪延姬,等.燃烧场吸收光谱断层诊断技术[M].北京:国防工业出版社,2014.

[6]　娄春.工程燃烧诊断学[M].北京:中国电力出版社,2016.

附录 A

C-H-O-N 气体系统中的
重要热力学性质表

表 A.1～表 A.12

标准状态下理想气体的性质如下。

理想气体：$CO,CO_2,H_2,H,OH,H_2O,N_2,N,NO,NO_2,O_2,O$。

性质：$\bar{c}_p(T),\bar{h}^0(T)-\bar{h}^0_{f,ref},\bar{h}^0_f(T),\bar{s}^0(T),\bar{g}^0_f(T)$。

化合物的生成焓及吉布斯生成焓可以由其组成元素的生成焓来计算，即

$$\bar{h}^0_{f,i}(T)=\bar{h}^0_i(T)-\sum_{j元素}\nu'_j\bar{h}^0_j(T)$$

$$\bar{g}^0_{f,i}(T)=\bar{g}^0_i(T)-\sum_{j元素}\nu'_j\bar{g}^0_j(T)=\bar{h}^0_{f,i}-T\bar{s}^0_i(T)-\sum_{j元素}\nu'_j[-T\bar{s}^0_j(T)]$$

资料来源：根据 Kee R J,Rupley F M,Miller J A. The Chemkin Thermodynamic Data Base,Sandia Report,SAND87-8215B,March 1991 曲线拟合系数计算得出。

表 A.13

与表 A.1～表 A.12 同一理想气体的 $\bar{c}_p(T)$ 曲线拟合系数。

资料来源：根据 Kee R J,Rupley F M,Miller J A. The Chemkin Thermodynamic Data Base,Sandia Report,SAND87-8215B,March 1991 曲线拟合系数计算得出。

表 A.1　一氧化碳(CO)，$MW=28.010$ kg/kmol，298 K 时，生成焓$=-110\ 541$ kJ/kmol

T/K	$\bar{c}_p$ /[kJ/(kmol·K)]	$\bar{h}^0(T)-\bar{h}^0_f(298)$ /(kJ/kmol)	$\bar{h}^0_f(T)$ /(kJ/kmol)	$\bar{s}^0(T)$ /[kJ/(kmol·K)]	$\bar{g}^0_f(T)$ /(kJ/kmol)
200	28.687	$-2\ 835$	$-111\ 308$	186.018	$-128\ 532$
298	29.072	0	$-110\ 541$	197.548	$-137\ 163$
300	29.078	54	$-110\ 530$	197.728	$-137\ 328$
400	29.433	2 979	$-110\ 121$	206.141	$-146\ 332$
500	29.857	5 943	$-110\ 017$	212.752	$-155\ 403$
600	30.407	8 955	$-110\ 156$	218.242	$-164\ 470$
700	31.089	12 029	$-110\ 477$	222.979	$-173\ 499$
800	31.860	15 176	$-110\ 924$	227.180	$-182\ 473$
900	32.629	18 401	$-111\ 450$	230.978	$-191\ 386$
1 000	33.255	21 697	$-112\ 022$	234.450	$-200\ 238$
1 100	33.725	25 046	$-112\ 619$	237.642	$-209\ 030$
1 200	34.148	28 440	$-113\ 240$	240.595	$-217\ 768$
1 300	34.530	31 874	$-113\ 881$	243.344	$-226\ 453$
1 400	34.872	35 345	$-114\ 543$	245.915	$-235\ 087$
1 500	35.178	38 847	$-115\ 225$	248.332	$-243\ 674$

T/K	$\overline{c}_p$ /[kJ/(kmol·K)]	$\overline{h}^0(T)-\overline{h}_f^0(298)$ /(kJ/kmol)	$\overline{h}_f^0(T)$ /(kJ/kmol)	$\overline{s}^0(T)$ /[kJ/(kmol·K)]	$\overline{g}_f^0(T)$ /(kJ/kmol)
1 600	35.451	42 379	−115 925	250.611	−252 214
1 700	35.694	45 937	−116 644	252.768	−260 711
1 800	35.910	49 517	−117 380	254.814	−269 164
1 900	36.101	53 118	−118 132	256.761	−277 576
2 000	36.271	56 737	−118 902	258.617	−285 948
2 100	36.421	60 371	−119 687	260.391	−294 281
2 200	36.553	64 020	−120 488	262.088	−302 576
2 300	36.670	67 682	−121 305	263.715	−310 835
2 400	36.774	71 354	−122 137	265.278	−319 057
2 500	36.867	75 036	−122 984	266.781	−327 245
2 600	36.950	78 727	−123 847	268.229	−335 399
2 700	37.025	82 426	−124 724	269.625	−343 519
2 800	37.093	86 132	−125 616	270.973	−351 606
2 900	37.155	89 844	−126 523	272.275	359 661
3 000	37.213	93 562	−127 446	273.536	−367 684
3 100	37.268	97 287	−128 383	274.757	−375 677
3 200	37.321	101 016	−129 335	275.941	−383 639
3 300	37.372	104 751	−130 303	277.090	−391 571
3 400	37.422	108 490	−131 285	278.207	−399 474
3 500	37.471	112 235	−132 283	279.292	−407 347
3 600	37.521	115 985	−133 295	280.349	−415 192
3 700	37.570	119 739	−134 323	281.377	423 008
3 800	37.619	123 499	−135 366	282.380	−430 796
3 900	37.667	127 263	−136 424	283.358	−438 557
4 000	37.716	131 032	−137 497	284.312	−446 291
4 100	37.764	134 806	−138 585	285.244	−453 997
4 200	37.810	138 585	−139 687	286.154	−461 677
4 300	37.855	142 368	−140 804	287.045	−496 330
4 400	37.897	146 156	−141 935	287.915	−476 957
4 500	37.936	149 948	−143 079	288.768	−484 558
4 600	37.970	153 743	−144 236	289.602	−492 134
4 700	37.998	157 541	−145 407	290.419	−499 684
4 800	38.019	161 342	−146 589	291.219	−507 210
4 900	38.031	165 145	−147 783	292.003	−514 710
5 000	38.033	168 948	−148 987	292.771	−522 186

表 A.2　二氧化碳(CO_2)，$MW = 44.011$ kg/kmol，298 K 时，生成焓 $= -393\,546$ kJ/kmol

T/K	$\overline{c}_p$ /[kJ/(kmol·K)]	$\overline{h}^0(T) - \overline{h}_f^0(298)$ /(kJ/kmol)	$\overline{h}_f^0(T)$ /(kJ/kmol)	$\overline{s}^0(T)$ /[kJ/(kmol·K)]	$\overline{g}_f^0(T)$ /(kJ/kmol)
200	32.387	−3 423	−393 483	199.876	394 126
298	37.198	0	−393 564	213.736	−394 428
300	37.280	69	−393 547	213.966	−394 433
400	41.276	4 003	−393 617	225.257	−394 718
500	44.569	8 301	−393 712	234.833	−394 983
600	47.313	12 899	−393 844	243.209	−395 226
700	49.617	17 749	−394 013	250.680	−395 443
800	51.550	22 810	−394 213	257.436	−395 635
900	53.136	28 047	−394 433	263.603	−395 799
1 000	54.360	33 425	−394 659	269.268	−395 939
1 100	55.333	38 911	−394 875	274.495	−396 056
1 200	56.205	44 488	−395 083	279.348	−396 155
1 300	56.984	50 149	−395 287	283.878	−396 236
1 400	57.677	55 882	−395 488	288.127	−396 301
1 500	58.292	61 681	−395 691	292.128	−396 352
1 600	58.836	67 538	−395 897	295.908	−396 389
1 700	59.316	73 446	−396 110	299.489	−396 414
1 800	59.738	79 399	−396 332	302.892	−396 425
1 900	60.108	85 392	−396 564	306.132	−396 424
2 000	60.433	91 420	−396 808	309.223	−396 410
2 100	60.717	97 477	−397 065	312.179	−396 384
2 200	60.966	103 562	−397 338	315.009	−396 346
2 300	61.185	109 670	−397 626	317.724	−396 294
2 400	61.378	115 798	−397 931	320.333	−396 230
2 500	61.548	121 944	−398 253	322.842	−396 152
2 600	61.701	128 107	−398 594	325.259	−396 061
2 700	61.839	134 284	−398 952	327.590	−395 957
2 800	61.965	140 474	−399 329	329.841	−395 840
2 900	62.083	146 677	−399 725	332.018	−395 708
3 000	62.194	152 891	−400 140	334.124	−395 562
3 100	62.301	159 116	−400 573	336.165	−395 403
3 200	62.406	165 351	−401 025	338.145	−395 229
3 300	62.510	171 597	−401 495	340.067	−395 041
3 400	62.614	177 853	−401 983	341.935	−394 838
3 500	62.718	184 120	−402 489	343.751	−394 620
3 600	62.825	190 397	−403 013	345.519	−394 388
3 700	62.932	196 685	−403 553	347.242	−394 141
3 800	63.041	202 983	−404 110	348.922	−393 879
3 900	63.151	209 293	−404 684	350.561	−393 602
4 000	63.261	215 613	−405 273	353.161	−393 311
4 100	63.369	221 945	−405 878	353.725	−393 004
4 200	63.474	228 287	−406 499	355.253	−392 683
4 300	63.575	234 640	−407 135	356.748	−392 346
4 400	63.669	241 002	−407 785	358.210	−391 995
4 500	63.753	247 373	−408 451	359.642	−391 629
4 600	63.825	253 752	−409 132	361.044	−391 247
4 700	63.881	260 138	−409 828	362.417	−390 851
4 800	43.918	266 528	−410 539	363.763	−390 440
4 900	63.932	272 920	−411 267	365.081	−390 014
5 000	63.919	279 313	−412 010	366.372	−389 572

表 A.3　氢气(H_2)，$MW=2.016$ kg/kmol，298 K 时，生成焓$=0$

T/K	$\bar{c}_p$ /[kJ/(kmol·K)]	$\bar{h}^0(T)-\bar{h}_f^0(298)$ /(kJ/kmol)	$\bar{h}_f^0(T)$ /(kJ/kmol)	$\bar{s}^0(T)$ /[kJ/(kmol·K)]	$\bar{g}_f^0(T)$ /(kJ/kmol)
200	28.522	−2 818	0	119.137	0
298	28.871	0	0	130.595	0
300	28.877	53	0	130.773	0
400	29.120	2 954	0	139.116	0
500	29.275	5 874	0	145.632	0
600	29.375	8 807	0	150.979	0
700	29.461	11 749	0	155.514	0
800	29.581	14 701	0	159.455	0
900	29.792	17 668	0	162.950	0
1 000	30.160	20 664	0	166.106	0
1 100	30.625	23 704	0	169.003	0
1 200	31.077	26 789	0	171.687	0
1 300	31.516	29 919	0	174.192	0
1 400	31.943	33 092	0	176.543	0
1 500	32.356	36 307	0	178.761	0
1 600	32.758	39 562	0	180.862	0
1 700	33.146	42 858	0	182.860	0
1 800	33.522	46 191	0	184.765	0
1 900	33.885	49 562	0	185.587	0
2 000	34.236	52 968	0	188.334	0
2 100	34.575	56 408	0	190.013	0
2 200	34.901	59 882	0	191.629	0
2 300	35.216	63 388	0	193.187	0
2 400	35.519	66 925	0	194.692	0
2 500	35.811	70 492	0	196.148	0
2 600	36.091	74 087	0	197.558	0
2 700	36.361	77 710	0	198.926	0
2 800	36.621	81 359	0	200.253	0
2 900	36.871	85 033	0	201.542	0
3 000	37.112	88 733	0	202.796	0
3 100	37.343	92 455	0	204.017	0
3 200	37.566	96 201	0	205.206	0
3 300	37.781	99 968	0	206.365	0
3 400	37.989	103 757	0	207.496	0
3 500	38.190	107 566	0	208.600	0
3 600	38.385	111 395	0	209.679	0
3 700	38.574	115 243	0	210.733	0
3 800	38.759	119 109	0	211.764	0
3 900	38.939	122 994	0	212.774	0
4 000	39.116	126 897	0	213.762	0
4 100	39.291	130 817	0	214.730	0
4 200	39.464	134 755	0	215.679	0
4 300	39.636	138 710	0	216.609	0
4 400	39.808	142 682	0	217.522	0
4 500	39.981	146 672	0	218.419	0
4 600	40.156	150 679	0	219.300	0
4 700	40.334	154 703	0	220.165	0
4 800	40.516	158 746	0	221.016	0
4 900	40.702	162 806	0	221.853	0
5 000	40.895	166 886	0	222.678	0

表 A.4　氢原子(H), $MW=1.008$ kg/kmol, 298 K 时, 生成焓 $=217\,977$ kJ/kmol

T/K	$\bar{c}_p$ /[kJ/(kmol·K)]	$\bar{h}^0(T)-\bar{h}_f^0(298)$ /(kJ/kmol)	$\bar{h}_f^0(T)$ /(kJ/kmol)	$\bar{s}^0(T)$ /[kJ/(kmol·K)]	$\bar{g}_f^0(T)$ /(kJ/kmol)
200	20.786	$-2\,040$	217 346	106.305	207 999
298	20.786	0	217 977	114.605	203 276
300	20.786	38	217 989	114.733	203 185
400	20.786	2 117	218 617	120.713	198 155
500	20.786	4 196	219 236	125.351	192 968
600	20.786	6 274	219 848	129.351	187 657
700	20.786	8 353	220 456	132.345	182 244
800	20.786	10 431	221 059	135.121	176 744
900	20.786	12 510	221 653	137.669	171 169
1 000	20.786	14 589	222 234	139.759	165 528
1 100	20.786	16 667	222 793	141.740	159 830
1 200	20.786	18 746	223 329	143.549	154 082
1 300	20.786	20 824	223 843	145.213	148 291
1 400	20.786	22 903	224 335	146.753	142 461
1 500	20.786	24 982	224 806	148.187	136 596
1 600	20.786	27 060	225 256	149.528	130 700
1 700	20.786	29 139	225 687	150.789	124 777
1 800	20.786	31 217	226 099	151.977	118 830
1 900	20.786	33 296	226 493	153.101	112 859
2 000	20.786	35 375	226 868	154.167	106 869
2 100	20.786	37 453	227 226	155.181	100 860
2 200	20.786	39 532	227 568	156.148	94 834
2 300	20.786	41 610	227 894	157.072	88 794
2 400	20.786	43 689	228 204	157.956	82 739
2 500	20.786	45 768	228 499	158.805	76 672
2 600	20.786	47 846	228 780	159.620	70 593
2 700	20.786	49 925	229 047	160.405	64 504
2 800	20.786	52 003	229 301	161.161	58 405
2 900	20.786	54 082	229 543	161.890	52 298
3 000	20.786	56 161	229 772	162.595	46 182
3 100	20.786	58 239	229 989	163.276	40 058
3 200	20.786	60 318	230 195	163.936	33 928
3 300	20.786	62 396	230 390	164.576	27 792
3 400	20.786	64 475	230 574	165.196	21 650
3 500	20.786	66 554	230 748	165.799	15 502
3 600	20.786	68 632	230 912	166.954	9 350
3 700	20.786	70 711	231 067	166.954	3 194
3 800	20.786	72 789	231 212	167.508	$-2\,967$
3 900	20.786	74 868	231 348	168.048	$-9\,132$
4 000	20.786	76 947	231 475	168.575	$-15\,299$
4 100	20.786	79 025	231 594	169.088	$-21\,470$
4 200	20.786	81 104	231 704	169.589	$-27\,644$
4 300	20.786	83 182	231 805	170.078	$-33\,820$
4 400	20.786	85 261	231 897	170.556	$-39\,998$
4 500	20.786	87 340	231 981	171.023	$-46\,179$
4 600	20.786	89 418	232 056	171.480	$-52\,361$
4 700	20.786	91 497	232 123	171.927	$-58\,545$
4 800	20.786	93 575	232 180	172.364	$-64\,730$
4 900	20.786	95 654	232 228	172.793	$-70\,916$
5 000	20.786	97 733	232 267	173.213	$-77\,103$

表 A.5　羟基(OH),$MW=17.007$ kg/kmol,298 K 时,生成焓$=38\,985$ kJ/kmol

T/K	$\bar{c}_p$ /[kJ/(kmol·K)]	$\bar{h}^0(T)-\bar{h}_f^0(298)$ /(kJ/kmol)	$\bar{h}_f^0(T)$ /(kJ/kmol)	$\bar{s}^0(T)$ /[kJ/(kmol·K)]	$\bar{g}_f^0(T)$ /(kJ/kmol)
200	30.140	$-2\,948$	38 864	171.607	35 808
298	29.932	0	38 985	183.604	34 279
300	29.928	55	38 987	183.789	34 250
400	29.718	3 037	39 030	192.369	32 662
500	29.570	6 001	39 000	198.983	31 072
600	29.527	8 955	38 909	204.369	29 494
700	29.615	11 911	38 770	208.925	27 935
800	29.844	14 883	38 599	212.893	26 399
900	30.208	17 884	38 410	216.428	24 885
1 000	30.682	20 928	38 220	219.635	23 392
1 100	31.186	24 022	38 039	222.583	21 918
1 200	31.662	27 164	37 867	225.317	20 460
1 300	32.114	30 353	37 704	227.869	19 017
1 400	32.540	33 586	37 548	230.265	17 585
1 500	32.943	36 860	37 397	232.524	16 164
1 600	33.323	40 174	37 252	234.662	14 753
1 700	33.682	43 524	37 109	236.693	13 352
1 800	34.019	46 910	36 969	238.628	11 958
1 900	34.337	50 328	36 831	240.476	10 573
2 000	34.635	53 776	36 693	242.245	9 194
2 100	34.915	57 254	36 555	243.942	7 823
2 200	35.178	60 759	36 416	245.572	6 458
2 300	35.425	64 289	36 276	247.141	5 099
2 400	35.656	67 843	36 133	248.654	3 746
2 500	35.872	71 420	35 986	250.114	2 400
2 600	36.074	75 017	35 836	251.525	1 060
2 700	36.263	78 634	35 682	252.890	-275
2 800	36.439	82 269	35 524	254.212	$-1\,604$
2 900	36.604	85 922	35 360	255.493	$-2\,927$
3 000	36.759	89 590	35 191	256.737	$-4\,245$
3 100	36.903	93 273	35 016	257.945	$-5\,556$
3 200	37.039	96 970	34 835	259.118	$-6\,862$
3 300	37.166	100 681	34 648	260.260	$-8\,162$
3 400	37.285	104 403	34 454	261.371	$-9\,457$
3 500	37.398	108 137	34 253	262.454	$-10\,745$
3 600	37.504	111 882	34 046	263.509	$-12\,028$
3 700	37.605	115 638	33 831	264.538	$-13\,305$
3 800	37.701	119 403	33 610	265.542	$-14\,576$
3 900	37.793	123 178	33 381	266.522	$-15\,841$
4 000	37.882	126 962	33 146	267.480	$-17\,100$
4 100	37.968	130 754	32 903	268.417	$-18\,353$
4 200	38.052	134 555	32 654	269.333	$-19\,600$
4 300	38.135	138 365	32 397	270.229	$-20\,841$
4 400	38.217	142 182	32 134	271.107	$-22\,076$
4 500	38.300	146 008	31 864	271.967	$-23\,306$
4 600	38.382	149 842	31 588	272.809	$-24\,528$
4 700	38.466	153 685	31 305	273.636	$-25\,745$
4 800	38.552	157 536	31 017	274.446	$-26\,956$
4 900	38.640	161 395	30 722	275.242	$-28\,161$
5 000	38.732	165 264	30 422	276.024	$-29\,360$

表 A.6　水蒸气(H_2O),MW=18.016 kg/kmol,298 K 时,生成焓=$-$241 845 kJ/kmol,汽化潜热=44 010 kJ/kmol

T/K	$\bar{c}_p$ /[kJ/(kmol·K)]	$\bar{h}^0(T)-\bar{h}_f^0(298)$ /(kJ/kmol)	$\bar{h}_f^0(T)$ /(kJ/kmol)	$\bar{s}^0(T)$ /[kJ/(kmol·K)]	$\bar{g}_f^0(T)$ /(kJ/kmol)
200	32.255	$-$3 227	$-$240 838	175.602	$-$232 779
298	33.448	0	$-$241 845	188.715	$-$228 608
300	33.468	62	$-$241 865	188.922	$-$228 526
400	34.437	3 458	$-$242 858	198.686	$-$223 929
500	35.337	6 947	$-$243 822	206.467	$-$219 085
600	36.288	10 528	$-$244 753	212.992	$-$214 049
700	37.364	14 209	$-$245 638	218.665	$-$208 861
800	38.587	18 005	$-$246 461	223.733	$-$203 550
900	39.930	21 930	$-$247 209	228.354	$-$198 141
1 000	41.315	25 993	$-$247 879	232.633	$-$192 652
1 100	42.638	30 191	$-$248 475	236.634	$-$187 100
1 200	43.874	34 518	$-$249 005	240.397	$-$181 497
1 300	45.027	38 963	$-$249 477	243.955	$-$175 852
1 400	46.102	43 520	$-$249 895	247.332	$-$170 172
1 500	47.103	48 181	$-$250 267	250.547	$-$164 464
1 600	48.035	52 939	$-$250 597	253.617	$-$158 733
1 700	48.901	57 786	$-$250 890	256.556	$-$152 983
1 800	49.705	62 717	$-$251 151	259.374	$-$147 216
1 900	50.451	67 725	$-$251 384	262.081	$-$141 435
2 000	51.143	72 805	$-$251 594	264.687	$-$135 643
2 100	51.784	77 952	$-$251 783	267.198	$-$129 841
2 200	52.378	83 160	$-$251 955	269.621	$-$124 030
2 300	52.927	88 426	$-$252 113	271.961	$-$118 211
2 400	53.435	93 744	$-$252 261	274.225	$-$112 386
2 500	53.905	99 112	$-$252 399	276.416	$-$106 555
2 600	54.340	104 524	$-$252 532	278.539	$-$100 719
2 700	54.742	109 979	$-$252 659	280.597	$-$94 878
2 800	55.115	115 472	$-$252 785	282.595	$-$89 031
2 900	55.459	121 001	$-$252 909	284.535	$-$83 181
3 000	55.779	126 563	$-$253 034	286.420	$-$77 326
3 100	56.076	132 156	$-$253 161	288.254	$-$71 467
3 200	56.353	137 777	$-$253 290	290.039	$-$65 604
3 300	56.610	143 426	$-$253 423	291.777	$-$59 737
3 400	56.851	149 099	$-$253 561	293.471	$-$53 865
3 500	57.076	154 795	$-$253 704	295.122	$-$47 990
3 600	57.288	160 514	$-$253 852	296.733	$-$42 110
3 700	57.488	166 252	$-$254 007	298.305	$-$36 226
3 800	57.676	172 011	$-$254 169	299.841	$-$30 338
3 900	57.856	177 787	$-$254 338	301.341	$-$24 446
4 000	58.026	183 582	$-$254 515	302.808	$-$18 549
4 100	58.190	189 392	$-$254 699	304.243	$-$12 648
4 200	58.346	195 219	$-$254 892	305.647	$-$6 742
4 300	58.496	201 061	$-$255 093	307.022	$-$831
4 400	58.641	206 918	$-$255 303	308.368	5 085
4 500	58.781	212 790	$-$255 522	309.688	11 005
4 600	58.916	218 674	$-$255 751	310.981	16 930
4 700	59.047	224 573	$-$255 990	312.250	22 861
4 800	59.173	230 484	$-$256 239	313.494	28 796
4 900	59.295	236 407	$-$256 501	314.716	34 737
5 000	59.412	242 343	$-$256 774	315.915	40 684

表 A.7　氮气(N_2),$MW = 28.013$ kg/kmol,298 K 时,生成焓$= 0$

T/K	$\bar{c}_p$ /[kJ/(kmol·K)]	$\bar{h}^0(T) - \bar{h}_f^0(298)$ /(kJ/kmol)	$\bar{h}_f^0(T)$ /(kJ/kmol)	$\bar{s}^0(T)$ /[kJ/(kmol·K)]	$\bar{g}_f^0(T)$ /(kJ/kmol)
200	28.793	−2 841	0	179.959	0
298	29.071	0	0	191.511	0
300	29.075	54	0	191.691	0
400	29.319	2 973	0	200.088	0
500	29.636	5 920	0	206.662	0
600	30.086	8 905	0	212.103	0
700	30.684	11 942	0	216.784	0
800	31.394	15 046	0	220.927	0
900	32.131	18 222	0	224.667	0
1 000	32.762	21 468	0	228.087	0
1 100	33.258	24 770	0	231.233	0
1 200	33.707	28 118	0	234.146	0
1 300	34.113	31 510	0	236.861	0
1 400	34.477	34 939	0	239.402	0
1 500	34.805	38 404	0	241.792	0
1 600	35.099	41 899	0	244.048	0
1 700	35.361	45 423	0	246.184	0
1 800	35.595	48 971	0	248.212	0
1 900	35.803	52 541	0	250.142	0
2 000	35.988	56 130	0	251.983	0
2 100	36.152	59 738	0	253.743	0
2 200	36.298	63 360	0	255.429	0
2 300	36.428	66 997	0	257.045	0
2 400	36.543	70 645	0	258.598	0
2 500	36.645	74 305	0	260.092	0
2 600	36.737	77 974	0	261.531	0
2 700	36.820	81 652	0	262.919	0
2 800	36.895	85 338	0	264.259	0
2 900	36.964	89 031	0	265.555	0
3 000	37.028	92 730	0	266.810	0
3 100	37.088	96 436	0	268.025	0
3 200	37.144	100 148	0	269.203	0
3 300	37.198	103 865	0	270.347	0
3 400	37.251	107 587	0	271.458	0
3 500	37.302	111 315	0	272.539	0
3 600	37.352	115 048	0	273.590	0
3 700	37.402	118 786	0	274.614	0
3 800	37.452	122 528	0	275.612	0
3 900	37.501	126 276	0	276.586	0
4 000	37.549	130 028	0	277.536	0
4 100	37.597	133 786	0	278.464	0
4 200	37.643	137 548	0	279.370	0
4 300	37.688	141 314	0	280.257	0
4 400	37.730	145 085	0	281.123	0
4 500	37.768	148 860	0	281.972	0
4 600	37.803	152 639	0	282.802	0
4 700	37.832	156 420	0	283.616	0
4 800	37.854	160 205	0	284.412	0
4 900	37.868	163 991	0	285.193	0
5 000	37.873	167 778	0	285.958	0

表 A.8　氮原子(N),$MW=14.007$ kg/kmol,298 K 时,生成焓$=472\,629$ kJ/kmol

T/K	$\overline{c}_p$ /[kJ/(kmol·K)]	$\overline{h}^0(T)-\overline{h}_f^0(298)$ /(kJ/kmol)	$\overline{h}_f^0(T)$ /(kJ/kmol)	$\overline{s}^0(T)$ /[kJ/(kmol·K)]	$\overline{g}_f^0(T)$ /(kJ/kmol)
200	20.790	−2 040	472 008	144.889	461 026
298	20.786	0	472 629	153.189	455 504
300	20.786	38	472 640	153.317	455 398
400	20.786	2 117	473 258	159.297	449 557
500	20.786	4 196	473 864	163.935	443 562
600	20.786	6 274	474 450	167.725	437 446
700	20.786	8 353	475 010	170.929	431 234
800	20.786	10 431	475 537	173.705	424 944
900	20.786	12 510	476 027	176.153	418 590
1 000	20.786	14 589	476 483	178.343	412 183
1 100	20.792	16 668	476 911	180.325	405 732
1 200	20.795	18 747	477 316	182.134	399 243
1 300	20.795	20 826	477 700	183.798	392 721
1 400	20.793	22 906	478 064	185.339	386 171
1 500	20.790	24 985	478 411	186.774	379 595
1 600	20.786	27 064	478 742	188.115	372 996
1 700	20.782	29 142	479 059	189.375	366 377
1 800	20.779	31 220	479 363	190.563	359 740
1 900	20.777	33 298	479 656	191.687	353 086
2 000	20.776	35 376	479 939	192.752	346 417
2 100	20.778	37 453	480 213	193.766	339 735
2 200	20.783	39 531	480 479	194.733	333 039
2 300	20.791	41 610	480 740	195.657	326 331
2 400	20.802	43 690	480 995	196.542	319 612
2 500	20.818	45 771	481 246	197.391	312 883
2 600	20.838	47 853	481 494	198.208	306 143
2 700	20.864	49 938	481 740	198.995	299 394
2 800	20.895	52 026	481 985	199.754	292 636
2 900	20.931	54 118	482 230	200.488	285 870
3 000	20.974	56 213	482 476	201.199	279 094
3 100	21.024	58 313	482 723	201.887	272 311
3 200	21.080	60 418	482 972	202.555	265 519
3 300	21.143	62 529	483 224	203.205	258 720
3 400	21.214	64 647	483 481	203.837	251 913
3 500	21.292	66 772	483 742	204.453	245 099
3 600	21.378	68 905	484 009	205.054	238 276
3 700	21.472	71 048	484 283	205.641	231 447
3 800	21.575	73 200	484 564	206.215	224 610
3 900	21.686	75 363	484 853	206.777	217 765
4 000	21.805	77 537	485 151	207.328	210 913
4 100	21.934	79 724	485 459	207.868	204 053
4 200	22.071	81 924	485 779	208.398	197 186
4 300	22.217	84 139	486 110	208.919	190 310
4 400	22.372	86 368	486 453	209.431	183 427
4 500	22.536	88 613	486 811	209.936	176 536
4 600	22.709	90 875	487 184	210.433	169 637
4 700	22.891	93 155	487 573	210.923	162 730
4 800	23.082	95 454	487 979	211.407	155 814
4 900	23.282	97 772	488 405	211.885	148 890
5 000	23.491	100 111	488 850	212.358	141 956

表 A.9　一氧化氮(NO)，$MW=30.006$ kg/kmol，298 K 时，生成焓 $=90\ 297$ kJ/kmol

T/K	$\bar{c}_p$ /[kJ/(kmol·K)]	$\bar{h}^0(T)-\bar{h}_f^0(298)$ /(kJ/kmol)	$\bar{h}_f^0(T)$ /(kJ/kmol)	$\bar{s}^0(T)$ /[kJ/(kmol·K)]	$\bar{g}_f^0(T)$ /(kJ/kmol)
200	29.374	−2 901	90 234	198.856	87 811
298	29.728	0	90 297	210.652	86 607
300	29.735	55	90 298	210.836	86 584
400	30.103	3 046	90 341	219.439	85 340
500	30.570	6 079	90 367	226.204	84 086
600	31.174	9 165	90 382	231.829	82 828
700	31.908	12 318	90 393	236.688	81 568
800	32.715	15 549	90 405	241.001	80 307
900	33.489	18 860	90 421	244.900	79 043
1 000	34.076	22 241	90 443	248.462	77 778
1 100	34.483	25 669	90 465	251.729	76 510
1 200	34.850	29 136	90 486	254.745	75 241
1 300	35.180	32 638	90 505	257.548	73 970
1 400	35.474	36 171	90 520	260.166	72 697
1 500	35.737	39 732	90 532	262.623	71 423
1 600	35.972	43 317	90 538	264.937	70 149
1 700	36.180	46 925	90 539	267.124	68 875
1 800	36.364	50 552	90 534	269.197	67 601
1 900	36.527	54 197	90 523	271.168	66 327
2 000	36.671	57 857	90 505	273.045	65 054
2 100	36.797	61 531	90 479	274.838	63 782
2 200	36.909	65 216	90 447	276.552	62 511
2 300	37.008	68 912	90 406	278.195	61 243
2 400	37.095	72 617	90 358	279.772	59 976
2 500	37.173	76 331	90 303	281.288	58 711
2 600	37.242	80 052	90 239	282.747	57 448
2 700	37.305	83 779	90 168	284.154	56 188
2 800	37.362	87 513	90 089	285.512	54 931
2 900	37.415	91 251	90 003	286.824	53 677
3 000	37.464	94 995	89 909	288.093	52 426
3 100	37.511	98 744	89 809	289.322	51 178
3 200	37.556	102 498	89 701	290.514	49 934
3 300	37.600	106 255	89 586	291.670	48 693
3 400	37.643	110 018	89 465	292.793	47 456
3 500	37.686	113 784	89 337	293.885	46 222
3 600	37.729	117 555	89 203	294.947	44 992
3 700	37.771	121 330	89 063	295.981	43 766
3 800	37.815	125 109	88 918	296.989	42 543
3 900	37.858	128 893	88 767	297.972	41 325
4 000	37.900	132 680	88 611	298.931	40 110
4 100	37.943	136 473	88 449	299.867	38 900
4 200	37.984	140 269	88 283	300.782	37 693
4 300	38.023	144 069	88 112	301.677	36 491
4 400	38.060	147 873	87 936	302.551	35 292
4 500	38.093	151 681	87 755	303.407	34 098
4 600	38.122	155 492	87 569	304.244	32 908
4 700	38.146	159 305	87 379	305.064	31 721
4 800	38.162	163 121	87 184	305.868	30 539
4 900	38.171	166 938	86 984	306.655	29 361
5 000	38.170	170 755	86 779	307.426	28 187

表 A.10　二氧化氮(NO_2),MW=46.006 kg/kmol,298 K 时,生成焓=33 098 kJ/kmol

T/K	$\bar{c}_p$ /[kJ/(kmol·K)]	$\bar{h}^0(T)-\bar{h}_f^0(298)$ /(kJ/kmol)	$\bar{h}_f^0(T)$ /(kJ/kmol)	$\bar{s}^0(T)$ /[kJ/(kmol·K)]	$\bar{g}_f^0(T)$ /(kJ/kmol)
200	32.936	−3 432	33 961	226.016	45 453
298	36.881	0	33 098	239.925	51 291
300	36.949	68	33 085	240.153	51 403
400	40.331	3 937	32 521	251.259	57 602
500	43.227	8 118	32 173	260.578	63 916
600	45.737	12 569	31 974	268.686	70 285
700	47.913	17 255	31 885	275.904	76 679
800	49.762	22 141	31 880	282.427	83 079
900	51.243	27 195	31 938	288.377	89 476
1 000	52.271	32 375	32 035	293.834	95 864
1 100	52.989	37 638	32 146	298.850	102 242
1 200	53.625	42 970	32 267	303.489	108 609
1 300	54.186	48 361	32 392	307.804	114 966
1 400	54.679	53 805	32 519	311.838	121 313
1 500	55.109	59 295	32 643	315.625	127 651
1 600	55.483	64 825	32 762	319.194	133 981
1 700	55.805	70 390	32 873	322.568	140 303
1 800	56.082	75 984	32 973	325.765	146 620
1 900	56.315	81 605	33 061	328.804	152 931
2 000	56.517	87 247	33 134	331.698	159 238
2 100	56.685	92 907	33 192	334.460	165 542
2 200	56.826	98 583	32 233	337.100	171 843
2 300	56.943	104 271	33 256	339.629	178 143
2 400	57.040	109 971	33 262	342.054	184 442
2 500	57.121	115 679	33 248	344.384	190 742
2 600	57.188	121 394	33 216	346.626	197 042
2 700	57.244	127 116	33 165	348.785	203 344
2 800	57.291	132 843	33 095	350.868	209 648
2 900	57.333	138 574	33 007	352.879	215 955
3 000	57.371	144 309	32 900	354.824	222 265
3 100	57.406	150 048	32 776	356.705	228 579
3 200	57.440	155 791	32 634	358.529	234 898
3 300	57.474	161 536	32 476	360.297	241 221
3 400	57.509	167 285	32 302	362.013	247 549
3 500	57.546	173 038	32 113	363.680	253 883
3 600	57.584	178 795	31 908	365.302	260 222
3 700	57.624	184 555	31 689	366.880	266 567
3 800	57.665	190 319	31 456	368.418	272 918
3 900	57.708	196 088	31 210	369.916	279 276
4 000	57.750	201 861	30 951	371.378	285 639
4 100	57.792	207 638	30 678	372.804	292 010
4 200	57.831	213 419	30 393	374.197	298 387
4 300	57.866	219 204	30 095	375.559	304 772
4 400	57.895	224 992	29 783	376.889	311 163
4 500	57.915	230 783	29 457	378.190	317 562
4 600	57.925	236 575	29 117	379.464	323 968
4 700	57.922	242 367	28 761	380.709	330 381
4 800	57.902	248 159	28 389	381.929	336 803
4 900	57.862	253 947	27 998	383.122	343 232
5 000	57.798	259 730	27 586	384.290	349 670

表 A.11　氧气(O_2), $MW=31.999$ kg/kmol, 298 K 时, 生成焓＝0

T/K	$\bar{c}_p$ /[kJ/(kmol·K)]	$\bar{h}^0(T)-\bar{h}_f^0(298)$ /(kJ/kmol)	$\bar{h}_f^0(T)$ /(kJ/kmol)	$\bar{s}^0(T)$ /[kJ/(kmol·K)]	$\bar{g}_f^0(T)$ /(kJ/kmol)
200	28.473	−2 836	0	193.518	0
298	29.315	0	0	205.043	0
300	29.331	54	0	205.224	0
400	30.210	3 031	0	213.782	0
500	31.114	6 097	0	220.620	0
600	32.030	9 254	0	226.374	0
700	32.927	12 503	0	231.379	0
800	33.757	15 838	0	235.831	0
900	34.454	19 250	0	239.849	0
1 000	34.936	22 721	0	243.507	0
1 100	35.270	26 232	0	246.852	0
1 200	35.593	29 775	0	249.935	0
1 300	35.903	33 350	0	252.796	0
1 400	36.202	36 955	0	255.468	0
1 500	36.490	40 590	0	257.976	0
1 600	36.768	44 253	0	260.339	0
1 700	37.036	47 943	0	262.577	0
1 800	37.296	51 660	0	264.701	0
1 900	37.546	55 402	0	266.724	0
2 000	37.788	59 169	0	268.656	0
2 100	38.023	62 959	0	270.506	0
2 200	38.250	66 773	0	272.280	0
2 300	38.470	70 609	0	273.985	0
2 400	38.684	74 467	0	275.627	0
2 500	38.891	78 346	0	277.210	0
2 600	39.093	82 245	0	278.739	0
2 700	39.289	86 164	0	280.218	0
2 800	39.480	90 103	0	281.651	0
2 900	39.665	94 060	0	283.039	0
3 000	39.846	98 036	0	284.387	0
3 100	40.023	102 029	0	285.697	0
3 200	40.195	106 040	0	286.970	0
3 300	40.362	110 068	0	288.209	0
3 400	40.526	114 112	0	289.417	0
3 500	40.686	118 173	0	290.594	0
3 600	40.842	122 249	0	291.742	0
3 700	40.994	126 341	0	292.863	0
3 800	41.143	130 448	0	293.959	0
3 900	41.287	134 570	0	295.029	0
4 000	41.429	138 705	0	296.076	0
4 100	41.566	142 855	0	297.101	0
4 200	41.700	147 019	0	298.104	0
4 300	41.830	151 195	0	299.087	0
4 400	41.957	155 384	0	300.050	0
4 500	42.079	159 586	0	300.994	0
4 600	42.197	163 800	0	301.921	0
4 700	42.312	168 026	0	302.829	0
4 800	42.421	172 262	0	303.721	0
4 900	42.527	176 510	0	304.597	0
5 000	42.627	180 767	0	305.457	0

表 A.12　氧原子(O)，$MW=16.000$ kg/kmol，298 K 时，生成焓$=249\ 197$ kJ/kmol

T/K	$\bar{c}_p$ /[kJ/(kmol·K)]	$\bar{h}^0(T)-\bar{h}_f^0(298)$ /(kJ/kmol)	$\bar{h}_f^0(T)$ /(kJ/kmol)	$\bar{s}^0(T)$ /[kJ/(kmol·K)]	$\bar{g}_f^0(T)$ /(kJ/kmol)
200	22.477	−2 176	248 439	152.085	237 374
298	21.899	0	249 197	160.945	231 778
300	21.890	41	249 211	161.080	231 670
400	21.500	2 209	249 890	167.320	225 719
500	21.256	4 345	250 494	172.089	219 605
600	21.113	6 463	251 033	175.951	213 375
700	21.033	8 570	251 516	179.199	207 060
800	20.986	10 671	251 949	182.004	200 679
900	20.952	12 768	252 340	184.474	194 246
1 000	20.915	14 861	252 698	186.679	187 772
1 100	20.898	16 952	253 033	188.672	181 263
1 200	20.882	19 041	253 350	190.490	174 724
1 300	20.867	21 128	253 650	192.160	168 159
1 400	20.854	23 214	253 934	193.706	161 572
1 500	20.843	25 299	254 201	195.145	154 966
1 600	20.834	27 383	254 454	196.490	148 342
1 700	20.827	29 466	254 692	197.753	141 702
1 800	20.822	31 548	254 916	198.943	135 049
1 900	20.820	33 630	255 127	200.069	128 384
2 000	20.819	35 712	255 325	201.136	121 709
2 100	20.821	37 794	255 512	202.152	115 023
2 200	20.825	39 877	255 687	203.121	108 329
2 300	20.831	41 959	255 852	204.047	101 627
2 400	20.840	44 043	256 007	204.933	94 918
2 500	20.851	46 127	256 152	205.784	88 203
2 600	20.865	48 213	256 288	206.602	81 483
2 700	20.881	50 300	256 416	207.390	74 757
2 800	20.899	52 389	256 535	208.150	68 027
2 900	20.920	54 480	256 648	208.884	61 292
3 000	20.944	56 574	256 753	209.593	54 554
3 100	20.970	58 669	256 852	210.280	47 812
3 200	20.998	60 768	256 945	210.947	41 068
3 300	21.028	62 869	257 032	211.593	34 320
3 400	21.061	64 973	257 114	212.221	27 570
3 500	21.095	67 081	257 192	212.832	20 818
3 600	21.132	69 192	257 265	213.427	14 063
3 700	21.171	71 308	257 334	214.007	7 307
3 800	21.212	73 427	257 400	214.572	548
3 900	21.254	75 550	257 462	215.123	−6 212
4 000	21.299	77 678	257 522	215.662	−12 974
4 100	21.345	79 810	257 579	216.189	−19 737
4 200	21.392	81 947	257 635	216.703	−26 501
4 300	21.441	84 088	257 688	217.207	−33 267
4 400	21.490	86 235	257 740	217.701	−40 034
4 500	21.541	88 386	257 790	218.184	−46 802
4 600	21.593	90 543	257 840	218.658	−53 571
4 700	21.646	92 705	257 889	219.123	−60 342
4 800	21.699	94 872	257 938	219.580	−67 113
4 900	21.752	97 045	257 987	220.028	−73 886
5 000	21.805	99 223	258 036	220.468	−80 659

表 A.13　热力学性质的曲线拟合系数(C-H-O-N 系统)

$$\bar{c}_p/R_u = a_1 + a_2 T + a_3 T^2 + a_4 T^3 + a_5 T^4; \quad \bar{h}^0/(R_u T) = a_1 + \frac{a_2}{2}T + \frac{a_3}{3}T^2 + \frac{a_4}{4}T^3 + \frac{a_5}{5}T^4 + \frac{a_6}{T}; \quad \bar{s}^0/R_u = a_1\ln T + a_2 T + \frac{a_3}{2}T^2 + \frac{a_4}{3}T^3 + \frac{a_5}{4}T^4 + a_7$$

组分	T/K	a_1	a_2	a_3	a_4	a_5	a_6	a_7
CO	1 000~5 000	0.03025078×10^2	0.14426885×10^{-2}	-0.05630827×10^{-5}	0.10185813×10^{-9}	$-0.06910951\times10^{-13}$	-0.14268350×10^5	0.06108217×10^2
	300~1 000	0.03262451×10^2	0.15119409×10^{-2}	-0.03881755×10^{-4}	0.05581944×10^{-7}	$-0.02474951\times10^{-10}$	-0.14310539×10^5	0.04848897×10^2
CO_2	1 000~5 000	0.04453623×10^2	0.03140168×10^{-1}	-0.12784105×10^{-5}	0.02393996×10^{-8}	$-0.16690333\times10^{-13}$	-0.04896696×10^6	-0.09553959×10^1
	300~1 000	0.02275724×10^2	0.09922072×10^{-1}	-0.10409113×10^{-4}	0.06866686×10^{-7}	$-0.02117280\times10^{-10}$	-0.04837314×10^6	0.10188488×10^2
H_2	1 000~5 000	0.02991423×10^2	0.07000644×10^{-2}	-0.05633828×10^{-6}	$-0.09231578\times10^{-10}$	0.15827519×10^{-14}	-0.08350340×10^4	-0.13551101×10^1
	300~1 000	0.03298124×10^2	0.08249441×10^{-2}	-0.08143015×10^{-5}	-0.09475434×10^{-9}	0.04134872×10^{-11}	-0.10125209×10^4	-0.03294094×10^2
H	1 000~5 000	0.02500000×10^2	0.00000000	0.00000000	0.00000000	0.00000000	0.02547162×10^6	-0.04601176×10^1
	300~1 000	0.02500000×10^2	0.00000000	0.00000000	0.00000000	0.00000000	0.02547162×10^6	-0.04601176×10^1
OH	1 000~5 000	0.02882730×10^2	0.10139743×10^{-2}	-0.02276877×10^{-5}	0.02174683×10^{-9}	$-0.05126305\times10^{-14}$	0.03886888×10^5	0.05595712×10^2
	300~1 000	0.03637266×10^2	0.01850910×10^{-2}	-0.16761646×10^{-5}	0.02387202×10^{-7}	$-0.08431442\times10^{-11}$	0.03606781×10^5	0.13588605×10^1
H_2O	1 000~5 000	0.02672145×10^2	0.03056293×10^{-1}	-0.08730260×10^{-5}	0.12009964×10^{-9}	$-0.06391618\times10^{-13}$	-0.02989921×10^6	0.06862817×10^2
	300~1 000	0.03386842×10^2	0.03474982×10^{-1}	-0.06354696×10^{-4}	0.06968581×10^{-7}	$-0.02506588\times10^{-10}$	-0.03020811×10^6	0.02590232×10^2
N_2	1 000~5 000	0.02926640×10^2	0.14879768×10^{-2}	-0.05684760×10^{-5}	0.10097038×10^{-9}	$-0.06753351\times10^{-13}$	-0.09227977×10^4	0.05980528×10^2
	300~1 000	0.03298677×10^2	0.14082404×10^{-2}	-0.03963222×10^{-5}	0.05641515×10^{-7}	$-0.02444854\times10^{-10}$	-0.10208999×10^4	0.03950372×10^2
N	1 000~5 000	0.02450268×10^2	0.10661458×10^{-3}	-0.07465337×10^{-6}	0.01879652×10^{-9}	$-0.10259839\times10^{-14}$	0.05611604×10^6	0.04448758×10^2
	300~1 000	0.02503071×10^2	0.02180018×10^{-3}	0.05420529×10^{-6}	-0.05547560×10^{-9}	0.02099904×10^{-12}	0.05609890×10^6	0.04167566×10^2
NO	1 000~5 000	0.03245435×10^2	0.12691383×10^{-2}	-0.05015890×10^{-5}	0.09169283×10^{-9}	$-0.06275419\times10^{-13}$	0.09800840×10^5	0.06417293×10^2
	300~1 000	0.03376541×10^2	0.12530634×10^{-2}	-0.03302750×10^{-4}	0.05217810×10^{-7}	$-0.02446262\times10^{-10}$	0.09817961×10^5	0.05829590×10^2
NO_2	1 000~5 000	0.04682859×10^2	0.02462429×10^{-1}	-0.10422585×10^{-5}	0.01976902×10^{-8}	$-0.13917168\times10^{-13}$	0.02261292×10^5	0.09985985×10^1
	300~1 000	0.02670600×10^2	0.07838500×10^{-1}	-0.08063864×10^{-4}	0.06161714×10^{-7}	$-0.02320150\times10^{-10}$	0.02896290×10^5	0.11612071×10^2
O_2	1 000~5 000	0.03697578×10^2	0.06135197×10^{-2}	-0.12588420×10^{-6}	0.01775281×10^{-9}	$-0.11364354\times10^{-14}$	-0.12339301×10^4	0.03189165×10^2
	300~1 000	0.03212936×10^2	0.11274864×10^{-2}	-0.05756150×10^{-5}	0.13138773×10^{-8}	$-0.08768554\times10^{-11}$	-0.10052490×10^4	0.06034737×10^2
O	1 000~5 000	0.02542059×10^2	0.02755061×10^{-3}	-0.03102803×10^{-7}	0.04551067×10^{-10}	$-0.04368051\times10^{-14}$	0.02923080×10^6	0.04920308×10^2
	300~1 000	0.02946428×10^2	-0.16381665×10^{-2}	0.02421031×10^{-4}	-0.16028431×10^{-7}	0.03890696×10^{-10}	0.02914764×10^6	0.02963995×10^2

资料来源:Kee R J,Rupley F M,Miller J A. The Chemkin Thermodynamic Data Base.Sandia Report.SAND87-8215B.March 1991.

燃 料 特 性

表 B.1　碳氢燃料的主要特性:生成焓①,吉布斯生成焓①,熵①,298.15 K,1 atm 下的高位热值和低位热值,1 atm 下的沸点②和汽化潜热③,1 atm 下的定压绝热火焰温度④,液态密度⑤

分子式	燃料	MW/(kg/kmol)	$\bar{h}_f^0$/(kJ/kmol)	$\bar{g}_f^0$/(kJ/kmol)	$\bar{s}^0$/[kJ/(kmol·K)]	HHV^+/(kJ/kg)	LHV^+/(kJ/kg)	沸点/℃	h_{fg}/(kJ/kg)	T_{ad}^{++}/K	ρ_{liq}^*/(kg/m³)
CH₄	甲烷	16.043	−74 831	−50 794	186.188	55 528	50 016	−164	509	2 226	300
C₂H₂	乙炔	26.038	226 748	209 200	200.819	49 923	48 225	−84	—	2 539	—
C₂H₄	乙烯	28.054	52 283	68 124	219.827	50 313	47 161	−103.7	—	2 369	—
C₂H₆	乙烷	30.069	−84 667	−32 886	229.492	51 901	47 489	−88.6	488	2 259	370
C₃H₆	丙烯	42.080	20 414	62 718	266.939	48 936	45 784	−47.4	437	2 334	514
C₃H₈	丙烷	44.096	−103 847	−23 489	269.910	50 368	46 357	−42.1	425	2 267	500
C₄H₈	1-丁烯	56.107	1 172	72 036	307.440	48 471	45 319	−63	391	2 322	595
C₄H₁₀	正丁烷	58.123	−124 733	−15 707	310.034	49 546	45 742	−0.5	386	2 270	579
C₅H₁₀	1-戊烯	70.134	−20 920	78 605	347.607	48 152	45 000	30	358	2 314	641
C₅H₁₂	正戊烷	72.150	−146 440	−8 201	348.402	49 032	45 355	36.1	358	2 272	626
C₆H₆	苯	78.113	82 947	129 658	269.199	42 277	40 579	80.1	393	2 342	879
C₆H₁₂	1-己烯	84.161	−41 673	87 027	385.974	47 955	44 803	63.4	335	2 308	673
C₆H₁₄	正己烷	86.177	−167 193	209	386.811	48 696	45 105	69	335	2 273	659
C₇H₁₄	1-庚烯	98.188	−62 132	95 563	424.383	47 817	44 665	93.6	—	2 305	—
C₇H₁₆	正庚烷	100.203	−187 820	8 745	425.262	48 456	44 926	98.4	316	2 274	684
C₈H₁₆	1-辛烯	112.214	−82 927	104 140	462.792	47 712	44 560	121.3	—	2 302	—
C₈H₁₈	正辛烷	114.230	−208 447	17 322	463.671	48 275	44 791	125.7	300	2 275	703
C₉H₁₈	1-壬烯	126.241	−103 512	112 717	501.243	47 631	44 478	150.8	—	2 300	—
C₉H₂₀	正壬烷	128.257	−229 032	25 857	502.080	48 134	44 686	150.8	295	2 276	718
C₁₀H₂₀	1-癸烯	140.268	−124 139	121 294	539.652	47 565	44 413	170.6	—	2 298	—
C₁₀H₂₂	正癸烷	142.284	−249 659	34 434	540.531	48 020	44 602	174.1	277	2 277	730
C₁₁H₂₂	1-十一烯	154.295	−144 766	129 830	578.061	47 512	44 360	195.9	265	2 296	740
C₁₁H₂₄	正十一烷	156.311	−270 286	43 012	578.940	47 926	44 532	195.9	265	2 277	740
C₁₂H₂₄	1-十二烯	168.322	−165 352	138 407	616.471	47 468	44 316	213.4	256	2 295	—
C₁₂H₂₆	正十二烷	170.337	−292 162	—	—	47 841	44 467	216.3	256	2 277	749

+ 气态燃料.

++ 化学当量燃料(79% N₂,21% O₂).

* 20℃的液体,或液化在其沸点下的气体.

资料来源:①Rossini F D.et al.,Carnegie Press,Pittsburgh,PA,1953.

②Weast R C(ed.),Handbook of Chemistry and Physics,56th Ed.,CRC Press,Cleveland,OH,1976.

③Obert E F,Internal Combustion Engines and Air Pollution,Harper & Row,New York,1973.

④Calculated using HPFLAME (Appendix F).

表 B.2　燃料比热容和焓①的曲线拟合系数。参考状态:298.15 K,1 atm 下元素焓为 0

$$\bar{c}_p[\text{kJ}/(\text{kmol} \cdot \text{K})] = 4.184(a_1 + a_2\theta + a_3\theta^2 + a_4\theta^3 + a_5\theta^{-2})$$

$$\bar{h}^0(\text{kJ}/\text{kmol}) = 4\,184(a_1\theta + a_2\theta^2/2 + a_3\theta^3/3 + a_4\theta^4/4 - a_5\theta^{-1} + a_6)$$

其中,$\theta \equiv T(\text{K})/1\,000$

燃料	分子式	MW	a_1	a_2	a_3	a_4	a_5	a_6	$a_8$②
甲烷	CH_4	16.043	-0.291 49	26.327	-10.610	1.565 6	0.165 73	-18.331	4.300
丙烷	C_3H_8	44.096	-1.486 7	74.339	-39.065	8.054 3	0.012 19	-27.313	8.852
己烷	C_6H_{14}	86.177	-20.777	210.48	-164.125	52.832	0.566 35	-39.836	15.611
异辛烷	C_8H_{18}	114.230	-0.553 13	181.62	-97.787	20.402	-0.030 95	-60.751	20.232
甲醇	CH_3OH	32.040	-2.705 9	44.168	-27.501	7.219 3	0.202 99	-48.288	5.337 5
乙醇	C_2H_5OH	46.07	6.990	39.741	-11.926	0	0	-60.214	7.613 5
汽油	$C_{8.26}H_{15.5}$	114.8	-24.078	256.63	-201.68	64.750	0.580 8	-27.562	17.792
柴油	$C_{7.76}H_{13.1}$	106.4	-22.501	227.99	-177.26	56.048	0.484 5	-17.578	15.232
柴油	$C_{10.8}H_{18.7}$	148.6	-9.106 3	246.97	-143.74	32.329	0.051 8	-50.128	23.514

① 资料来源:Heywood J B. Internal Combustion Engine Fundamentals. McGraw-Hill. New York.1988(McGraw-Hill 公司许可复制)。

② 把 a_8 加到 a_6 中可得到 0 K 参考状态下的焓。

表 B.3　燃料蒸气导热系数、黏度和比热容的曲线拟合系数[①]

$$\left.\begin{array}{l} k[\mathrm{W}/(\mathrm{m} \cdot \mathrm{K})] \\ \mu(\mathrm{N} \cdot \mathrm{s}/\mathrm{m}^2) \times 10^6 \\ c_p[\mathrm{J}/(\mathrm{kg} \cdot \mathrm{K})] \end{array}\right\} = a_1 + a_2 T + a_3 T^2 + a_4 T^3 + a_5 T^4 + a_6 T^5 + a_7 T^6$$

分子式	燃料	温度区间/K	性质	a_1	a_2	a_3	a_4	a_5	a_6	a_7
CH_4	甲烷	100~1 000	k	$-1.340\,149\,90 \times 10^{-2}$	$3.663\,070\,60 \times 10^{-4}$	$-1.822\,486\,08 \times 10^{-6}$	$5.939\,879\,98 \times 10^{-9}$	$-9.140\,550\,50 \times 10^{-12}$	$-6.789\,688\,90 \times 10^{-15}$	$-1.950\,487\,36 \times 10^{-18}$
		70~1 000	μ	$2.968\,267\,00 \times 10^{-1}$	$3.711\,201\,00 \times 10^{-2}$	$1.218\,298\,00 \times 10^{-5}$	$-7.024\,260\,00 \times 10^{-8}$	$7.543\,269\,00 \times 10^{-11}$	$-2.723\,716\,60 \times 10^{-14}$	0
		200~500	c_p	参见表 B.2						
C_3H_8	丙烷	200~500	k	$-1.076\,822\,09 \times 10^{-2}$	$8.385\,903\,25 \times 10^{-5}$	$4.220\,598\,64 \times 10^{-8}$	0	0	0	0
		270~600	μ	$-3.543\,711\,00 \times 10^{-1}$	$3.080\,096\,00 \times 10^{-2}$	$-6.997\,230\,00 \times 10^{-6}$	0	0	0	0
			c_p	参见表 B.2						
C_6H_{14}	正己烷	150~1 000	k	$1.287\,757\,00 \times 10^{-3}$	$-2.004\,994\,43 \times 10^{-5}$	$2.378\,588\,31 \times 10^{-7}$	$-1.609\,445\,55 \times 10^{-10}$	$7.102\,729\,0 \times 10^{-14}$	0	0
		270~900	μ	$1.545\,412\,00 \times 10^{0}$	$1.150\,809\,00 \times 10^{-2}$	$2.722\,165\,00 \times 10^{-5}$	$-3.269\,000\,00 \times 10^{-8}$	$1.245\,459\,00 \times 10^{-11}$	0	0
			c_p	参见表 B.2						
C_7H_{16}	正庚烷	250~1000	k	$-4.606\,147\,00 \times 10^{-2}$	$5.956\,522\,24 \times 10^{-4}$	$-2.988\,931\,53 \times 10^{-6}$	$8.446\,128\,76 \times 10^{-9}$	$-1.229\,27 \times 10^{-11}$	$9.012\,7 \times 10^{-15}$	$-2.629\,61 \times 10^{-18}$
		270~580	μ	$1.540\,097\,00 \times 10^{-4}$	$1.095\,157\,00 \times 10^{0}$	$1.800\,664\,00 \times 10^{-2}$	$-1.363\,790\,00 \times 10^{-9}$	0	0	0
		300~755	c_p	$9.462\,600\,00 \times 10^{1}$	$5.860\,997\,00 \times 10^{0}$	$-1.982\,313\,20 \times 10^{-3}$	$-6.886\,993\,00 \times 10^{-8}$	$-1.937\,952\,60 \times 10^{-10}$	0	0
		755~1 365	c_p	$-7.403\,080\,00 \times 10^{2}$	$1.089\,353\,70 \times 10^{1}$	$-1.265\,124\,00 \times 10^{-2}$	$9.843\,763\,00 \times 10^{-6}$	$-4.322\,829\,60 \times 10^{-9}$	$7.863\,665\,00 \times 10^{-13}$	0

续表

分子式	燃料	温度区间/K	性质	a_1	a_2	a_3	a_4	a_5	a_6	a_7
C_8H_{18}	正辛烷	250～500	k	$-4.013\,919\,40 \times 10^{-3}$	$3.387\,960\,92 \times 10^{-5}$	$8.192\,918\,19 \times 10^{-8}$	0	0	0	0
		300～650	μ	$8.324\,354\,00 \times 10^{-1}$	$1.400\,450\,00 \times 10^{-2}$	$8.793\,765\,00 \times 10^{-6}$	$-6.840\,300\,00 \times 10^{-9}$	0	0	0
		275～755	c_p	$2.144\,198\,00 \times 10^{2}$	$5.356\,905\,00 \times 10^{0}$	$-1.174\,970\,00 \times 10^{-3}$	$-6.991\,155\,00 \times 10^{-7}$	0	0	0
		755～1 365	c_p	$2.435\,968\,60 \times 10^{3}$	$-4.468\,194\,70 \times 10^{0}$	$-1.668\,432\,90 \times 10^{-2}$	$-1.788\,560\,50 \times 10^{-5}$	$8.642\,820\,20 \times 10^{-9}$	$-1.614\,265\,00 \times 10^{-12}$	0
$C_{10}H_{22}$	正癸烷	250～500	k	$-5.882\,740\,00 \times 10^{-3}$	$3.724\,496\,46 \times 10^{-5}$	$7.551\,096\,24 \times 10^{-8}$				
			μ	无						
		300～700	c_p	$2.407\,178\,00 \times 10^{2}$	$5.099\,650\,00 \times 10^{0}$	$-6.290\,260\,00 \times 10^{-4}$	$-1.071\,550\,00 \times 10^{-6}$	0	0	0
		700～1 365	c_p	$-1.353\,458\,90 \times 10^{4}$	$9.148\,790\,00 \times 10^{1}$	$-2.207\,000\,00 \times 10^{-1}$	$2.914\,060\,00 \times 10^{-4}$	$-2.153\,074\,00 \times 10^{-7}$	$8.386\,000\,00 \times 10^{-11}$	$-1.344\,040\,00 \times 10^{-14}$
CH_3OH	甲醇	300～550	k	$-2.029\,867\,50 \times 10^{0}$	$1.219\,109\,27 \times 10^{-4}$	$-2.237\,484\,73 \times 10^{-8}$	0	0	0	0
		250～650	μ	$1.197\,900\,00 \times 10^{0}$	$2.450\,280\,00 \times 10^{-4}$	$1.861\,627\,40 \times 10^{-5}$	$-1.306\,748\,20 \times 10^{-8}$	0	0	0
			c_p	参见表 B.2						
C_2H_5OH	乙醇	250～550	k	$-2.466\,630\,00 \times 10^{-2}$	$1.558\,925\,50 \times 10^{-4}$	$-822\,954\,822 \times 10^{-8}$	0	0	0	0
		270～600	μ	$-6.335\,950\,00 \times 10^{-2}$	$3.207\,134\,70 \times 10^{-2}$	$-6.250\,795\,76 \times 10^{-6}$	0	0	0	0
			c_p	参见表 B.2						

① 资料来源：Andrews J R·biblarz O. Temperature Dependence of Gas Properties in Polynomial Form·Naval Postgraduate School·NPS67-81-001·January 1981.

附录 C

空气、氮气、氧气的相关性质

表 C.1   1 atm 下空气的性质

T/K	$\rho/$ (kg/m^3)	$c_p/$ $[kJ/(kg \cdot K)]$	$\mu/$ $(\times 10^{-7} N \cdot s/m^2)$	$\nu/$ $(\times 10^{-6} m^2/s)$	$k/$ $[\times 10^{-3} W/(m \cdot K)]$	$\alpha/$ $(\times 10^{-6} m^2/s)$	Pr
100	3.556 2	1.032	71.1	2.00	9.34	2.54	0.786
150	2.336 4	1.012	103.4	4.426	13.8	5.84	0.758
200	1.745 8	1.007	132.5	7.590	18.1	10.3	0.737
250	1.394 7	1.006	159.6	11.44	22.3	15.9	0.720
300	1.161 4	1.007	184.6	15.89	26.3	22.5	0.707
350	0.995 0	1.009	208.2	20.92	30.0	29.9	0.700
400	0.871 1	1.014	230.1	26.41	33.8	38.3	0.690
450	0.774 0	1.021	250.7	32.39	37.3	47.2	0.686
500	0.696 4	1.030	270.1	38.79	40.7	56.7	0.684
550	0.632 9	1.040	288.4	45.57	43.9	66.7	0.683
600	0.580 4	1.051	305.8	52.69	46.9	76.9	0.685
650	0.535 6	1.063	322.5	60.21	49.7	87.3	0.690
700	0.497 5	1.075	338.8	68.10	52.4	98.0	0.695
750	0.464 3	1.087	354.6	76.37	54.9	109	0.702
800	0.435 4	1.099	369.8	84.93	57.3	120	0.709
850	0.409 7	1.110	384.3	93.80	59.6	131	0.716
900	0.386 8	1.121	398.1	102.9	62.0	143	0.720
950	0.366 6	1.131	411.3	112.2	64.3	155	0.723
1 000	0.348 2	1.141	424.4	121.9	66.7	168	0.726
1 100	0.316 6	1.159	449.0	141.8	71.5	195	0.728
1 200	0.290 2	1.175	473.0	162.9	76.3	224	0.728
1 300	0.267 9	1.189	496.0	185.1	82	238	0.719
1 400	0.248 8	1.207	530	213	91	303	0.703
1 500	0.232 2	1.230	557	240	100	350	0.685
1 600	0.217 7	1.248	584	268	106	390	0.688
1 700	0.204 9	1.267	611	298	113	435	0.685
1 800	0.193 5	1.286	637	329	120	482	0.683
1 900	0.183 3	1.307	663	362	128	534	0.677
2 000	0.174 1	1.337	689	396	137	589	0.672
2 100	0.165 8	1.372	715	431	147	646	0.667
2 200	0.158 2	1.417	740	468	160	714	0.655
2 300	0.151 3	1.478	766	506	175	783	0.647
2 400	0.144 8	1.558	792	547	196	869	0.630
2 500	0.138 9	1.665	818	589	222	960	0.613
3 000	0.113 5	2.726	955	841	486	1 570	0.536

资料来源：Incropera F P，DeWitt D P. Fundamentals of Heat and Mass Transfer，3rd Ed. © 1990，John Wiley & Sons 公司允许复制。

表 C.2　1 atm 下氮气和氧气的性质

T/K	$\rho/$ (kg/m^3)	$c_p/$ $[kJ/(kg \cdot K)]$	$\mu/$ $(\times 10^{-7} N \cdot s/m^2)$	$\nu/$ $(\times 10^{-6} m^2/s)$	$k/$ $[\times 10^{-3} W/(m \cdot K)]$	$\alpha/$ $(\times 10^{-6} m^2/s)$	Pr
氮气(N_2)							
100	3.438 8	1.070	68.8	2.00	9.58	2.60	0.768
150	2.259 4	1.050	100.6	4.45	13.9	5.86	0.759
200	1.688 3	1.043	129.2	7.65	18.3	10.4	0.736
250	1.348 8	1.042	154.9	11.48	22.2	15.8	0.727
300	1.123 3	1.041	178.2	15.86	25.9	22.1	0.716
350	0.962 5	1.042	200.0	20.78	29.3	29.2	0.711
400	0.842 5	1.045	220.4	26.16	32.7	37.1	0.704
450	0.748 5	1.050	239.6	32.01	35.8	45.6	0.703
500	0.673 9	1.056	257.7	38.24	38.9	54.7	0.700
550	0.612 4	1.065	274.7	44.86	41.7	63.9	0.702
600	0.561 5	1.075	290.8	51.79	44.6	73.9	0.701
700	0.481 2	1.098	321.0	66.71	49.9	94.4	0.706
800	0.421 1	1.22	349.1	82.90	54.8	116	0.715
900	0.374 3	1.146	375.3	100.3	59.7	139	0.721
1 000	0.336 8	1.167	399.9	118.7	64.7	165	0.721
1 100	0.306 2	1.187	423.2	138.2	70.0	193	0.718
1 200	0.280 7	1.204	445.3	158.6	75.8	224	0.707
1 300	0.259 1	1.219	466.2	179.9	81.0	256	0.701
氧气(O_2)							
100	3.945	0.962	76.4	1.94	9.25	2.44	0.796
150	2.585	0.921	114.8	4.44	13.8	5.80	0.766
200	1.930	0.915	147.8	7.64	18.3	10.4	0.737
250	1.542	0.915	178.6	11.58	22.6	16.0	0.723
300	1.284	0.920	207.2	16.14	26.8	22.7	0.711
350	1.100	0.929	233.5	21.23	29.6	29.0	0.733
400	0.962 0	0.942	258.2	26.84	33.0	36.4	0.737
450	0.855 4	0.956	281.4	32.90	36.3	44.4	0.741
500	0.769 8	0.972	303.3	39.40	41.2	55.I	0.716
550	0.699 8	0.988	324.0	46.30	44.1	63.8	0.726
600	0.641 4	1.003	343.7	53.59	47.3	73.5	0.729
700	0.549 8	1.031	380.8	69.26	52.8	93.1	0.744
800	0.481 0	1.054	415.2	86.32	58.9	116	0.743
900	0.427 5	1.074	447.2	104.6	64.9	141	0.740
1 000	0.384 8	1.090	477.0	124.0	71.0	169	0.733
1 100	0.349 8	1.103	505.5	144.5	75.8	196	0.736
1 200	0.320 6	1.115	532.5	166.1	81.9	229	0.725
1 300	0.296 0	1.125	588.4	188.6	87.1	262	0.721

资料来源：Incropera F P，DeWitt D P. Fundamentals of Heat and Mass Transfer，3rd Ed. © 1990，John Wiley & Sons 公司允许复制。

求解非线性方程的广义牛顿迭代法

牛顿迭代法,又称为牛顿-拉普森(Newton-Raphson)方法,如方程(E.1)所示,可以被扩展应用到非线性方程组(E.2)中

$$x_{k+1} = x_k - \frac{f(x_k)}{f'(x_k)} = x_k - \frac{f(x_k)}{\frac{\mathrm{d}f}{\mathrm{d}x}(x_k)}, k \equiv 迭代次数 \tag{E.1}$$

系统为

$$\left.\begin{array}{l} f_1(x_1,x_2,x_3,\cdots,x_n) = 0 \\ f_2(x_1,x_2,x_3,\cdots,x_n) = 0 \\ \vdots \\ f_n(x_1,x_2,x_3,\cdots,x_n) = 0 \end{array}\right\} \tag{E.2}$$

其中,每一个方程都可以展开成泰勒级数的形式(二阶或更高阶项截断),即

$$f_i(\tilde{x}+\tilde{\delta}) = f_i(\tilde{x}) + \frac{\partial f_i}{\partial x_1}\delta_1 + \frac{\partial f_i}{\partial x_2}\delta_2 + \frac{\partial f_i}{\partial x_3}\delta_3 + \cdots + \frac{\partial f_i}{\partial x_n}\delta_n, i = 1,2,3,\cdots,n \tag{E.3}$$

其中

$$\tilde{x} \equiv [x]$$

求解中,$f(\tilde{x}+\tilde{\delta}) \to 0$。方程组可以整理成由线性方程组成的矩阵,即

$$\left[\frac{\partial f}{\partial x}\right][\delta] = -[f]$$

即

$$\begin{bmatrix} \frac{\partial f_1}{\partial x_1} & \frac{\partial f_1}{\partial x_2} & \cdots & \frac{\partial f_1}{\partial x_n} \\ \vdots & \vdots & \vdots & \vdots \\ \frac{\partial f_n}{\partial x_1} & \frac{\partial f_n}{\partial x_2} & \cdots & \frac{\partial f_n}{\partial x_n} \end{bmatrix} \begin{bmatrix} \delta_1 \\ \vdots \\ \delta_n \end{bmatrix} = \begin{bmatrix} -f_1 \\ \vdots \\ -f_n \end{bmatrix} \tag{E.4}$$

其中,等号左边的系数矩阵称为雅可比(Jacobian)矩阵。

方程(E.4)可以用高斯消去法求出 δ。一旦求出了 δ,下一步(最好)用递归方法求出近似解,首先写出方程

$$[x]_{k+1} = [x]_k + [\delta]_k$$

然后按照上面的步骤,建立雅可比矩阵,解方程组(E.4),求一组新的 $[x]$ 值,如此反复,直到最小残差达到或小于预设的终止值。下面是文献[①]推荐的经验标准:

---

① Suh C H,Radcliffe C W. Kinematics and Mechanisms Design,John Wiley & Sons,New York,pp. 143-144,1978.

$$|\,\delta_j/x_j\,|\leqslant 10^{-7}\qquad|\,x_j\,|\geqslant 10^{-7}$$

最小残差　　　　条件

或者

$$|\,\delta_j\,|\leqslant 10^{-7}\qquad|\,x_j\,|\leqslant 10^{-7}\qquad j=1,2,3,\cdots,n$$

可以用下面的形式来估计偏微分

$$\frac{\partial f_i}{\partial x_j}=\frac{f_i(x_1,x_2,\cdots,x_j+\varepsilon,\cdots,x_n)-f_i(x_1,x_2,x_3,\cdots,x_j,\cdots,x_n)}{\varepsilon}$$

其中

$$\varepsilon=10^{-5}\,|\,x_j\,|,\,|\,x_j\,|>1.0$$
$$\varepsilon=10^{-5},\,|\,x_j\,|<1.0$$

下列情况都可以避免不稳定性。

(1)比较新、旧向量的范数,其中范数定义为

$$范数=\sum_{i=1}^{n}|\,f_i(\tilde{x})\,|$$

(2)如果新向量的范数大于上一步的范数,假设完整步长〈δ〉不会发生,取〈δ〉/5;否则,就照常取完整步长。

进行范数对比,将完整步长除以任意常数的过程称为"牛顿阻尼",已证明即使很差的初始条件也能收敛。

牛顿迭代法的一个不足就是每一步迭代都需要计算一次雅可比矩阵。

碳氢化合物-空气燃烧平衡产物的计算程序

随书提供的光盘中含有的文件及其用途见表 E.1。

表 E.1　随书提供的光盘中含有的文件及其用途

文件	用途
README	对软件及以下各个文件如何使用的介绍
TPEQUIL	可执行模块,计算燃烧反应平衡组分和燃料特性、当量比、温度及压力
TPEQUIL.F	TPEQUIL 的 Fortran 源文件
INPUT.TP	由 TPEQUIL 文件读取的输入文件,包含使用者输入的当量比、温度和压力
HPFLAME	可执行模块,在给定反应物焓、当量比和压力条件下,计算绝热定压燃烧的绝热火焰温度、平衡组分及燃烧产物的性质
HPFLAME.F	HPFLAME 的 Fortran 源文件
INPUT.HP	HPFLAME 读取的输入文件,包括用户设定燃料、反应物焓(每千摩燃料)、当量比和压力
UVFLAME	可执行模块,在给定燃料组分、反应焓、当量比、初始温度和压力条件下,计算绝热定容燃烧的绝热火焰温度、平衡组分和燃烧产物的性质
UVFLAME.F	UVFLAME 的 Fortran 源文件
INPUT.UV	UVFLAME 读取的输入文件,包括用户可输入自己设定的燃料、反应物焓(每千摩燃料)、当量比、每摩燃料对应的反应物物质的量、反应物摩尔质量、初始温度及压力
GPROP.DAT	热力学性质数据文件

　　表 E.1 中所有的计算程序均采用文献[1]的方法来计算由 C、H、O、N 原子组成的燃料(即 $C_N H_M O_L N_K$)和空气燃烧的平衡产物[2]。因此,这些计算程序可以处理含氧燃料(如乙醇)或含氮燃料的计算。一般的碳氢燃料中的氧和氮的下标 L 和 K 一般在用户定义输入文件中设为 0。在子程序 TABLES 中氧化剂设为空气(含 79% 氮气和 21% 氧气)。如果氧化剂更为复杂一点,如含有 Ar,依然可以通过对该子程序 TABLES 进行修改并编译实现。程序计算时考虑了 11 种燃烧产物组分:H、O、N、H_2、OH、CO、NO、O_2、H_2O、CO_2 和 N_2。如果氧化剂中含有 Ar,程序也将考虑进去。文献[1]的方法在上述计算程序中均采用了 SI 单位。对原源代码的修改还包括 JANAF 热力学数据和平衡常数输入的方式等,并列在源程序中。

---

　　[1]　Olikara C,Borman G L. A Computer Program for Calculating Properties of Equilibrium Combustion Products with Some Applications to I.C. Engines,SAE Paper 750468,1975.

　　[2]　上述文献中包括的程序及后续的修改,都得到了汽车工程师学会(Society of Automotive Engineer)的许可,©1975。